水泥钢筋混凝土
及其应用探讨

▶ ◎杜红伟 / 著

中国水利水电出版社
www.waterpub.com.cn
·北京·

内 容 提 要

钢筋混凝土是指通过在混凝土中加入钢筋、钢筋网、钢板或纤维而构成的一种组合材料，两者共同工作来改善混凝土抗拉强度不足的力学性质，为混凝土加固的一种最常见形式。目前，水泥钢筋混凝土在现代工程建设中占有非常重要的地位。本书探讨水泥钢筋混凝土及其应用，内容涉及土木工程材料的相关理论、土木工程材料的基本性质、水泥、混凝土、建筑钢材、水泥钢筋混凝土的应用、水泥钢筋混凝土原材料的检验与试验。

图书在版编目(CIP)数据

水泥钢筋混凝土及其应用探讨 / 杜红伟著. -- 北京：
中国水利水电出版社，2017.9（2022.10重印）
ISBN 978-7-5170-5741-3

Ⅰ．①水… Ⅱ．①杜… Ⅲ．①水泥－钢筋混凝土－研
究 Ⅳ．①TU528.45

中国版本图书馆 CIP 数据核字(2017)第 195194 号

责任编辑：陈 洁　　封面设计：王 茜

书　　名	水泥钢筋混凝土及其应用探讨　SHUINI GANGJIN HUNNINGTU JI QI YINGYONG TANTAO
作　　者	杜红伟　著
出版发行	中国水利水电出版社
	（北京市海淀区玉渊潭南路 1 号 D 座　100038）
	网址：www. waterpub. com. cn
	E-mail：mchannel@263. net（万水）
	sales@mwr.gov. cn
	电话：(010)68545888（营销中心）、82562819（万水）
经　　售	全国各地新华书店和相关出版物销售网点
排　　版	北京万水电子信息有限公司
印　　刷	三河市人民印务有限公司
规　　格	185mm×260mm　16 开本　　15 印张　　250 千字
版　　次	2017年10月第1版　2022年10月第2次印刷
册　　数	2001-3001册
定　　价	58.00 元

前　　言

　　土木工程材料是应用于土木工程建设中的无机材料、有机材料和复合材料的总称。随着现代化建筑向高层、大跨度、节能、美观、舒适的方向发展,以及人民生活水平的提高、国家经济实力的增强,特别是由于新型土木工程材料具有自重性、抗震性能好、能耗低、大量利用工业废渣等优点,研究开发和应用土木工程新材料已成为必然。

　　土木工程材料品种繁多,性能差别悬殊,使用量大。因此,在土木工程中,按照建筑物和构筑物对材料功能的要求及其使用时的环境条件,正确合理地选用材料,做到材尽其能、物尽其用,这对于节约材料、降低工程造价、提高基本建设的技术经济效益,具有十分重要的意义。

　　钢材是重要建筑材料之一。随着我国冶金工业的发展,为工程提供的钢材品种、规格和数量迅速增加,质量和性能稳步提高,建筑钢材的应用将日益广泛。建筑钢材是指在建筑工程中使用的各种钢材。建筑钢材组织均匀、密实,强度很高,具有一定的弹性和塑性变形性能,能够承受冲击、振动等荷载;钢材的可加工性能好,不仅能铸成各种形状的铸件,而且还可以进行各种机械加工,也可以通过切割、焊接或铆接等多种方法的连接进行装配法施工,还可进行冷加工热处理。因此,建筑钢材是最重要的建筑材料之一。本书主要对建筑钢材的主要技术性能、建筑钢材的标准与选用,以及钢材的防锈、防火进行探讨。

　　钢筋混凝土是指通过在混凝土中加入钢筋、钢筋网、钢板或纤维而构成的一种组合材料,两者共同工作来改善混凝土抗拉强度不足的力学性质。混凝土在现代工程建设中占有非常重要的地位,然而混凝土产生裂缝现象较为普遍。尽管在施工中采取了各种措施,但在工程结构成型后发现其仍然存在。尤其是大体积混凝土,更容易出现裂缝问题。优质的原材料、合理的混凝土配合比是避免大体积混凝土裂缝产生的基础;合理的施工组织、正确的施工方案、严格的温控措施等是减少大体积混凝土裂缝的技术保证。本书对大体积混凝土裂缝出现的原因,提高大体积混凝土抗裂性能的方法进行论述。

　　既有混凝土桥梁和结构的维修与加固是世界各国都普遍关注的研究课题,而纤维增强复合材料应用于加固行业,是目前混凝土结构加固技术方面十分活跃的研究内容。由于纤维增强复合材料具有很好的耐久性,而被应用于海洋、港口等沿海工程结构的加固。本书对粘贴纤维复合材料加固法,紫外线老化对纤维复合材料加固混凝土构件承载力的影响,以及加固混凝土梁的斜截面受剪承载力进行阐释与分析。

　　本书共分7章,其具体内容如下:

　　第1章绪论,主要阐述土木工程材料的定义及分类,土木工程材料的技术标准、作用及重要性,以及土木工程材料的现状及发展趋势。

　　第2章土木工程材料的基本性质,主要阐述材料的组成与结构、材料的物理性质、材料的力学性质,以及材料的耐久性与装饰性。

第3、4章主要论述水泥与混凝土。其中,第3章主要对通用硅酸盐水泥,道路硅酸盐水泥,中、低热硅酸盐水泥与低热矿渣硅酸盐水泥,砌筑水泥,白色与彩色硅酸盐水泥等其他品种水泥进行论述与探究;第4章主要阐释混凝土的定义及发展简史、混凝土的分类、水泥混凝土的特点,混凝土的组成材料及技术要求,新拌混凝土的技术性质,新拌混凝土的技术性质,混凝土的质量控制与强度评定,普通混凝土配合比设计,以及其他种类混凝土及其新进展。

第5章建筑钢材,主要探讨钢的冶炼、钢的分类、建筑钢材的主要技术性能、钢材的冷加工和热处理、钢的组织和化学成分对钢材性能的影响、建筑钢材的标准与选用,以及钢材的防锈和防火。

第6章水泥钢筋混凝土的应用及探讨,主要对大体积混凝土的裂缝问题、纤维复合材料加固混凝土构件耐久性设计,以及水泥混凝土路面单位用水量计算经验公式质疑进行阐述与探讨。

第7章水泥钢筋混凝土原材料的检验与试验,主要阐释水泥试验、混凝土用集料试验、普通混凝土试验,以及钢筋试验。

本书在撰写过程中参考了大量的文献与资料,并汲取了多方人士的宝贵经验,在此向这些文献的作者表示感谢。由于时间仓促,加之作者水平有限,书中难免存在缺点与不足之处,敬请广大读者批评指正。

作者

2016 年 4 月

目　　录

第1章　绪论

　　土木工程材料是一切土木工程或构筑物的物质基础。土木工程的质量、使用功能、耐久性等均与土木工程材料的正确选择与应用有直接的影响。并且随着科技的发展，一些新材料不断涌现，促进了结构形式的变化和施工方法的改进，并创造出新的结构形式和新的施工方法。本章主要阐述土木工程材料的定义及分类，土木工程材料的技术标准、作用及重要性，以及土木工程材料的现状及发展趋势。

1.1　土木工程材料的定义及分类

1.1.1　土木工程材料的定义

　　在土木工程中使用的各种材料和制品即为土木工程材料，这些材料是一切土木工程的物质基础[1]。从广义和狭义两方面看土木工程有着不同的内涵。

　　从广义上看，所有应用于土木工程的材料均为土木工程材料，主要有3部分：第一，用于构成建筑物、构筑物本身的材料，例如钢材、水泥、石灰、屋面材料、装饰材料等；第二，在施工过程中需要的一些辅助材料，例如模板、脚手架等；第三，各种各样的建筑器材，例如给水排水、消防、电气、网络通信设备等。

　　从狭义上看，土木工程材料指在结构物中直接构成土木工程实体的材料[2]，例如地面、墙体、承重结构（梁、柱、板等）、道路、桥梁、水坝等。

1.1.2　土木工程材料的分类

1.1.2.1　按主要组成成分分类

　　1）有机材料

　　有机材料分为两大类：第一类，天然有机材料，包括木材、天然纤维和天然橡胶等；第二类，人工合成有机材料，包括石油沥青、胶黏剂、合成橡胶与合成树脂等。这些材料都是由有机物构成，具有有机物的所有性质。

　　2）无机材料

　　无机材料分为金属材料和非金属材料两大类：金属材料包括各种钢材、铝材和铜材等；非金属材料包括天然石材、水泥、石灰、石膏、陶瓷玻璃以及各种人造制品。这些材料都是由无机物构成,具有无机物的所有性质。

3)复合材料

复合材料包括两大部分:第一部分为有机—无机复合材料,包括沥青混合材料、聚合物混凝土、金属增强塑料以及玻璃钢等;第二部分为金属—无机非金属复合材料,包括钢筋混凝土、钢纤维混凝土、夹死玻璃等。复合材料克服了单一材料的弱点,满足了当代土木建筑工程时材料性能的相关要求。所以在当代土木工程材料中复合材料的应用已经相当广泛[3]。

1.1.2.2　按材料在工程中的作用分类

1)结构材料

结构材料主要是构成构筑物的基础、柱、梁等所用的承受载荷作用的材料。这些材料与土木工程结构的安全性与可靠性有着直接的关系,是其核心元素。

2)其他功能材料

其他功能材料主要有起围护、防水、装饰、保温隔热等作用的材料。科学合理的选择与使用这些功能材料,对工程使用的可靠性、适用性和美观效果具有重要的作用[4]。

1.1.2.3　按使用部位分类

土木工程材料按照使用部位可以分为:建筑结构材料、桥梁结构材料、水工结构材料、路面结构材料、建筑墙体材料、建筑装饰材料、建筑防水材料、建筑保温材料等。不同的部位对所使用的材料的主要性能要求也不同,各自的技术标准也会有所不同。

1.2　土木工程材料的技术标准、作用及重要性

1.2.1　土木工程材料的技术标准

对重复性事物和概念所做的统一规定即为标准。它是建立在科学技术和实践经验的综合成果之上,在各有关方面协商一致的基础上,经主管机构批准,以特定形式发布,作为共同遵守的准则和依据。

简单说,对某项技术或产品实行统一规定的各项技术指标要求就是标准。不论任何产品或技术都必须复合相关标准才能生产和使用,所以,在工程中建筑材料标准即是对所使用材料进行质量检验的依据。在工程实际中必须掌握材料的各项标准[5]才能正确地选择、验收和使用材料。

根据使用范围,我国现行的常用标准有以下 3 大类:

第一类是国家标准,如《硅酸盐水泥、普通硅酸盐水泥》(GB175—1999)。其中"GB"为国家标准的代号;"175"为标准编号;"1999"为标准颁布年代号;"硅酸盐水泥、普通硅酸盐水泥"为该标准的技术(产品)名称。上述标准为强制性国家标准,所有技术或产品均不得低于此标

准规定的技术指标。另外,还有推荐性国家标准,以"GB/T"为标准代号,它为非强制性标准,表示也可以执行其他标准。例如《建筑用砂》(GB/T14684—2001),表示建筑用砂的国家推荐性标准,标准代号为14684,颁布年代为2001年。

第二类是行业标准,如《混凝土路面砖》(JC/T446—2000)。其中"JC"为颁布此标准的建材行业标准代号,其他行业标准代号如表1-1所示;"T"表示为推荐标准;"446"为此技术标准的二级类目顺序号;"2000"为标准颁发年代号。

表 1-1　几个行业的标准代号

行业名称	建工行业	冶金行业	石化行业	交通行业	建材行业	铁路行业
标准代号	JG	YJ	SH	JT	JC	TB

第三类是企业标准,代号为"QB/",其后分别注明企业代号、标准顺序号、制定年代号。根据国家标准法规规定,同一产品或技术的企业标准,其技术指标要求不得低于国家标准或地方标准。

国际标准(代号ISO)、美国国家标准(ANS)、美国材料与试验学会标准(ASTM)、英国标准(BS)、德国工业标准(DIN)、日本工业标准(JIS)、法国标准(NF)等[6]为工程中可能采用的其他技术标准。

1.2.2　土木工程材料在土木建筑工程中的作用及重要性

土木建筑业的物质基础即为土木工程材料。每一项建设的开始,首先都是土木工程基本建设。土木工程材料的性能、品种、质量及经济性对土木工程中的多个方面都有影响,例如建筑结构的形式、建筑物的造型;建筑物的功能、适用性、艺术性、坚固性、耐久性及经济性;土木工程材料的运输、存放及使用方式;建筑的施工方法等。土木工程材料性能的改进与提高,常常能够促进建筑工程中许多技术的突破,并且新材料的出现对建筑设计、结构设计和施工技术的发展也有促进作用,能够进一步的改善建筑物的功能、适用性、艺术性、坚固性和耐久性等。例如在钢材和钢筋混凝土出现后,产生了钢结构和钢筋混凝土结构,这就使得高层建筑和大跨度建筑成为可能;轻质材料和保温材料出现以后,在减轻建筑物自重、提高建筑物抗震能力以及改善工作与居住环境条件等方法具有很好的作用,并且这也对节能建筑的发展起到了促进作用;建筑物的造型与建筑物的内外装饰由于新型装饰材料的出现也焕然一新。

土木工程材料的用量很大,其经济型对建筑物的造价有着直接的影响。土木工程材料的费用在我国的一般工业与民用建筑中大概占总造价的50%～60%,装饰材料在其中的比例又占了50%～80%。要正确合理地选用土木工程材料,充分发挥每一种材料的长处,做到材尽其能、物尽其用,就应该了解或掌握土木工程材料的性能,按照建筑物及使用环境条件对土木工程材料的要求进行使用。同时还要采取正确的运输、存贮与施工方法,这对节约材料、降低工程造价、提高建筑物的质量与使用功能、增加建筑物的使用寿命及建筑物的艺术性等,有着十分重要的作用[7]。

1.3 土木工程材料的现状及发展趋势

1.3.1 土木工程材料的现状

建筑物的规模在 19 世纪作为结构材料的钢材和混凝土出现后,产生了巨大的发展,并且建筑物的外观在 20 世纪高分子材料、新型金属材料和各种复合材料出现后,发生了根本性的变化。随着社会生产力的提高和高新科学技术的进步,特别是材料科学与工程学的形成与发展,无机材料和有机材料都有了快速的发展,其中无机材料在性能和质量方面不断得到改善,品种也不断增加;以有机材料为主的化学建材独树一帜,高性能和多功能的新型材料也得到了发展。用化学建材来解决人类的居住问题,已经提上日程;新型金属材料如铝合金、不锈钢等已经成为现代建筑理想的门窗和住宅设备材料,这就使建筑物的密封性、美观性与清洁性得到了极大的改善,使人们的居住质量也大大提高。

复合材料的出现和使用是 20 世界材料科学的另外一个显著进步,这些进步使材料的工程性能大大改善。例如纤维增强混凝土的出现,改善了混凝土材料脆性大、容易开裂的缺点,其抗拉强度和抗冲击韧性都大大提高,这就使混凝土材料的适用范围得到扩展;又如用聚合物混凝土制造仿大理石台面,这种台面不但有天然石材的质地和纹理,而且加工性也很好;再如硅钙板,由含水钙硅酸盐、玻璃纤维和高分子材料制造,这种硅钙板不仅可以替代天然木材,解决木材资源不足的问题,而且这种材料尺寸稳定、耐高温、加工性能好。

土木工程材料业的发展促进了我国建筑技术的进步。例如在高层建筑和大跨度桥梁施工中应用的泵送混凝土;在隧洞衬砌工程中发挥着重要作用的喷射混凝土;取代传统塑性混凝土,成为坝工建设热门材料的碾压混凝土,它不仅能够使筑坝工期缩短 1/3,而且还能使大体积混凝土的水化热减小[8]。

1.3.2 土木工程材料的发展趋势

随着人类社会和科学技术地不断进步,环境保护和节能消耗的需要对土木工程材料提出了更多更高的要求,土木工程材料将主要在下面几个方向发展。

1.3.2.1 轻质高强型材料

城市人口密度随着城市化进程的加快日益增大,城市功能也越来越集中和强化,为了解决人口的居住问题和行政、金融、商贸、文化等部门的办公空间,就需要建造高层建筑来解决这些问题。但是当前混凝土结构材料的自重比较大,这就限制了建筑物向高层、大跨度的延伸,因此结构材料应该向着轻质高强方向发展[9]。

1.3.2.2 高耐久性

传统建筑物的寿命一般是 50～100 年。当今社会中,许多基础设施建设逐渐向大型化、综合化方向发展,例如超高层建筑、大型水利设施、海底隧道等大型工程,不仅耗资大,而且建设周期长,维修也困难,因此对其耐久性要求较高。高耐久性混凝土、防锈钢筋、陶瓷质外壁贴面材料、防虫蛀材料、耐低温材料,以及在地下、海洋、高温等恶劣环境下能长久保持性能的材料是目前主要的开发目标。

1.3.2.3 多功能化

20世纪后,社会生产力迅猛发展,土木工程材料在性能和质量方面都不断提升,并且品种也日益增多,以有机材料为主的一些具有特殊功能的化学建材迅速发展,如绝热材料、吸声隔声材料、各种装饰材料等。据估计,在21世纪,从食品和医疗方面发展起来的抗菌剂将应用于日常生活和新型建筑材料方面,发展成为兼有抗菌和净化功能的生态建材。这种生态建材以传统的建筑材料为载体采用催化剂和抗菌剂使之功能化;这些外加剂又选用新的催化剂来提高各种新型建筑材料的二次催化新功能,从而将开发出一系列生态建材,主要有:能够净化大气的外墙材料及涂料;能够抗菌、防霉、防污、除臭功能的室内装饰材料;能够除臭、抗菌、净化空间功能的卫生间。科学家们通过在建筑材料配料中掺加一些特殊的功能性物质,已经可以制作光致变色、自调湿、灭菌、处理汽车尾气等具有各种功能的材料。

1.3.2.4 智能化材料

电子信息技术和材料科学在当今社会取得不断进步,社会及其各个组成部分都在向着智能化方向发展,例如交通系统、办公场所、居住社区等,混凝土材料作为最主要的建筑材料其也应该向着智能化方向发展。作为混凝土材料发展的高级阶段,研究和开发具有主动、自动地对结构进行自诊断、自调节、自修复、自恢复的智能混凝土已成为结构—功能一体化的发展趋势。在20世纪80年代中后期,国外学者提出了机敏材料与智能材料的概念。机敏材料要求能够感受到外界环境的变化,而智能材料要求材料体系集感知、驱动和信息处理于一体,形成类似于生物材料那样的具有智能属性的材料,具有自感知、自诊断、自修复等功能。1989年,美国的 D. D. L. Chung 发现在混凝土中加入一定形状、尺寸和掺量的短切碳纤维,这样形成的混凝土具有一些特殊的功能,如自感知内部应力、应变和损伤程度等功能。在机场跑道、桥梁路面等工程中应用碳纤维,可以利用混凝土的电热效应,这样就实现了自动融雪和除冰的功能。

1.3.2.5 低碳节能材料

由于全球气候变暖,"低碳经济"以低能耗低污染为基础而成为全球热点。在欧美发达国家,着力发展"低碳技术",大力推进以高能效、低排放为核心的"低碳革命",同时为了抢占先机和产业制高点对产业、能源、技术与贸易等政策进行了调整。低碳经济大战已经在全球爆发。对中国而言,这既是压力,又是挑战。新能源、新材料产业是转变经济发展方式和调整经济结构中要大力发展的战略性新兴产业。

1.3.2.6 绿色环保材料

建筑材料是世界上用得最多的材料,尤其是墙体材料和水泥,绿色大地是其原料的主要来源,每年大约有5亿平方米的土地被破坏。而且,大量的绿色土地被工业废渣、建筑垃圾和生活垃圾的堆放占用,这也造成了地球环境的恶化。绿色材料是人类历史上继天然材料、金属材料、合成材料、复合材料、智能材料之后出现的又一新概念材料,它是指采用清洁生产技术,大量使用工业、农业或城市固态废弃物生产的无毒害、无污染、无放射性,达到使用周期后可回收利用,有利于环境保护和人体健康的建筑材料,不用或少用天然资源和能源。随着科技的发展和进步,材料的环境性能成为材料的一个基本性能,结合资源保护、资源综合利用,对不可再生资源的替代和再资源化研究将成为材料产业的一大热门,各种绿色环保材料的开发将成为材料产业发展的方向。

相关学科的发展为土木工程材料的高性能、多功能、智能化和绿色生态化创造了越来越充分的条件,土木工程设计理念和建造技术的迅速发展也对土木工程材料的发展提出了越来越多的新课题。作为土木工程的物质基础,土木工程材料必将成为多项技术的复合体,继续发挥其不可替代的作用[10]。

参考文献

[1]贾生海,张凝,李刚.土木工程材料[M].北京:中国水利水电出版社,2015.

[2]李迁.土木工程材料[M].北京:清华大学出版社,2015.

[3]李舒瑶,张正亚.土木工程材料[M].北京:中国水利水电出版社,2015.

[4]刘家友,王清标,俞家欢.土木工程材料[M].西安:西安交通大学出版社,2015.

[5]伍勇华.土木工程材料[M].武汉:武汉理工大学出版社,2016.

[6]苏达根.土木工程材料[M].北京:高等教育出版社,2015.

[7]王作文.土木建筑工程概论[M].北京:化学工业出版社,2012.

[8]李宛谕,杨恒.关于土木工程材料的应用及发展趋势分析[J].科技展望,2016(32).

[9]王丽丽,张向荣,王丽.土木工程材料的应用及发展趋势[J].建材技术与应用,2011(08).

[10]李宇坤.浅谈土木工程材料的发展历程[J].科技风,2016(12).

第2章 土木工程材料的基本性质

土木工程才料指的是所有被用作建造建(构)筑物的材料的集合。土木工程材料在建筑物中要受到不同的作用,例如较好的力学性能是结构材料所必不可少的,防水材料通常会频繁的受到水的损害,隔热和耐火材料将会经常接触高温;另一些材料可能被外界因素所影响,比如大气作用下的热胀冷缩、交替冻融和化学损害等,许多因素都会造成材料的损坏。保障材料在建筑过程中的安全性、适用性、耐用性和经济性,在建筑设计和施工的过程中,需要更好地了解每种材料性能和特征,这样才能在使用材料时,做到更加准确和合理。本章阐述了材料的组成与结构、材料的物理性质、材料的力学性质,以及材料的耐久性与装饰性。

2.1 材料的组成与结构

2.1.1 材料的组成

材料的组成包含材料的化学组成、矿物组成和相组成。其不单是材料物理力学性能的决定因素,而且对材料的化学性质也有着重要的影响。

2.1.1.1 化学组成

化学组成主要是构成材料的化合物和化学元素的分类和数目。在一定的环境下,材料与环境中的物质一定会发生一定的化学作用。例如,混凝土在使用过程中,与酸和盐类物质间发生的化学作用(侵蚀作用);木材在遭到火焰的损害时对燃烧抵抗的能力;钢材等金属材料的锈蚀等。材料的化学组成直接决定了材料在化学作用下表现出的各种性能。

2.1.1.2 矿物组成

矿物指的是在地质作用下产生的自然单质或化合物,其化学组成是一定的,同时还存在固定的结构,在固定范围内,受物理化学的影响力较小,能够组成矿石和岩石。元素或化合物以一定的形式存在于材料中,也决定材料的很多的性能。

无机非金属材料中化合物的存在形式主要是矿物组成。化学组成有差异的材料其矿物组成也不相同。化学组成相同的材料在不同情况下产生的矿物常常是不同的。如某个水泥的化学组成为 CaO、SiO_2、Al_2O_3、Fe_2O_3,它的熟料的矿物组成与化学组成不同,为 $3CaO \cdot SiO_2$、

$2CaO \cdot SiO_2$、$3CaO \cdot Al_2O_3$、$4CaO \cdot Al_2O_3 \cdot Fe_2O_3$。水泥熟料的矿物组成主要取决于两个方面:原料的配合比和生产工艺,原料的矿物组成直接对水泥的主要性能起作用。因此,水泥的性质主要由其矿物组成决定。了解不同材料的矿物组成,对于材料性能的掌握起着决定性的作用。

2.1.1.3 相组成

相是材料中结构相似、性质一样的均匀部分的统称。物质一般可以划分为气相、液相和固相三种形式。相同的化学物质在材料中因为工艺流程和外界条件的不同,最终形成的相也不同,如在铁、钛合金中存在铁素体、渗碳体、珠光体。每种物质在不同的环境条件(温度、压力)下,经常能够形成不同的相,例如由气相变为液相或固相。土木工程材料大部分是固相的,由两相或超过两相的物质组成的材料就是通常所说的复合材料。例如,混凝土是一种两相复合材料,它是集料颗粒(集料相)分散在水泥浆体(基相)中构成的。

复合材料的性能取决于构成材料的组成和界面。界面就是多相材料中不同相之间的分界面。实际上,材料的界面是比较薄的一部分,成分与结构和相内是不同的,可以看作界面相。因此,提升材料的使用性能的其中一个途径就是控制其相组成和界面的特征[1]。

2.1.2 材料的结构

材料的结构主要是构成材料的原子(或离子、分子)彼此结合的形式或组成的方式(这类形式就是结构要素)和结构要素依据固定的序列结合、排序和彼此间的联系。材料的结构依据研究层次的不同能够划分成 3 种:宏观结构、细观结构和微观结构[2]。

2.1.2.1 宏观结构

材料的宏观结构指的是人眼能够看到的内、外部结构,材料的大小一般在 10^{-3} 级以上。土木工程材料中经常见到的结构有以下几种:致密结构、纤维结构、多孔结构、层状结构、散粒结构、纹理结构。

1)致密结构

致密结构主要指材料内部一般不存在空隙,结构十分紧密的一类材料。这种材料的优点是强度和硬度较好,具有抗渗和抗冻的性能,耐磨性强。缺点是绝热性较差,钢材、天然石材、玻璃钢等是这类材料的代表。

2)纤维结构

纤维通常指的是长度比直径大许多的,直径很细的材料。通常直径为 $1\mu m$ 到几微米之间,而长度则是 1mm 到 1km。纤度指的是纤维的粗细,单位为 D(登尼尔),9km 长、1g 重的纤维就是 1D 或 1 支。按照纤维的构成,能够将其分成两类:无机纤维和有机纤维;按照纤维的形成途径,也能够将其分为两类:天然纤维和人造纤维。单纤维相比于另外的材料,其拉伸强度大得多,例如,金属和陶瓷的晶须是针状的结晶,因此有很高的拉伸强度。玻璃是一种脆性材料,其具有很小的抗弯强度,但是玻璃纤维的柔性很好,能够进行很大程度上的弯曲变形。纤维的伸长率和弹性模量、吸湿性等,根据不同的组成,存在很大的差异性,例如,无机纤维比有机纤维的弹性模量大,有细胞组织的动植物纤维和尼龙纤维的吸湿性大等等。

组合纤维结构材料(如岩棉、矿棉、玻璃棉等)因为含有许多空气,干燥的状态下质量较轻,隔热性和吸音性较强。

3)多孔结构

多孔结构指的是材料中存在大体均匀排列的从几微米到几毫米的单独或连续的孔状结构。另外,存在比较紧密结构的,如砂浆、混凝土、黏土砖也可以看做是多孔结构,不过这里主要指天然或者人工发泡制成的含有大量气泡的结构。根据孔的形状、形成过程、孔壁性质进行分类,现按气孔形状将多孔结构分成四类(见图2-1)。

图 2-1　多孔结构的不同类型

图 2-1(a)是连续开放气孔的多孔结构,例如木材;图 2-1(b)为独立封闭气孔的多孔结构,实际中很少有此类,例如焙烧质量很好的陶粒内部存在这类孔;图 2-1(c)为不完全封闭的独立气孔结构,例如加气混凝土、泡沫混凝土等,它一般由大孔(气孔)和微孔(毛细孔以下)构成;图2-1(d)为独立气孔块的组合多孔结构,例如陶粒混凝土中的陶粒为独立气孔块,因此由陶粒组成的陶粒混凝土就是这类结构。

4)层状结构

层状结构指的是天然形成或人工粘结等方法将材料组合成层状结构,例如蔽合板、纸面石膏板、蜂窝板、泡沫压型钢板复合墙,不同层材料的性质也是不相同的,但是叠合后的材料的总体性质很好,提升了材料的强度、硬度、保温和装饰等性能,使材料能够使用的范围大大增加。

5)散粒结构

散粒结构是指材料表现为松散的颗粒状结构,例如砂石、陶粒可以成为平常混凝土集料、沥青混凝土集料和轻混凝土集料,膨胀珍珠岩、聚苯乙烯泡沫颗粒能成为轻混凝土和轻砂浆的集料,使得该材料具有保温隔热的功能。

6)纹理结构

纹理结构有两种形式:一种是天然材料在形成时,自然出现的天然纹理,例如木材、大理石、花岗石等板材;另一种是人们生产时故意造成的人造纹理,例如瓷质彩胎砖、人造花岗石板材等,这些天然纹理,使得材料的外观更加美观。因此,现在人们使用仿真技术,制造出许多种有着不同纹理结构的装饰材料。

2.1.2.2　细观结构

细观结构,又称亚微观结构,指的是能够使用光学显微镜看到的结构。土木工程的细观结构一般是用来对某个结构进行分类探究。如,水泥石能够划分成水化产物、孔隙、未水化水泥颗粒;天然岩石能够划分成矿物、晶体颗粒、非晶体组织;钢铁能够划分成铁素体、渗碳体、珠光体;木材能够划分成木纤维、导管髓线、树脂道。

材料细观结构能够观察到的组织结构的性能和特征是不相同的,其特点、数目和排列方式对土木工程材料的性能具有深刻的影响。

2.1.2.3 微观结构

微观结构指的是原子、分子层面上的结构。能够使用电子显微镜和 X 射线对其进行分析和探究。

材料根据微观结构划分为 3 类：

1)晶体

质点(离子、原子、分子)在空间排列时一般是按照特定的规则,采用周期性排列的方法,最终得到的结构就是晶体结构[见图 2-2(a)]。晶体依据质点和化学键的差异分为 4 类：

(1)原子晶体:中性原子通过共价键结合形成的晶体,石英属于此类。

(2)离子晶体:正负离子通过离子键结合形成的晶体,$CaCl_2$ 属于此类。

(3)分子晶体:分子通过分子键(分子间的范德华力)结合形成的晶体,有机化合物属于此类;

(4)金属晶体:将金属阳离子作为晶格,自由电子和金属阳离子通过金属键结合形成的晶体,钢铁材料属于此类。

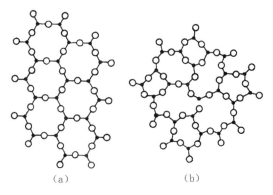

(a)　　　　　　　(b)

图 2-2　晶体与非晶体的原子排列示意图

(a)晶体　(b)非晶体

"·"—硅原子　○—氧原子

硅酸盐是建筑过程中使用比较广泛的土木工程材料,主要由硅氧四面体 SiO_4,如图 2-3 所示。硅氧四面体和其他金属离子结合后能形成很多硅酸盐矿物。硅氧四面体彼此相连时,能够形成各种矿物:想要生成纤维状矿物,硅氧四面体需要在一维方向上通过链状结构连接在一起;想要生成层状结构矿物,硅氧四面体需要在二维方向上通过彼此相连,形成片状结构,然后这些片状结构相叠合;想要生成立体岛状结构矿物,硅氧四面体需要在三维空间形成立体空间网架结构。当材料含有纤维状矿物时,纤维彼此间的键合力会比纤维内链状结构方向上的共价键力要小许多,因此这种材料存在更大的可能性会分散成纤维,石棉属于此类;层状结构材料的层间是由范德华力结合形成的,因此键合力比较小,这种材料易于被剥成薄薄的片状结构,黏土、云母、滑石等属于此类;在三维空间上,岛状结构是通过共价键彼此链接的,因此它的结构强度较强,质地十分坚硬,石英属于此类。

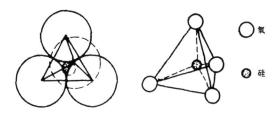

图 2-3　硅氧四面体

2）玻璃体

玻璃体（又称无定形体、非晶体）。它是通过共价键和离子键相结合的；玻璃体的组成特点是指点在空间上的非周期性排列，如图 2-2（b）所示。

从根本上讲，存在一种化学成分的熔融的物质，在温度骤降时，若质点来不及或者有因素导致其排列不规则，从而形成了固体，最终就得到了玻璃体结构的物质。玻璃体结构的化学性质不是稳定的，这使得它会和其他物质发生化学反应，因此属于玻璃体的化学物质的活性比较高。如火山灰、炉渣、粒化高炉矿渣等物质能够与水泥或石灰在水的作用下发生化学反应（水化、硬化），根据这个性能可以将它们当做土木工程材料使用。另外，玻璃体在烧制成品或天然岩石里，能够产生胶结的作用。

3）胶体

胶体是一种物质从很小的质点（粒径为 1～100）分散到介质中最终形成的结构。因为胶体中的分散质和分散介质所带的电荷是相反的，所以胶体的性能是比较稳定的。分散质的颗粒比较小，它导致胶体是有黏结性的。按照分散质和分散介质的含量多少的差异，胶体的结构能够分成 3 种：溶胶、溶凝胶和凝胶。乳胶漆是一种涂料，它是高分子树脂经由乳化剂分散在水中生成的；道路使用的石油沥青需要的性能是在高温下不能变软，在低温下不能变脆，因此需要含有溶凝胶的结构；人工石材的形成是硅酸盐水泥水化形成的产物中的凝胶把砂石粘结到一起。

2.2　材料的物理性质

2.2.1　密度、表观密度和堆积密度

2.2.1.1　密度

所谓密度，就是在绝对密实状态下，单位体积的质量。密度可以根据下面的公式计算：

$$\rho = \frac{m}{V}$$

式中　ρ ——材料的密度，g/cm^3；

m ——材料的质量，g；

V ——材料在绝对密实状态下的体积（不包括孔隙的体积），cm^3。

绝对密实状态指的是材料的所有体积都是被其自身所填满的,中间没有空气。所谓绝对密实的材料是人们设想中最好状态的材料,事实上,材料中间一般都存在一定的间隙。在工程计算的时候,想要更加方便,一般将含间隙比较少的材料(如钢材、玻璃等)看做不含间隙的绝对密实的材料,使用排液法测量得到的体积就当成理想条件下的体积;而含有间隙较多的材料占有更大范围,因此一般通过把它们磨成细粉的方法来降低间隙对测量结果的影响,然后再使用排液法得到其体积。显而易见,材料磨得越细,最终测得的体积就越准确[3]。

2.2.1.2 表观密度

所谓表观密度,就是材料在自然状态下,单位体积的质量。表观密度可以通过下面的公式计算:

$$\rho_0 = \frac{m}{V_0}$$

式中　　ρ_0——表观的密度,g/cm³ 或 kg/m³;

　　　　m——材料的质量,g 或 kg;

　　　　V_0——材料在自然状态下的体积(包括固体物质所占体积、开口孔隙体积 V_B 和封闭孔隙体积 V_C,见图 2-4),或称表观体积,cm³ 或 m³。

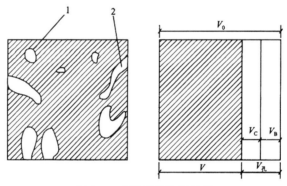

图 2-4　含孔材料体积组成

1—闭孔　2—开孔

材料的表观体积指的是包括内部间隙的体积。如果材料的内部间隙中有水,那么它的体积和质量都会有改变,因此,当测量材料表观密度的时候,需要关注内部间隙的含水量情况。通常,表观密度指的是气干状态下的表观密度;烘干状态下的表观密度则叫做干表观密度[4]。

2.2.1.3 堆积密度

在自然堆积的状况之下,散粒材料(即粉料与粒料)的单位体积的质量被称作堆积密度(见图 2-5),表示为

$$\rho'_0 = \frac{m}{V'_0}$$

式中　　ρ'_0——散粒材料的堆积密度,kg/m³;

　　　　m——散粒材料的质量,kg;

　　　　V'_0——散粒材料的堆积体积,m³。

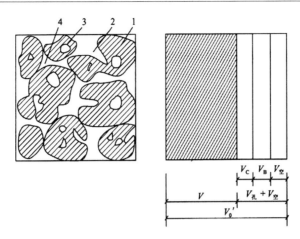

图 2-5　散粒材料松散体积组成

1—颗粒中的固体物质　2—颗粒的开口孔隙　3—颗粒的闭口孔隙　4—颗粒间空隙

在检测材料堆积密度的时候,需要了解材料的质量,其表示的是在一定容器内的材料质量,堆积体积为堆积容器的容积。因此材料的堆积包含颗粒的体积和颗粒间的空隙体积。

在计算土木工程的材料和构件的自身重量、材料的用量多少,以及配料、运输台班和堆放场地的时候,都需要参考材料的密度、表观密度和堆积密度等数据。土木工程材料的密度、表观密度和堆积密度数据如表 2-1 所示。

表 2-1　常用土木工程材料的密度、表观密度及堆积密度

材料名称	密度	表观密度 ρ_0（kg/m³）	堆积密度 ρ'_0（kg/m³）
石灰岩	2.60	1800～2600	—
花岗岩	2.80	2500～2900	—
碎石	2.60	—	1400～1700
砂	2.60	—	1450～1650
实心黏土砖	2.50	1600～1800	—
空心黏土砖	2.50	1000～1400	—
水泥	3.2	—	1200～1300
普通混凝土	—	2100～2600	—
轻骨料混凝土	—	800～1900	—
木材	1.55	400～800	—
钢材	7.82	7850	—
泡沫塑料	—	20～50	—

2.2.2　材料的孔隙率、空隙率和填充率

2.2.2.1　孔隙率和密实度

材料的孔隙率可以作以下定义:在材料自然状态下,其空隙体积所占总体积的百分率,一般用 P 表示。孔隙率计算式如下:

$$P = \frac{V' - V}{V'} \times 100\% = \left(1 - \frac{\varrho'}{\varrho}\right) \times 100\%$$

密实度是和孔隙率相反的定义,即材料体积的内部被固体物质所填充的程度,一般用 D 表示,计算公式如下:

$$D = \frac{V' - V}{V'} \times 100\% = \frac{\varrho'}{\varrho} \times 100\%$$

即
$$P + D = 1$$

孔隙率的大小如何会显示出材料的紧密情况如何。材料内部孔隙的构建,一般有连通和封闭两类。连通孔隙可以相互连通,还可以与外界连通,封闭孔则相互封闭,并和外界相隔断。根据自身孔径尺寸的不同,孔隙分为极微细孔隙、细小孔隙和粗大孔隙 3 种。孔隙率一定时,材料的性能会因孔隙结构、孔径尺寸和分布这些因素而发生很大变化[5]。

2.2.2.2　空隙率和填充率

空隙率的定义为:在颗粒或者纤维材料的堆积体积中,颗粒或纤维之间的空隙体积占有的百分比率。计算式如下:

$$P' = \frac{V'_0 - V'}{V'_0} \times 100\% = 1 - D = \left(1 - \frac{\varrho'_0}{\varrho'}\right) \times 100\%$$

式中　P'——指材料的空隙率,%。

填充率的定义为:在颗粒或者纤维材料的堆积体积当中,被颗粒或纤维填充的程度情况。计算式如下:

$$D = \frac{V' - V}{V'} \times 100\% = \frac{\varrho'_0}{\varrho'} \times 100\%$$

式中　D'——材料的填充率,%。

2.2.3　材料与水有关的性质

2.2.3.1　亲水性和憎水性

在土木工程中,建筑物会和水或者大气当中的水汽所接触。水分和不同材料的表面所接触,它们之间相互作用的结果是不一样的,具体情况如图 2-6 所示。在材料、水、空气三者交接处,沿着水滴表面形成的切线和水、固体所接触而组成的夹角(θ)被称作润湿边角。如果润湿边角角度越小,那么其浸润性就会越好。润湿边角 θ 变为 0,即可以认为此材料已经完全被水浸润。通常来讲,在 $\theta \leqslant 90°$ 的时候,水分子间的内聚力要明显小于水分子和材料表面分子间

的吸引力,为此这样的材料叫作亲水性材料[见图 2-6(a)]。$\theta > 90°$的时候,水分子的间聚力要大于水分子和材料表面分子间的吸引力,这样的材料则叫作憎水性材料[见图 2-6(b)]。包含毛细孔的材料,在孔壁的表面有亲水性的情况时,因为毛细作用,会自然把水吸入到孔隙里,如图2-6(a)所示。而当孔壁的表面是憎水性的时候,就要加入压力令水进入孔隙里面,如图 2-6(b)所示。上述情况对其他液体在固体材料表面的浸润情况也同样适用,一般可称作亲液材料,或者憎液材料[6]。

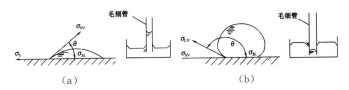

图 2-6　材料润湿边角
(a)亲水性材料　(b)憎水性材料

2.2.3.2　吸水性

吸水性即材料在水中吸水的性质。材料的质量吸水率或者体积吸水率都可以来阐释材料的吸水性。

材料的质量吸水率(吸水率)指的是材料在吸水饱和的情况下,吸收的水分质量和材料质量之比的百分率。计算式如下:

$$W_m = \frac{M_b - M}{M} \times 100\%$$

式中　W_m——材料的质量吸水率,%;

M_b——材料吸水饱和时的质量,g;

M——材料烘干至恒重时的质量,g。

体积吸水率主要分析的是轻质多孔材料的吸水性。材料的体积吸水率指的是在吸水饱和的情况下,材料吸收水分的体积和材料在自然状态的体积比的百分率。计算式如下:

$$W_v = \frac{M_b - M}{V_0} \cdot \frac{1}{\rho_w} \times 100\%$$

式中　W_v——材料的体积吸水率,%;

V_0——材料在干燥状态时的自然体积,cm^3;

ρ_w——水的密度,取 $1g/cm^3$。

材料的亲水性、孔隙率以及孔隙特点都会对其吸水性的强弱有决定性作用。通常来讲,孔隙率比较大的亲水性材料,其吸水率大,则吸水性就强,但是假如材料是封闭的孔隙,就无法进水。因此,粗大的孔隙虽然容易进水,但是却无法留住水分。在生活中,很多亲水性材料(比如木胶砖、多孔混凝土等等)都有着很多开口且连通的细微孔隙,它们的吸水性都非常强。

2.2.3.3　吸湿性

在潮湿的环境当中,材料所吸收水分的性质叫作吸湿性。材料的吸湿性常按含水率来说明。

在自然的状态之下,材料中含有的水分的质量和质量比值的百分率叫作材料的含水率。计算式如下:

$$W_h = \frac{M_h - M}{M} \times 100\%$$

式中 W_h ——材料的含水率,%;

　　　　M_h ——材料含水时的质量,g。

材料含水率的大小如何,不仅和材料的亲水性、孔隙率和孔隙特征有关系,也会根据周围环境的温度、湿度而改变。在周围环境比较潮湿的状态下,材料会吸收水分,则含水率会随之增大;反之,在周围环境比较干燥的时候,材料中的水分随之蒸发,则含水率逐渐下降,到和外界湿度保持平衡才会停止。达到平衡的状态时,材料的含水率叫作平衡含水率[7]。

2.2.3.4 耐水性

在长时间饱和水的作用下,材料仍然保持自己本来的性质的能力被叫做耐水性。

因为水分子的浸入,材料吸水之后,材料微粒间的结合力被削弱,同时会把比较溶于水的成分给溶解,这就造成材料的强度有不同程度的下降或者软化,严重的情况时,会使材料完全丧失其强度(例如黏土)。结构材料的耐水性即材料吸水饱和之后强度所产生的变化,一般以软化系数 K_R 表示,计算式如下:

$$K_R = \frac{f_s}{f_g}$$

式中 f_s ——材料吸水饱和状态下的抗压强度,MPa;

　　　　f_g ——材料在干燥状态下的抗压强度,MPa。

材料的软化系数 K_R 的范围为 $0 \sim 1$。K_R 非常接近 1,则表示材料耐水性非常好。一般适用于受水浸泡或潮湿环境的重要材料,其 K_R 要大于等于 0.85;适用于潮湿较轻或者比较次要部位的材料,其 K_R 要大于等于 0.70。一般情况下,K_R 大于 0.85 的材料,就可以确认为是耐水材料。

2.2.3.5 抗渗性

抗渗性指的是材料所承受压力水渗透的性质。材料的抗渗性一般用渗透系数或者抗渗等级来说明。渗透系数一般根据以下公式来计算:

$$K_s = \frac{Qd}{AtH}$$

式中 K_s ——渗透系数,cm/h;

　　　　Q ——渗水量,cm³;

　　　　d ——试件厚度,cm;

　　　　A ——透水面积,cm²;

　　　　t ——时间,h;

　　　　H ——水头高度(水压),cm。

渗透系数 K_s 的物理意义是在一定的时间和水压作用下,单位厚度的材料和截面积上的透水量。渗透系数非常小的材料说明它的抗渗性非常好。

抗渗等级经常在混凝土与砂浆等材料中使用,表示的是在一定的试验条件下,材料可以抵抗住的最大水压力。

材料抗渗性如何,与材料的孔隙率和孔隙特征有很大的联系。材料密实度高,其闭口孔就越多,从而孔径小,难渗水;如果有比较大的孔隙率,而且孔是连通的,孔径比较大,则该材料的抗渗性会非常差。

地下建筑、屋面、外墙,以及水工建筑物等,由于经常要遭受水的作用,因此它们对材料的要求就是要有一定的抗渗性。一些主要用于防水的材料,就需要有非常高的抗渗性。

2.2.3.6　抗冻性

材料吸收之后,一旦在 0℃ 以下受冻,水就会在材料的毛细孔内形成结冰状态,同时体积会膨胀约 9%,而且冰的冻胀压力会导致材料产生内应力,令材料局部受到损坏,而后冻结与融化开始循环,冰冻将会给材料带来更大的破坏作用,一般把这种破坏叫作冻融破坏。

抗冻性主要指的是材料在吸水饱和的情形下,能够承受住许多次冻结和融化作用(即冻融循环),没有被破坏,而且其本身强度没有明显降低的性质。

当材料处于冻融循环过程中时,其表面会有裂纹、剥落等情况出现,所造成的结果是质量损失、强度降低。其原因主要是材料内部空隙水分结冰后,其本身体积会增大而后对孔壁产生压力,冰融化后,压力又突然消失,从而使材料受到损害。冻结和融化的过程都会给材料冻融交接层带来明显的压力差,随后作用在孔壁上,令孔壁损坏。

材料的抗冻性可以用抗冻等级来说明。抗冻等级是指吸水饱和后的材料需要进行规定的冻融循环次数,而后试件的质量损失或者相对动弹性模量下降都符合相关的规定值,一般常用快冻法来检测。混凝土的抗冻等级用符号 F 表示,后面可带能经受冻融循环次数的数字,例如 F50、F100、F200、F500 等。比如,F100 是指能够承受的冻融循环次数不能少于 100 次,而且试件的相对动弹性模量下降不能在 60% 以下或者质量损失不能超出 5%。

除此之外,还可以用慢冻法来测定混凝土的抗冻等级。也可用单面冻融法(盐冻法)来检测混凝土的抗冻性能如何。

材料的抗冻性和自身强度、孔隙率大小与特征、含水率等因素有很大关系。材料的强度的高低,会对抗冻性的好坏有直接影响;把材料开口的孔隙减少,并对总的孔隙率进行增大,这样就可以提升材料的抗冻性。在生产材料的过程中,可以引入一部分封闭的孔隙,例如在混凝土中加入引气剂。这些闭口的孔隙会阻断材料内部的毛细孔隙,令开口孔隙变少,这样当开口孔隙里的水结冰的时候,产生的压力会把开口孔隙还未结冰的水挤进没有水的封口孔隙里,也可以这样认为,这些封闭孔隙有着卸压的作用,会对混凝土的抗冻性能有很大提高。但是如果引入气泡,混凝土的孔隙率会增加,强度将有所降低[8]。

2.3 材料的力学性质

2.3.1 材料的强度和比强度

2.3.1.1 材料的强度

材料在荷载作用下,能够抵抗破坏的能力叫作强度。材料受到荷载作用,其内部会出现抵抗荷载作用的内力,在单位面积上出现的内力称为应力,数值上表示为荷载除以受力面积。当荷载增加的时候,材料内部的抵抗力(应力)同样会随之增加,当应力值升到材料内部质点间结合力的最大值后,材料会被破坏。为此,材料的强度也可以表示为材料内部能够抵抗破坏的极限应力。

按照材料的受力情况(见图 2-7),材料的强度有抗压强度、抗拉强度、抗剪强度和抗弯强度等几种类型。

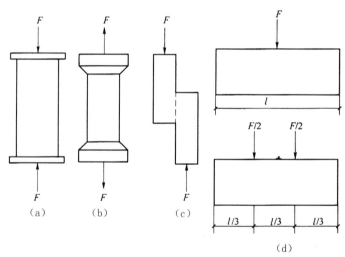

图 2-7 材料受力情况

(a)抗压 (b)抗拉 (c)抗剪 (d)抗弯

材料的抗压强度、抗拉强度和抗剪强度的计算公式如下:

$$f = \frac{F}{A}$$

式中 f ——材料的极限抗压(抗拉或抗剪)强度(MPa);

F ——材料破坏时的最大荷载(N);

A ——材料的受力面积(mm^2)。

在材料的抗弯试验中,使用的加载方法不同,其抗弯强度的计算式也会不一样。当矩形截面的条形试件在两支点的中点处作用并集中荷载的时候,其抗弯强度的计算式如下:

$$f_M = \frac{3Fl}{2bh^2}$$

当试件两支点的三分点处作用两个相等的集中荷载（$F/2$）的时候，其抗弯强度计算式如下：

$$f_M = \frac{Fl}{bh^2}$$

式中　f_M ——材料的抗弯（抗折）强度，MPa；

　　　F ——材料能承受的最大荷载，N；

　　　l ——两支点间距，mm；

　　　b,h ——试件截面的宽度和高度，mm。

材料的强度和它的组成、构造等因素有一定的关系。同样种类的材料因为构造的特点，强度会有非常大的差异。一样的材料，孔隙率越低的时候，其强度会非常高，材料的强度和孔隙率之间有着近似直线的反比关系（见图 2-8）。不同种类的材料有着不同的抵抗外力的特征。石材、砖、混凝土和铸铁等材料属于脆性材料，它们有非常高的抗压强度，其抗拉强度和抗弯度强度很低，所以常在结构承压部位使用；木材的强度是有方向性的，顺纹方向和横纹方向的强度是不同的，顺纹抗拉强度远远大于横纹抗拉强度，所以顺纹方向常用在梁、屋架等；钢材的抗拉、抗压强度非常高，常用在承受各种外力的结构上。

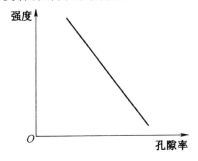

图 2-8　材料的强度与孔隙率之间的关系

材料的强度也和自身含水状态以及温度有一定关系，含一定水分的材料，它的强度要比干燥的时候要低。在温度高的情况下，材料的强度会有所下降，这一点在沥青混凝土中表现得非常明显。

除此之外，材料的强度和测试条件、方法等外部的因素有一些关系。例如，材料相同的情况下，用小试件检测的强度要比大试件高；加荷速度比较快的材料，其强度值会比较高；材料的表面涂润滑剂的，其强度值会低。

从上述可以知道，材料的强度是在一些特定的条件下检测的结果。要想令试验数据具有准确性和可比性，在检测材料强度的时候，须要按照统一的试验标准来进行，材料的强度是很多结构材料用以划分等级的依据。按照材料强度的大小，可以把它分成很多个不同的等级，这样就可以很快了解材料的性质，能更好地选择适合的材料，从而进行设计与控制工程质量。另外，按照各种材料的特征，从而组成复合材料来使用，扬长避短，这对产品质量与经济效益是非常有帮助的。

几种常用材料的强度如表 2-2 所示。

表 2-2　常用材料的强度

材料名称	抗压强度/MPa	抗拉强度/MPa	抗折强度/MPa
钢材		300～1500	
松木(顺纹)	30～60	80～120	60～110
花岗岩	100～250	5～8	10～14
普通黏土砖	7.5～30		2～5
普通混凝土	7.5～60	0.7～4	0.7～4
水泥	30～80		5～9

2.3.1.2　材料的比强度

比强度是依据单位体积质量来计算的材料强度,它的数值同材料强度和材料体积密度之比相等。比强度还是判断材料是不是轻质高强的指标。如果材料比强非常大,那么材料轻质高强。它对建筑物保证强度、减轻自重、向空间发展和节约材料有着非常重要的实际作用。常见的结构材料的比强度如表 2-3 所示。

表 2-3　常用材料的强度

材料名称	强度/MPa	体积密度/MPa	比强度/MPa
低碳钢	420	7850	0.054
普通混凝土(抗压)	40	2400	0.017
松木(顺纹)	100	500	0.200
玻璃钢(抗弯)	450	2000	0.225

2.3.2　弹性与塑性

材料在外力的作用下会变形,去掉外力作用的时候就会完全恢复原来的形状,这种性质叫作弹性,所产生的变形叫作弹性变形。弹性变形是可逆变形的一种;还有一些材料在外力作用下也会变形,但是去掉外力时,还是变形后的形状和尺度,而且不会产生裂缝,这就是材料的塑性,这种无法恢复的永久变形叫作塑性变形。

在弹性范围内,材料弹性变形大小和外力的大小形成正比。应力和应变的比值叫作弹性模量,计算式如下:

$$E = \frac{\sigma}{\varepsilon}$$

式中　E——材料的弹性摸量,MPa;

　　　σ——材料的应力,MPa;

　　　ε——材料的应变。

弹性模量是能够体现材料抵抗变形能力如何的指标,弹性模量值非常大,在外力作用下的材料变形就变得非常小,而材料的刚度会变得非常大。材料变形常常是弹性变形和塑性变形一同产生,比如当建筑钢材受力不大的时候,就会产生弹性变形,而后受力到达某一数值后,就变成了塑性变形;混凝土受力之后,会同时产生弹性变形和塑性变形。

在现实中,真实材料的完全弹性材料或者塑性材料是不存在的。有些材料在低应力作用的时候,会产生弹性变形;当在应力接近或者比自身屈服强度高的时候,就会产生塑性变形(比如建筑钢材);有些材料在受力的时候,弹性变形与塑性变形会同一时间发生,这样的弹塑性变形在外力没有的时候,弹性变形可以恢复,但是塑性变形无法恢复(例如混凝土材料的受力变形就是一种)。

2.3.3　脆性与韧性

2.3.3.1　脆性

触发是指材料受外力作用的影响,当外力到达一定值时,材料会突然发生损坏,并且损坏时没有显著的塑性变形,具备该种性质的材料就是脆性材料。脆性材料的抗压强度比其抗拉强度大得多,可达数倍以至数十倍,因此脆性材料抗振动和抗冲击荷载较差,也不适合用在受拉场合,仅用来作为承压构件是很合适的。在土木工程材料中,脆性材料包括陶瓷、玻璃、普通混凝土等大部分无机非金属材料。

2.3.3.2　韧性

在震动或者冲击荷载影响下,材料可以对比较大的能量进行吸收,并且也可以由于一定的变形而不产生破坏的性质,这叫做韧性。对材料的韧性进行检验一般是采用冲击试验的手段,所以又叫做冲击韧性,它使用材料受荷载达到破坏时所吸收的能量进行表示。韧性材料包括木材、低碳钢等。用作桥梁、吊车梁和具备抗震要求的结构均要对材料的韧性进行考量。

2.3.4　材料的硬度和耐磨性

2.3.4.1　材料的硬度

硬度指的是材料表面抗拒坚硬物体刻划和压入的能力。在土木工程中,预应力钢筋混凝土锚具、道路与楼面的材料等为了维持其外观和使用性能,通常需要具备一定的硬度。在工程中,对材料硬度的表示方法有很多种:通常,混凝土、砂浆等材料借助于重锤下落回弹高度来计算并求得其硬度,回弹值和材料的强度有关系,可以用来对材料的强度值进行估算;木材、金属等材料一般使用压入法对其硬度进行检测,如布氏硬度或洛氏硬度;而玻璃、陶瓷等比较脆性的材料通常使用刻划法来测定其硬度,这叫做莫氏硬度,按照刻划矿物的不同可分为 10 个等级(其递增的顺序为:滑石 1;石膏 2;方解石 3;氟石 4;磷灰石 5;正长石 6;石英 7;黄玉 8;刚玉 9;金刚石 10)。

2.3.4.2　材料的耐磨性

耐磨性是指材料表面能够对磨损进行抵制的能力。材料的耐磨性与材料的多种因素有联系,如组成结构、硬度与强度。在土木工程中,工业地面、道路路面等遭到磨损的部位,对材料进行挑选时一定要对其耐磨性进行思量[9]。

2.4 材料的耐久性与装饰性

2.4.1 耐久性

材料的耐久性指的是,在诸多环境因素的影响下,在土木工程中使用的材料可以长时间不改变其原来的特性、不破坏、长时间地保持其使用性能的性质。

2.4.1.1 影响材料耐久性的作用

在对工程建筑物进行使用时,除了内在原因可以导致材料的组成、构造、性能产生改变外,还要长时间经受使用条件和诸多自然因素的作用,这些作用主要体现在以下方面:

1)物理作用

涵盖环境度、温度的交替变化,也就是干湿、热冷、冻融等循环作用。在这些作用的影响下,材料会出现膨胀、收缩的现象,或产生内应力,长年累月的重复动作,会使材料慢慢受到损坏。

2)化学作用

包括大气和环境水中的酸、碱、盐等溶液或其他有害物质对材料的侵蚀作用,以及日光、紫外线等对材料的作用。

3)机械作用

包括荷载的持续作用,交变荷载对材料引起的疲劳、冲击、磨损、磨耗等。

4)生物作用

包括真菌、昆虫等引起的破坏作用,造成材料腐烂、虫蛀等而遭到损坏。

材料的耐久性是其综合性能的体现之一,诸多材料耐久性的具体内容,由于其组成与结构的不同而不相同。譬如,钢材很容易遭到氧化从而生锈腐蚀;通常,无机非属材料由于以下原因遭到破坏,如氧化、风化、溶蚀、冻融、热应力、干湿交替作用等;有机材料大多由于老化、虫蛀等原因而改变质量等。

2.4.1.2 材料的耐久性与安全性

一般认为建筑物的安全性指的是结构物的强度(承载能力和总体的牢固性)。因此,在进行结构设计时,设计师的主要依据是结构物的荷载(静荷载和动荷载)。然而,建筑通常的使用时间比较长,单纯只考虑荷载具有一定的局限性,在不同环境因素的影响下,材料会发生劣化,最后对建筑物的安全性造成威胁。因此,耐久性也是在进行结构设计时必须要考虑的因素。特别是在外界环境的影响比较大的时候,例如水工、海洋工程、地下等,对耐久性有着很高的要求。大量实施后的工程显示,导致结构物被破坏有许多种原因,其中比较多的是由于材料的耐久性不足引起的,而强度不足造成破坏的情况比较少见。

2.4.1.3　材料的耐久性与可持续发展

　　土木工程材料在制造时必须消耗许多自然资源,如炼钢铁需要大量的铁矿石,水泥的生产的过程中也要使用石灰石和黏土等材料,砂石占混凝土总体积的 70% 左右,在挖掘的过程中,对河床的破坏,严重影响了自然景观和生态环境,而黏土的制作过程中,会损毁许多农田。并且,在生产建筑材料时会消耗庞大的能源,同时反应后剩余的废气和废渣将污染环境。例如,炼制 1t 钢将使用煤 1.66t、水 48.6m³;炼制 1t 水泥熟料使用煤 178kg,并会释放 1t 二氧化碳气体;土木工程材料在使用和运输时也会对能源进行消耗并对环境造成污染。但是,生产土木材料的过程中,能够对许多工业废料进行二次利用,例如,电厂的粉煤灰、冶炼铁、铝、铜排放的矿渣等;而且对有些携带毒性或放射性的工业废料起到固化的作用。

　　为了人类社会的可持续发展,土木工程材料在生产和使用的工程中也要关注可持续发展的方向。根据可持续发展的目标,最近提出了"绿色建筑材料"和"生态建筑材料"。

　　最近几十年来,国内设计和施工的许多混凝土建筑物,尽管符合规范和技术水平,然而在使用的过程中却过早的劣化了,对劣化的建筑物进行修补、加固或重建将浪费许多资金和能源。因此工程材料的耐久性对于建筑物具有重要意义。为了使材料的耐久性增强需要材料的研究人员提高理论研究的深度。在生产和使用时,生产者、设计者和施工者以及相关管理人员需要共同努力。因此,材料的可持续发展不单单对材料的研究人员提出了要求,而且在生产过程中的其他人员也需要对此一直进行关注。

2.4.2　装饰性

　　社会的发展,使得人们的经济水平不断提高。在满足了基本的生活需求之后,人们对居住和工作环境的要求持续升高。因此材料的装饰性也越来越被重视,近年来,在对装饰品质要求的基础上,还要求其具有环保性能。

　　材料的装饰性就是指材料对环境的美化作用,对人工和环境之间的协调作用和对环境产生的情趣作用的协调统一的性能。材料的装饰性的决定因素有 3 个方面:光学性质、表面性质和几何性质[10]。下面将分别进行阐述。

2.4.2.1　材料的光学性质

　　所谓材料的光学性质,主要是由材料的组成和结构决定的,一般包含颜色、光泽和透明性。颜色的差异将带给人们不同的感受:暖色(如红、橙、黄)通常能给人温暖、兴奋和热烈的感觉;冷色(如绿、蓝、紫)能带给人们宁静、优雅和清凉的感觉。光泽是由于材料对光的反射所产生的,最主要的就是镜面反射,金属晶体的光泽度通常较好。透明性指的是光线对材料的投射,玻璃等非晶体材料能够产生很好的透明效果。当材料具有很好的光泽和透明性的时候,使用它们来装饰环境会给人以轻快,豪华和范围大的感觉。

2.4.2.2　材料的表面性质

　　所谓材料的表面性质,就是材料表面的粗细程度、软硬程度、凹凸现象、纹理构造、花纹图案等结构特点,以及材料表面的化学和导热性质。质感指的是人们经过触觉、视觉、嗅觉从材料表面性质得到的总体感受。例如,混凝土的质感通常认为是粗犷、体积大、脆硬;木材和石材往往带给人们大自然的感受;木材表面的图案会让人们感觉优雅、柔和。

2.4.2.3 材料的几何性质

所谓材料的几何性质,就是建筑装饰材料的几何形状和尺寸以及装饰物的空间结构。材料的几何形状有很多种,例如,板状、块状、波浪片状、筒状、薄片状、异形,并且有各种尺寸与规格,使用时候能够拼接成不同的图案和花纹。景观材料和园林造型材料(如绿化混凝土、彩色地砖、仿石等)能够使环境风景更加优美,具有更好的可观赏性;在对地面、内外墙体和柱面等进行涂料和喷漆,能够产生不同的图案,起到很好的装饰作用。

参考文献

[1]贾生海,张凝,李刚.土木工程材料[M].北京:中国水利水电出版社,2015.

[2]李迁.土木工程材料[M].北京:清华大学出版社,2015.

[3]李舒瑶,张正亚.土木工程材料[M].北京:中国水利水电出版社,2015.

[4]刘家友,王清标,俞家欢.土木工程材料[M].西安:西安交通大学出版社,2015.

[5]吕平.土木工程材料[M].北京:科学出版社,2015.

[6]任胜义,赖伶.土木工程材料[M].北京:中国建材工业出版社,2015.

[7]苏达根.土木工程材料[M].北京:高等教育出版社,2015.

[8]伍勇华.土木工程材料[M].武汉:武汉理工大学出版社,2016.

[9]王作文.建筑装饰工程项目分析与实践探究[M].北京:中国原子能出版社,2015.

[10]王作文.工程建筑机械使用与管理[M].哈尔滨:哈尔滨地图出版社,2004.

第3章 水泥

水泥是土木工程中使用较为广泛的无机胶凝材料,加入适量水后,可成为塑性浆体,不仅能在空气中凝结硬化,而且能更好地在水中凝结硬化,保持并发展其强度,是一种水硬性胶凝材料。水泥是最主要的建筑材料之一,它能将砂和石等材料牢固地胶结在一起,配制成各种混凝土和砂浆,广泛应用于建筑、交通、水利、电力和国防等工程。水泥混凝土已经成为现代社会的基石,在经济社会发展中发挥着重要作用。本章主要对通用硅酸盐水泥,道路硅酸盐水泥、中、低热硅酸盐水泥与低热矿渣硅酸盐水泥、砌筑水泥、白色与彩色硅酸盐水泥等其他品种水泥进行论述与探究。

3.1 通用硅酸盐水泥

3.1.1 通用硅酸盐水泥的定义与品种

根据国家标准《通用硅酸盐水泥》(GB175—2007)规定:以硅酸盐水泥熟料和适量的石膏以及规定的混合材料制成的水硬性胶凝材料,称为通用硅酸盐水泥。硅酸盐水泥在国际上通称为波特兰水泥(Portland Cement),我国称其为硅酸盐水泥是因为其中的主要组分为硅酸盐矿物。

通用硅酸盐水泥按混合材料的品种和掺量分为硅酸盐水泥、普通硅酸盐水泥、矿渣硅酸盐水泥、火山灰质硅酸盐水泥、粉煤灰硅酸盐水泥和复合硅酸盐水泥六个品种。各品种的组分和代号应符合表3-1的规定。

表 3-1 通用硅酸盐水泥的组分

品种	代号	组分(质量百分比)/%				
		熟料＋石膏	粒化高炉矿渣	火山灰质混合材料	粉煤灰	石灰石
硅酸盐水泥	P·Ⅰ	100	—	—	—	—
	P·Ⅱ	≥95	≤5	—	—	—
		≥95	—	—	—	≤5
普通硅酸盐水泥	P·O	≥80且<95	>5且≤20			

续表

品种	代号	组分(质量百分比)/%				
		熟料＋石膏	粒化高炉矿渣	火山灰质混合材料	粉煤灰	石灰石
矿渣硅酸盐水泥	P·S·A	≥50且<80	>20且≤50	—	—	—
	P·S·B	≥30且<50	>50且≤70	—	—	—
火山灰质硅酸盐水泥	P·P	≥60且<80	—	>20且≤40	—	—
粉煤灰硅酸盐水泥	P·F	≥60且<80	—	—	>20且≤40	—
复合硅酸盐水泥	P·C	≥50且<80	>20且≤50			

(注:通用水泥的英文为:硅酸盐水泥 portland cement;普通硅酸盐水泥 ordinary portland cement;矿渣硅酸盐水泥 portland blastfurnace-slag cement;火山灰质硅酸盐水泥 portland pozzolana cement;粉煤灰硅酸盐水泥 portland fly-ash cement;复合硅酸盐水泥 composite portland cement)

3.1.2 通用硅酸盐水泥的生产

生产硅酸盐水泥的原料主要是石灰质原料(如石灰石、白垩等)和粘土质原料(如黏土、黄土等)两类,为满足成分要求还常配以辅助原料(如铁矿石、砂岩等)。石灰质原料主要提供 CaO,粘土质原料主要提供 SiO_2、Al_2O_3 及少量的 Fe_2O_3,辅助原料常用以校正 Fe_2O_3 或 SiO_2 的不足。

通用硅酸盐水泥的生产过程包括生料制备、熟料煅烧和水泥粉磨三个阶段。即:原料按适当的比例配料混合,在磨机中磨成生料;将生料入窑煅烧至部分熔融得到以硅酸钙为主要成分的硅酸盐水泥熟料;水泥熟料配以适量的石膏,或根据水泥品种要求再掺入混合材料,在磨机中磨成水泥成品。整个硅酸盐水泥的生产工艺过程可概括为“两磨一烧”,如图 3-1 所示。

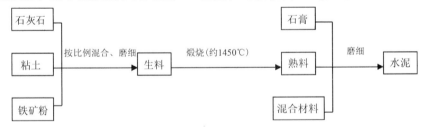

图 3-1 通用硅酸盐水泥生产工艺流程

水泥生料在煅烧过程中要经过干燥、预热、分解、烧成和冷却五个环节,通过一系列的物理、化学变化,生成水泥熟料矿物。水泥熟料形成所发生的主要化学变化如下:

当煅烧温度达到500℃~600℃时,粘土质原料中的黏土矿物脱水分解为化学活性较高的无定形氧化硅和氧化铝;600℃~1000℃时,石灰质原料分解释放出氧化钙和氧化镁,其中800℃左右少量分解出的氧化物已开始发生固相反应,生成铝酸一钙(CA)、少量的铁酸二钙(C_2F)及硅酸二钙(C_2S);900℃~1100℃时,铝酸三钙(C_3A)和铁铝酸四钙(C_4AF)开始形成

1 100℃～1 200℃时,大量形成铝酸三钙和铁铝酸四钙,硅酸二钙生成量最大;1 300℃～1 450℃时,铝酸三钙和铁铝酸四钙呈熔融状态,产生的液相把 CaO 及部分硅酸二钙溶于其中,在此液相中硅酸二钙吸收 CaO 化合成硅酸三钙(C_3S)。这是煅烧水泥的最关键一步,物料必须在高温下停留足够的时间,使物料中游离的氧化钙被吸收掉,以保证水泥熟料的质量。

3.1.3　通用硅酸盐水泥的组成材料

通用硅酸盐水泥由硅酸盐水泥熟料、石膏及混合材料组成。其中:硅酸盐水泥熟料是水泥的主要胶凝物质;石膏的作用是调节水泥的凝结时间;混合材料可调节水泥的强度等级,改善水泥的某些性能,扩大应用范围,并能利用工业废渣,节约水泥熟料,降低成本,从而节约资源、能源与保护环境。另外,混合材料也起辅助胶凝作用。

3.1.3.1　硅酸盐水泥熟料

硅酸盐水泥熟料的化学成分主要是 CaO、SiO_2、Al_2O_3 及 Fe_2O_3 四种氧化物,它们占熟料质量的 94% 左右。这几种氧化物经过高温煅烧后,反应生成多种具有水硬性的矿物,成为水泥熟料。

硅酸盐水泥熟料的主要矿物有以下四种,其矿物组成及含量的大致范围如表 3-2 所示。

表 3-2　硅酸盐水泥熟料的矿物组成

熟料矿物	化学式	在熟料中的含量(%)
硅酸三钙	$3CaO \cdot SiO_2$(简写为 C_3S)	37～60
硅酸二钙	$2CaO \cdot SiO_2$(简写为 C_2S)	15～37
铝酸三钙	$3CaO \cdot Al_2O_3$(简写为 C_3A)	7～15
铁铝酸四钙	$4CaO \cdot Al_2O_3 \cdot Fe_2O_3$(简写为 C_4AF)	10～18

硅酸盐水泥熟料矿物在与水作用时所表现出的特性是不同的,四种矿物在不同龄期的水化热、抗压强度如图 3-2 及图 3-3 所示,水泥熟料各单矿物的水化硬化特性如表 3-3 所示。

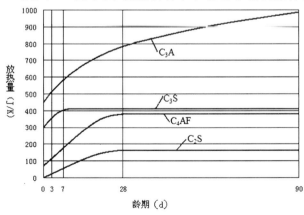

图 3-2　水泥熟料矿物的水化放热曲线

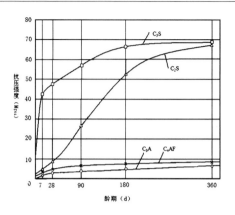

图 3-3 水泥熟料矿物的强度增长曲线

表 3-3 硅酸盐水泥熟料矿物的特性

矿物特性	熟料矿物			
	C_3S	C_2S	C_3A	C_4AF
水化速率	快	慢	最快	快
28d 水化热	多	少	最多	中
强度	高	早期低,后期高	低	低
耐化学侵蚀性	中	良	差	优
干缩性	中	小	大	小

硅酸盐水泥熟料矿物在与水作用时所表现出的主要特性如下:

(1)C_3S的凝结硬化较快,水化热较大,且主要在早期放出;早期强度高,且强度增长率较大,28d 强度最高,是决定水泥强度高低的最主要矿物。

(2)C_2S凝结硬化慢,水化热最少,且主要在后期放出;早期强度低,但后期强度增长率较高(大约一年可赶上或超过C_3S),是保证水泥后期强度增长的最主要矿物。

(3)C_3A凝结硬化最快,水化热最多,且主要在早期放出,硬化时体积减缩也最大;早期强度增长率很快,但强度不高,而且 3d 以后几乎不再增长,甚至降低;耐腐蚀性最差。

(4)C_4AF凝结硬化较快,仅次于C_3A,水化热中等,强度较低;脆性较其他矿物为小,当含量增多时,有助于水泥抗折强度的提高;抗硫酸盐侵蚀性好。

由上述可知,不同的熟料矿物具有不同的特性,改变熟料中矿物组成的相对含量,可以生产出不同性能的水泥。例如,提高C_3S的含量,可制得高强度水泥;降低C_3S和C_3A的含量,提高C_2S的含量,可制得水化热较低的低热水泥;提高C_4AF和C_3S的含量,可制得高抗折强度的道路水泥等。因此,掌握硅酸盐水泥熟料中各矿物成分的含量及特性,就能大致了解该水泥的性能特点。

除以上四种主要矿物成分外,硅酸盐水泥熟料中尚有少量其他成分,常见的有氧化镁(MgO)、三氧化硫(SO_3)、游离氧化钙(f-CaO)和碱(K_2O、Na_2O)等。

3.1.3.2 石膏

一般水泥熟料磨成细粉与水拌和后会产生速凝现象,无法施工。水泥中掺入适量石膏主要起缓凝作用,同时还能提高水泥的早期强度,降低干缩变形,改善耐久性、抗渗性等一系列性质。对于掺混合材料的水泥,石膏还可对混合材料起到活性激发剂的作用。

用于水泥中的石膏主要是天然石膏和工业副产石膏。

3.1.3.3 混合材料

在磨制水泥时加入的天然或人工矿物质材料称为混合材料。在水泥中掺入一定量的混合材料,不仅具有显著的技术经济效益,同时可充分利用工业废渣,有效地减少污染,保护环境,是实现水泥工业可持续发展的重要途径。混合材料按其性能分为非活性混合材料和活性混合材料。

1)非活性混合材料

在常温下,不能与石灰或水泥发生化学反应的混合材料称为非活性混合材料,又称填充性混合材料。它们掺入水泥中的作用是提高水泥产量、降低生产成本、降低强度等级、减少水化热、改善耐腐蚀性及和易性等。这类材料主要有磨细的石灰石、石英砂、慢冷矿渣、黏土和各种符合要求的工业废渣等。由于非活性混合材料的加入会降低水泥强度,其加入量一般较少。

2)活性混合材料

在常温下,能与石灰或水泥发生化学反应,生成具有一定水硬性的胶凝产物的混合材料称为活性混合材料。活性混合材料除具有非活性混合材料的作用外,当其活性激发后可使水泥的后期强度大大提高,并能明显改善水泥的性质。常用的活性混合材料主要包括粒化高炉矿渣、火山灰质混合材料和粉煤灰三类。

(1)粒化高炉矿渣。粒化高炉矿渣是高炉冶炼生铁时将浮在铁水表面的熔渣经水淬急冷处理而形成的松散颗粒,其粒径为 $0.5\sim5mm$,又称为水淬矿渣。粒化高炉矿渣的主要化学成分是 CaO、SiO_2、Al_2O_3 和少量的 MgO、Fe_2O_3。急冷矿渣的结构为不稳定的玻璃体,其中的硅氧四面体和铝氧四面体处于非结晶状态,其键合力极弱,具有较高的化学潜能,在激发剂作用下,这些硅酸基团和铝酸基团具有较高的活性,常温下能与 $Ca(OH)_2$ 反应,生成水化硅酸钙、水化铝酸钙等具有水硬性的产物而产生强度。习惯上把这类具有"潜在"活性的基团称为活性 SiO_2 和活性 Al_2O_3。

(2)火山灰质混合材料。凡天然的或人工的以氧化硅、氧化铝为主要成分的矿物质材料,磨成细粉加水后并不硬化,但与石灰混合后加水拌和则能形成具有水硬性化合物的称为火山灰质混合材料。

火山灰质混合材料品种较多,天然的主要有火山灰、凝灰岩、浮石、沸石岩和硅藻土等;人工火山灰是与天然火山灰成分和性质相似的人造矿物或工业废渣,主要有烧黏土、烧页岩、粉煤灰、煤矸石、煤渣、活性硅质渣、硅粉等。火山灰质材料的主要活性成分是活性 SiO_2 和活性 Al_2O_3,在激发剂作用下可显示水硬性。

(3)粉煤灰。粉煤灰是火山灰质混合材料的一种,它是火力发电厂煤粉炉烟道气体中收集的粉末,又称飞灰。由于粉煤灰是比较大宗的工业废渣,且在颗粒形态和性能方面与其他火山灰质混合材料有所不同,因此作为一种活性混合材料单独列出。

粉煤灰的主要化学成分为 SiO_2、Al_2O_3、Fe_2O_3 及少量的 CaO(高钙粉煤灰除外),它的矿物组成为石英、莫来石、磁铁矿、赤铁矿等结晶相(约占 10%～30%)和球状玻璃体(约占 60%～85%)。粉煤灰的活性主要取决于玻璃体的含量以及无定形 SiO_2 和 Al_2O_3 的含量,其水硬性原理与火山灰质混合材料相同。

3)窑灰

窑灰是水泥回转窑窑尾废气中收集的粉尘,活性较低,一般作为非活性混合材料加入水泥中,以减少污染,保护环境[1]。

3.1.4 通用硅酸盐水泥的水化与凝结硬化

3.1.4.1 通用硅酸盐水泥的水化

1)硅酸盐水泥熟料矿物的水化

水泥与水接触后,水泥熟料颗粒表面立即与水发生化学反应(称为水泥的水化),形成水化产物,同时放出一定的热量。水泥熟料四种主要矿物的水化反应概述如下。

(1)硅酸三钙的水化。硅酸三钙是水泥熟料的主要矿物,其水化作用、产物及凝结硬化对水泥的性能有重要的影响。在常温下硅酸三钙的水化反应式如下:

$$3CaO \cdot SiO_2 + nH_2O \longrightarrow xCaO \cdot SiO_2 \cdot yH_2O + (3-x)Ca(OH)_2$$

$$\text{硅酸三钙} \qquad \text{水化硅酸钙} \qquad \text{氢氧化钙}$$

硅酸三钙水化很快(粒径 $40 \sim 50\mu m$ 的颗粒,28d 的水化程度可达 70% 左右),水化放热量大,其水化产物为水化硅酸钙和氢氧化钙。水化硅酸钙为凝胶体,显微结构是薄片状或纤维状的胶体颗粒,称为 C-S-H 凝胶,它构成强度很高的空间网络结构,是水泥强度的主要来源。析出的氢氧化钙呈六方板状晶体,易溶于水。

(2)硅酸二钙的水化。硅酸二钙的水化与硅酸三钙相似,但水化速率慢很多,28d 龄期仅水化 20% 左右,其水化反应式如下:

$$2CaO \cdot SiO_2 + mH_2O \longrightarrow xCaO \cdot SiO_2 \cdot yH_2O + (2-x)Ca(OH)_2$$

$$\text{硅酸三钙} \qquad \text{水化硅酸钙} \qquad \text{氢氧化钙}$$

硅酸二钙所形成的水化硅酸钙在 C/S 和形貌方面与硅酸三钙的水化产物无大的区别,故也称为 C-S-H 凝胶。而氢氧化钙的生成量较 C_3S 的少,且结晶比较粗大。

(3)铝酸三钙的水化。铝酸三钙水化迅速,放热量大,其水化产物的组成和结构受液相中 CaO 浓度和温度的影响很大。在没有石膏及 $Ca(OH)_2$ 存在的条件下,先生成介稳状态的水化铝酸钙(C_4AH_{19}、C_4AH_{13} 等),最终转化为 C_3AH_6。所以通常用下式表示 C_3A 的水化反应:

$$3CaO \cdot Al_2O_3 + 6H_2O \longrightarrow 3CaO \cdot Al_2O_3 \cdot 6H_2O$$

$$\text{铝酸三钙} \qquad \text{水化铝酸三钙}$$

水化铝酸三钙为立方晶体,在 $Ca(OH)_2$ 饱和溶液中,它能与 $Ca(OH)_2$ 进一步反应,生成六方晶体的水化铝酸四钙。铝酸三钙单独水化时产生的水化铝酸钙凝结速率很快,会引起水泥的快凝,因此在水泥生产中要加入石膏作为缓凝剂。

在有 $Ca(OH)_2$ 和石膏同时存在的条件(即硅酸盐水泥的水化条件)下,C_3A 不再生成水化铝酸钙,其最终产物与石膏掺入量有关。C_3A 首先与 $Ca(OH)_2$ 反应快速水化成 C_4AH_{13},接着就会与石膏反应生成溶解度极低的三硫型水化硫铝酸钙,简称钙矾石(常用 Aft 表示)。其反应式如下:

$$4CaO \cdot Al_2O_3 \cdot 13H_2O + 3(CaSO_4 \cdot 2H_2O) + 13H_2O \longrightarrow$$

水化铝酸四钙　　　　　　石膏

$$3CaO \cdot Al_2O_3 \cdot 3CaSO_4 \cdot 31H_2O + Ca(OH)_2$$

三硫型水化硫铝酸钙　　　　　氢氧化钙

当石膏耗尽而尚有 C_3A 时,则钙矾石会与 C_3A 继续反应转化为单硫型水化硫铝酸钙(AFm),其反应式如下:

$$3CaO \cdot Al_2O_3 \cdot 3CaSO_4 \cdot 31H_2O + 2C_3A + 5H_2O \longrightarrow$$

三硫型水化硫铝酸钙　　　　铝酸三钙

$$3(3CaO \cdot Al_2O_3 \cdot CaSO_4 \cdot 12H_2O)$$

石膏与 C_3A 反应生成难溶于水的针状水化硫铝酸钙晶体沉淀、包裹在水泥颗粒表面,阻滞了水分及离子的扩散,使水泥的凝结速度减慢,起缓凝作用。

(4)铁铝酸四钙的水化。铁铝酸四钙是水泥熟料中铁相固溶体的代表,氧化铁的作用与氧化铝的作用相似,可看作 C_3A 中一部分氧化铝被氧化铁所取代。其水化反应及其产物与 C_3A 相似,生成水化铝酸钙和水化铁酸钙的固溶体,其反应式如下:

$$4CaO \cdot Al_2O_3 \cdot Fe_2O_3 + 7H_2O \longrightarrow 3CaO \cdot Al_2O_3 \cdot 6H_2O + CaO \cdot Fe_2O_3 \cdot H_2O$$

铁铝酸四钙　　　　　　水化铝酸钙　　　水化铁酸钙

铁铝酸四钙的水化速度较快,仅次于 C_3A,水化热不高,凝结正常。铁相固溶体的组成的变化对其水化物的强度影响较大,纯的 C_4AF 强度较低,但固溶了其他组分后则可以有较大幅度的提高。另外,C_4AF 的抗折强度相对较高,提高其含量,可降低水泥的脆性,适合生产道路水泥等,用于道路等有振动交变荷载作用的场合。

2)活性混合材料的水化

活性混合材料具有潜在的水化活性,但在常温下磨细的活性混合材料与水拌和后,本身不会水化硬化或硬化极为缓慢。但在饱和的 $Ca(OH)_2$ 溶液中,混合材料中的活性 SiO_2 和活性 Al_2O_3 会与 $Ca(OH)_2$ 发生显著的水化反应,其反应式可表示为:

$$xCa(OH)_2 + SiO_2 + nH_2O \Longrightarrow xCaO \cdot SiO_2 \cdot (x+n)H_2O（水化硅酸钙）$$

$$yCa(OH)_2 + Al_2O_3 + mH_2O \Longrightarrow yCaO \cdot Al_2O_3 \cdot (y+m)H_2O（水化铝酸钙）$$

生成的水化硅酸钙和水化铝酸钙具有水硬性,与硅酸盐水泥熟料的水化产物相同。当有石膏存在时,水化铝酸钙还可以与石膏进一步反应生成水化硫铝酸钙,其反应式可表示为:

$$Al_2O_3 + 3Ca(OH)_2 + 3(CaSO_4 \cdot 2H_2O) + 23H_2O \Longrightarrow$$

$$3CaO \cdot Al_2O_3 \cdot 3CaSO_4 \cdot 32H_2O（水化硫铝酸钙）$$

$Ca(OH)_2$ 或石膏的存在是活性混合材料潜在活性发挥的必要条件,这类能激发混合材料活性的物质称为激发剂。$Ca(OH)_2$ 为碱性激发剂,石膏则为硫酸盐激发剂。

掺活性混合材料的硅酸盐水泥的水化过程分两步进行:首先是水泥熟料矿物的水化,生成水化硅酸钙、水化铝酸钙、水化铁酸钙、水化硫铝酸钙和 $Ca(OH)_2$ 等,其反应与硅酸盐水泥水化大致相同。然后是活性混合材料的水化,水泥熟料水化生成的 $Ca(OH)_2$ 与掺入的石膏分别作为碱性激发剂和硫酸盐激发剂,与混合材料的活性成分活性 SiO_2、Al_2O_3 发生二次水化反应,不断生成新的水化硅酸钙、水化铝酸钙、水化硫铝酸钙及水化硫铁酸钙等水化产物,使水泥石的后期强度得以迅速提高。这种反应也称为"火山灰反应"。水泥熟料与混合材料的水化相互影响、相互促进,二次水化消耗了大量的 $Ca(OH)_2$,使水泥的碱度降低,促使水泥熟料加速水化,又保证了混合材料的继续水化。

3)通用硅酸盐水泥的主要水化产物

综上所述,如果忽略一些次要的和少量的成分,通用硅酸盐水泥水化的主要产物为:水化硅酸钙和水化铁酸钙凝胶、氢氧化钙、水化铝酸钙和水化硫铝酸钙晶体等。在充分水化的水泥石中,C-S-H 凝胶约占 70%,氢氧化钙约占 20%,水化硫铝酸钙(包括钙矾石和单硫型水化硫铝酸钙)约占 7%,水化铝酸钙和水化铁酸钙合计约占 3%。

3.1.4.2 通用硅酸盐水泥的凝结硬化

1)通用硅酸盐水泥的凝结硬化过程

水泥的凝结是指水泥与水混合后形成可塑性的浆体,随着时间推移,水泥浆逐渐变稠失去可塑性,但还不具有强度过程。硬化是指凝结的水泥浆体随着水化的进一步进行,开始产生明显的机械强度并逐渐发展而成为坚硬的人造石——水泥石的过程。水泥的凝结和硬化是一个连续复杂的物理化学变化过程。

关于水泥凝结硬化的机理的研究,自从 1882 年雷·查特理(Le Chatelier)首先提出水泥凝结硬化理论以来,已经有多年的历史,并有多种理论进行解释,但至今仍有许多问题有待深入研究。随着现代测试技术的发展应用,其研究还在深入进行。下面仅按当前的一般看法作简要介绍。

水泥的凝结硬化一般按水化反应速率和水泥浆体结构特征分为四个阶段,如表 3-4 所示。

表 3-4 硅酸盐水泥的凝结硬化过程

凝结硬化阶段	一般的放热反应速度	一般的持续时间	主要的物理化学变化
初始反应期	168J/(g·h)	5~10min	初始溶解和水化
潜伏期	4.2 J/(g·h)	1h	凝胶体膜层围绕水泥颗粒成长
凝结期	在 6h 内逐渐增加到 21J/(g·h)	6h	膜层破裂,水泥颗粒进一步水化
硬化期	在 24h 内逐渐降低到 4.2J/(g·h)	6h 至若干年	凝胶体填充毛细孔

(1)初始反应期。水泥与水拌和成水泥浆后,水泥颗粒表面的熟料矿物立即与水发生水化反应。这时伴有放热反应,这一时期持续时间很短,仅 5~10min。这时生成的水化物不断沉淀析出,来不及扩散,便附着在水泥颗粒表面,形成水化物膜层。膜层以水化硅酸钙凝胶为主体,其中分布着 $Ca(OH)_2$、钙矾石等晶体。

(2)潜伏期。亦称诱导期。初始反应之后,由于水泥颗粒表面形成的水化物膜层阻止了与水的接触,妨碍了水泥的水化,使得水化反应和放热速度缓慢。由于在水化初期,水化物不多,水泥颗粒仍是分散的,水泥浆的流动性基本保持不变。

(3)凝结期。经过 1h 至 6h,放热速度加快,并达到最大值,说明水泥又继续加速水化。其原因是水泥颗粒表面形成的水化物膜层是半透膜,水向膜层内渗透的速度大于膜层内水化物向外扩散的速度,产生渗透压,导致膜层破裂,水泥颗粒内的熟料矿物又与水广泛接触,使水泥颗粒得以继续水化,从而结束了潜伏期。由于生成的大量的水化物填充在水泥颗粒之间的空间里,使越来越多的水化物颗粒逐渐接近并相互接触,在接触点借助于范德华力,形成凝聚结构,水的消耗与水化产物的填充使水泥浆逐渐变稠开始失去可塑性而产生凝结。此为水泥的初凝。

(4)硬化期。在凝结期以后,水泥水化反应继续进行,水泥颗粒之间的空隙逐渐缩小为毛细孔,水泥凝胶体及其他水化产物填充毛细孔,使水泥浆体结构更加紧密,导致浆体完全失去可塑性,并开始产生强度,水泥浆表现为终凝,并开始进入硬化阶段。此后,放热速度和水化速度逐渐减慢,水泥颗粒内部的水化也越来越困难。水化产物不断增多、长大,并填充到毛细孔中,使结构更趋致密,成为坚硬的水泥石。在适当的温度和湿度条件下,水泥的硬化过程可持续若干年,甚至几十年。

2)水泥石的组成

硬化以后的水泥浆体具有高的抗压强度和低的抗拉强度,外观和其他许多性能与天然石材相似,因而通常称为水泥石。水泥石是由凝胶体、未水化的水泥颗粒内核、毛细孔及孔隙中的水与空气等组成的固-液-气三相多孔非均质体。这些组成在不同时期的相对数量的变化,对水泥石的性质有着非常重要的影响。

(1)凝胶体。它包括凝胶和晶体,其中水化硅酸钙凝胶是水泥石的主要组分,其比表面积为 $210m^2/g$,表面能很高,它对水泥石的强度及其他性质起支配作用。水泥石中凝胶之间、晶体与凝胶、未水化颗粒与凝胶之间产生的黏结力是凝胶体具有强度的实质,至今尚无明确的结论。一般认为范德华力、氢键、离子引力和表面能是产生黏结力的主要来源,也有认为可能存在化学键力的作用。

(2)未水化的水泥颗粒内核。一般情况下,水泥颗粒的平均粒径为 $40\mu m$ 左右,据有关资料介绍,水泥颗粒 9 个月的水化深度为 $5\sim9\mu m$。由此可见,即使经过较长时间的水化,水泥石中还会存在未水化的水泥颗粒内核。

(3)毛细孔。水泥石中存在大量的孔隙,孔隙中往往充满着水,其中毛细孔和凝胶孔对水泥石的宏观物理力学性质及耐久性有较大的影响。凝胶孔是水泥石中凝胶体内部的孔,它影响水泥石的收缩和徐变。毛细孔是水泥石中未被凝胶体填充的原来的充水空间,它是凝胶体外部的大孔,对水泥石性能非常有害。水泥的水化程度越高,水泥凝胶体含量越多,毛细孔含量就越少,则水泥石的强度就越高。若毛细孔含量增多时,则水泥石的密实度与强度减小,变形增大,抗渗性、耐腐蚀性及抗冻性等耐久性降低。

3)影响通用硅酸盐水泥凝结硬化的主要因素

(1)熟料矿物组成。硅酸盐水泥熟料的矿物组成是影响水泥凝结硬化的最主要的因素。各种矿物的水化特性不同,当水泥中各矿物的相对含量不同时,水泥的凝结硬化将产生明显变化。如:适当提高熟料中 C_3S、C_3A 含量,则水泥的凝结硬化加快,早期强度提高,水化热增大;若提高熟料中 C_2S 含量,降低 C_3S 含量,则水泥的凝结硬化变慢,水化热减小,早期强度不高,但后期强度则较高。

(2)水泥细度。水泥颗粒的粗细直接影响水泥的水化、凝结硬化、强度及水化热等。这是因为水泥颗粒越细,总表面积越大,与水接触的面积也越大,因此水化迅速,凝结硬化也相应增快,早期强度与水化热也高。但水泥颗粒过细,易与空气中的水分及二氧化碳反应,致使水泥不宜久存;过细的水泥硬化时产生的收缩也较大;水泥磨得越细,能耗越高,成本越高。因此,水泥细度应控制在合适的范围内。

(3)石膏掺量。水泥粉磨时通常要掺入适量的石膏作为缓凝剂,主要是为了延缓水泥的凝结硬化速度,调节凝结时间。加入石膏后,石膏与水化铝酸钙作用,生成难溶于水的水化硫铝酸钙(钙矾石),沉淀在水泥颗粒表面形成保护膜,延缓了水泥的凝结。

石膏掺量一般为水泥质量的 3%～5%。石膏掺量太少,缓凝效果不显著;掺量太多,则因其本身会生成一种促凝物质,反而使水泥快凝,并且会引起水泥体积安定性不良,使水泥石膨胀开裂而破坏。

水泥中石膏最佳掺量与熟料中的 C_3A 含量有关,并且也与混合材料的种类有关。一般来说,熟料中 C_3A 越多,石膏掺量越多;掺混合材料的水泥应比硅酸盐水泥多掺石膏。

(4)养护温度与湿度及养护时间。保持环境适当的温度和足够的湿度,使水泥的水化硬化能正常进行,称为养护。通常,养护温度升高,水泥的水化反应加快,早期强度发展也快。若在较低的温度下硬化,虽强度发展较慢,但最终强度不受影响。但当温度低于 0℃ 时,水泥的水化反应基本停止,而且会因水结冰而导致水泥石结构破坏。

水泥的水化需要在有水的环境中进行,潮湿的环境有利于水泥的凝结硬化与强度发展。如果环境干燥,水泥中的水分蒸发,导致水泥不能充分水化,同时硬化也将停止,并产生干燥收缩裂纹。另外,水泥的水化率随时间而增大,因此潮湿养护时间越长,水泥石的强度越高。

实际工程中,常采用蒸汽养护的方法来加快水泥制品的凝结硬化过程。

(5)混合材料品种与掺量。掺加混合材料的通用硅酸盐水泥,其凝结硬化速度随混合材料掺量的增加而降低。其原因是水泥熟料矿物的水化速度明显大于其水化产物与混合材料的化学反应速度。混合材料的品种不同,其凝结硬化速度也不同。例如磨细粒化高炉矿渣的水化硬化速度明显比粉煤灰、火山灰水化速度快。因此在混合材料掺量相同时,矿渣硅酸盐水泥比粉煤灰或火山灰质硅酸盐水泥凝结硬化速度快。

(6)拌合用水量。对于单位质量的水泥来说,若拌合用水量增加,虽然水泥的初期水化反应能够更充分进行,但是水泥颗粒间的距离增大,颗粒间相互连接形成网状结构所需时间延长,故水泥浆凝结较慢,并且会增加水泥石的毛细孔,降低其强度和其他性能。

(7)储存条件。储存不当,会使水泥受潮,颗粒表面发生水化而结块,失去胶结能力,强度严重降低。即使储存条件良好,也不宜储存过久。因为水泥会吸收空气中的水分和二氧化碳,发生缓慢水化和碳化(称为水泥的风化),使其强度下降。通常,存放 3 个月的水泥,强度约下降 10%～20%,6 个月约降低 15%～30%,1 年后约降低 25%～40%。所以,通用硅酸盐水泥的有效期为 3 个月。超过 3 个月者视为过期水泥,应重新检验强度等指标方可使用。

由于受潮水泥颗粒只在表面发生了水化,对于受潮不严重的水泥,若将其重磨,可使其暴露出新表面而恢复部分活性。而对于受潮轻微的水泥(轻微结块,能用手捏碎),则可以适当的方式压碎后用于次要工程。

3.1.5 通用硅酸盐水泥的技术性质

根据现行国家标准《通用硅酸盐水泥》(GB175—2007)规定,通用硅酸盐水泥的技术性质包括化学性质和物理性质。对通用硅酸盐水泥的主要技术性质要求如下：

3.1.5.1　化学指标

1）不溶物

不溶物指煅烧过程中存留的不溶残渣，其含量会影响水泥的胶凝质量。水泥中的不溶物来自熟料中未参与矿物形成反应的黏土和结晶 SiO_2，是煅烧不均匀、化学反应不完全的标志。它可作为评价水泥在制造过程中烧成反应是否完全的指标。一般回转窑熟料不溶物小于 0.5%，立窑熟料不溶物小于 1%。国家标准规定：Ⅰ型硅酸盐水泥中不溶物不得超过 0.75%，Ⅱ型硅酸盐水泥中不溶物不得超过 1.50%，其他硅酸盐水泥没有此项要求。

2）烧失量

水泥煅烧不理想或受潮后，会导致烧失量增加。因此，水泥烧失量的大小，一定程度上反映了熟料烧成质量，同时也反映了混合材掺量是否适当以及水泥风化的情况。国家标准规定：Ⅰ型硅酸盐水泥的烧失量≤3.0%，Ⅱ型硅酸盐水泥的烧失量≤3.5%，普通硅酸盐水泥的烧失量≤5.0%，其他水泥没有烧失量限值要求。

3）氧化镁

水泥熟料中的游离氧化镁（f-MgO）呈过烧状态，水化很慢，且其水化产物 $Mg(OH)_2$ 会产生体积膨胀，可导致水泥石结构产生裂缝甚至破坏，是引起水泥长期安定性不良的原因之一。熟料中部分氧化镁固溶于各种熟料矿物和玻璃体中，这部分氧化镁并不引起安定性不良，真正造成安定性不良的是熟料中粗大的方镁石晶体。同理，矿渣等混合材料中的氧化镁若不以方镁石结晶形式存在，对安定性也是无害的。因此，国际上有的国家规定用压蒸安定性试验合格来限制氧化镁的危害作用是合理的。但我国目前尚不普遍具备做压蒸安定性的试验条件，故用规定氧化镁含量作为技术要求。国家标准规定：硅酸盐水泥和普通硅酸盐水泥的氧化镁含量≤5.0%，若水泥压蒸安定性合格允许放宽至 6.0%；其他四种硅酸盐水泥的氧化镁含量≤6.0%（P·S·B 水泥不作规定）。

4）三氧化硫

水泥中的 SO_3 由水泥中的硫酸盐和硫化物折算而来。如果 SO_4 过量，在水泥硬化后，它会继续与铝酸钙矿物反应生成较多的钙矾石，并产生较大的体积膨胀，引起水泥安定性不良。国家标准是通过限定水泥中 SO_3 含量来控制石膏掺量。国家标准规定：矿渣硅酸盐水泥的 SO_3 含量≤4.0%；其余五种通用硅酸盐水泥的 SO_3 含量≤3.5%。

5）氯离子

氯离子是强氧化剂，会破坏混凝土中钢筋表面的保护膜，引起钢筋锈蚀，钢筋锈蚀时产生的体积膨胀会导致混凝土开裂破坏。因此国家标准规定通用水泥中氯离子含量不得大于水泥质量的 0.06%，以防在水泥生产中添加助磨剂等增加氯盐含量，对钢筋产生锈蚀作用。

6）碱含量（选择性指标）

若水泥中碱含量过高，当选用含有活性 SiO_2 的骨料配制混凝土时，会导致碱-骨料反应，引起混凝土不均匀膨胀破坏。由此造成的危害，越来越引起人们的重视，因此国家标准将碱含量亦列入技术要求。根据我国的实际情况，国家标准规定：水泥中碱含量按 $Na_2O+0.658K_2O$ 计算值表示。若使用活性骨料，用户要求提供低碱水泥时，水泥中碱含量不得大于 0.60% 或由供需双方商定。

3.1.5.2　物理指标

1）凝结时间

凝结时间是为了保证施工正常进行的指标，分为初凝和终凝。从水泥加水拌和到水泥浆开始失去可塑性所需的时间称为初凝；从水泥加水拌和到水泥浆完全失去可塑性，并开始具有强度所需的时间称为终凝。为使水泥混凝土有充分的时间进行搅拌、运输、浇筑等施工操作，水泥初凝时间不宜太短，否则来不及施工。当施工完毕则要求尽快硬化并具有强度，故终凝时间不宜太长，否则强度增长缓慢，影响施工进度和周期。

国家标准规定：六大通用硅酸盐水泥的初凝时间不得早于 45min；硅酸盐水泥的终凝时间不得迟于 6h30min，其他五种通用硅酸盐水泥的终凝时间不得迟于 10h。

水泥凝结时间的测定是以标准稠度的水泥净浆，在规定温度和湿度下，用凝结时间测定仪来测定。所谓标准稠度是指水泥净浆达到规定稠度时所需的拌和水量，以占水泥质量的百分率表示。通用硅酸盐水泥的标准稠度用水量一般在 24%～30% 之间。水泥熟料矿物成分及混合材料品种不同时，其标准稠度用水量有所差别；磨得越细的水泥，标准稠度用水量越大。

水泥的凝结时间与水泥品种有关。一般来说，掺混合材料的水泥的凝结时间较缓慢；凝结时间随水胶比增大而延长，因此混凝土和砂浆的实际凝结时间，往往比用标准稠度水泥净浆所测得的要长得多；此外环境温度升高，水化反应加速，凝结时间缩短，所以在炎热季节或高温条件下施工时，须注意凝结时间的变化。

2）安定性

体积安定性指水泥在凝结硬化过程中体积变化的均匀性。若水泥在凝结硬化过程中产生了不均匀的体积变化，会导致水泥石膨胀开裂，降低建筑物质量，甚至引起严重事故，此即体积安定性不良。

引起水泥体积安定性不良的原因是水泥熟料中含有过多的游离氧化钙（f-CaO）和游离氧化镁（f-MgO）以及掺入的石膏过多。因为水泥熟料中的游离 CaO、游离 MgO 都是在高温下形成的，属于过烧的氧化物，水化速度很慢，它要在水泥凝结硬化以后才开始慢慢水化，水化时产生体积膨胀，从而引起不均匀的体积变化造成水泥石开裂。而石膏掺量过多时，在水泥凝结硬化后，残余石膏还会继续与固态水化铝酸钙反应生成钙钒石，体积增大约 1.5 倍，从而导致水泥石开裂。

对于 f-CaO 引起的安定性不良，国家标准规定采用沸煮法（雷氏法或试饼法）进行检验。其原理是通过沸煮加速 f-CaO 的水化，检验其体积变化是否正常。由于水泥中 f-MgO 结晶形成晶体结构致密的方镁石，水化比 f-CaO 更为缓慢，要几个月甚至几年才明显水化，形成 $Mg(OH)_2$ 时体积膨胀所引起的安定性不良须用压蒸法才能检验。而由石膏造成的安定性不良，则需长期浸泡在常温水中才能发现。由于这两者引起的安定性不良的危害均不便于快速检验，故国家标准采用化学指标限制其含量，在水泥生产中严格加以控制。安定性不良的水泥不得用于任何工程中，应废弃。

3）强度

强度是选用水泥的主要技术指标，也是划分水泥强度等级的依据。我国现行标准《水泥胶砂强度检验方法(ISO)法》(GB/T17961—1999)规定,将水泥与中国标准砂按质量以 1∶3 混合,用 0.5 的水灰比,按规定的方法制成 40mm×40mm×160mm 的试件,在标准温度(20±1)℃的水中养护,分别测定其 3d 和 28d 的抗折强度和抗压强度。水泥按 3d 强度又分为普通型和早强型(R 型)两种类型。早强型水泥的 3d 抗压强度可以达到 28d 抗压强度的 50%左右;同强度等级的早强型水泥的 3d 强度较普通型可以提高 10%～24%。不同强度等级的通用硅酸盐水泥各龄期的强度应符合表 3-5 的要求。

表 3-5 通用硅酸盐水泥的强度指标

品种	强度等级	抗压强度/MPa		抗折强度/MPa	
		3d	28d	3d	28d
硅酸盐水泥	42.5	≥17.0	≥42.5	≥3.5	≥6.5
	42.5R	22.0		≥4.0	
	52.5	≥23.0	≥52.5	≥4.0	≥7.0
	52.5R	≥27.0		≥5.0	
	62.5	≥28.0	≥62.5	≥5.0	≥8.0
	62.5R	≥32.0		≥5.5	
普通硅酸盐水泥	42.5	≥17.0	≥42.5	≥3.5	≥6.5
	42.5R	≥22.0		≥4.0	
	52.5	≥23.0	≥52.5	≥4.0	≥7.0
	52.5R	≥27.0		≥5.0	
矿渣硅酸盐水泥 火山灰质硅酸盐水泥 粉煤灰硅酸盐水泥 复合硅酸盐水泥	32.5	≥10.0	≥32.5	≥2.5	≥5.5
	32.5R	≥15.0		≥3.5	
	42.5	≥15.0	≥42.5	≥3.5	≥6.5
	42.5R	≥19.0		≥4.0	
	52.5	≥21.0	≥52.5	≥4.0	≥7.0
	52.5R	≥23.0		≥4.5	

水泥强度的发展,其 3d 强度增长率最大,3～7d 强度增长率有所减缓(7d 强度可达 28d 强度的 70%左右),7～28d 强度增长率进一步下降,28d 强度基本达到极限强度的 80%以上,28d 以后强度还会继续缓慢的增长。若在合适的温度与湿度条件下,掺混合材料的硅酸盐水泥,其强度增长可以持续若干年甚至几十年,但硅酸盐水泥 28d 基本表现出大部分强度。

通常新出厂的水泥的 28d 抗压强度为标准规定值的 1.10～1.15 倍,即 $f_{ce}=\gamma_c \cdot f_{ce,g}=1.10～1.15f_{ce,g}$。其中 γ_c 称为水泥强度等级富余系数。这是为了保证在正常储存条件下,3 个月有效期内水泥强度符合标准规定。

4)细度(选择性指标)

水泥的细度是指水泥颗粒的粗细程度。水泥细度对水泥的水化速率、凝结硬化、强度、干缩和水化热等性质都有较大的影响。水泥颗粒越细,则比表面积越大,与水起反应的表面积越大,水化越快,水化热越大,早期强度越高。但粉磨能耗和成本会增大,并且水泥容易受潮结块,对储存不利。另外,过细的水泥,达到相同的稠度时的用水量增加,硬化时会产生较大的体积收缩。因此水泥的细度应控制在合理的范围内。

国家标准将细度作为选择性指标。硅酸盐水泥和普通硅酸盐水泥的细度以比表面积表示,不小于 $300m^2/kg$;矿渣水泥、火山灰水泥、粉煤灰水泥和复合水泥的细度以筛余表示,其 $80\mu m$ 方孔筛筛余不大于 10% 或 $45\mu m$ 方孔筛筛余不大于 30%。

5)水化热

水泥熟料矿物的水化反应是放热反应,其水化过程放出的热量称为水泥的水化热。水泥的水化热对混凝土工艺有多方面的意义。水化热对大体积混凝土工程是有害的因素,大体积混凝土由于水化热积蓄在内部,造成因内部膨胀而外表受拉产生较大的温差应力而开裂。因此,大体积混凝土工程应采用低热水泥。但水化热对于冬季混凝土施工则是有益的,水化热可促进水泥的水化和凝结硬化,提高早期强度,防止混凝土冻害。

水泥的水化放热量及放热速率与水泥的矿物组成有关,各水泥矿物的水化热及放热速率比较如下:$C_3A>C_3S>C_4AF>C_2S$。由于水泥的水化热具有加和性,所以可根据水泥矿物组成含量估算水泥的水化热。对于硅酸盐水泥,在水化 3d 龄期内,水化放热量大致为总放热量的 50%,7d 龄期为 75%,而 3 个月可达 90%。由此可见,水泥的水化热大部分在 $3\sim7d$ 内放出,以后逐渐减少。

水泥的水化放热量和放热速率还与水泥细度、混合材种类和数量有关。水泥细度愈细,水化放热速率愈大。掺混合材料可降低水泥水化热和放热速率,因此大体积混凝土应选用混合材料掺量较大的水泥。

通用硅酸盐水泥的检验结果判定规则如下:不溶物、烧失量、三氧化硫、氧化镁和氯离子五项化学指标和凝结时间、安定性和强度三项物理指标符合标准《通用硅酸盐水泥》(GB175—2007)规定的为合格品;上述任何一项技术要求不符合标准规定的为不合格品[2]。

3.1.6　水泥石的腐蚀与防止

硅酸盐水泥硬化后形成的水泥石在一般使用条件下具有较好的耐久性,但在流动的淡水和某些侵蚀性介质存在的环境中,会逐渐受到侵蚀,甚至发生破坏,这种现象称为水泥石的腐蚀。它对水泥耐久性影响较大,必须采取有效的措施予以防止。

3.1.6.1　水泥石腐蚀的主要类型

1)软水侵蚀(溶出性腐蚀)

软水是指暂时硬度(水中重碳酸盐含量)低的水,如雨水、雪水、蒸馏水、冷凝水、含重碳酸盐少的河水和湖水等。当水泥石长期与这些水接触时,$Ca(OH)_2$ 会被溶出(每升水中能溶氢氧化钙 1.3g 以上)。在静水无压力的情况下,由于氢氧化钙的溶解度小,易达饱和,故溶出仅限于表面,影响不大。但在流水及压力水作用下,氢氧化钙被不断溶解流失,使水泥石的碱度不断降低,从而引起其他水化产物的分解,最终变成无胶结能力的产物(如低碱性硅酸凝胶、氢氧化铝等),导致水泥石结构遭到破坏。此即软水侵蚀。

水泥石中的水化产物须在一定浓度的 $Ca(OH)_2$ 溶液中才能稳定存在,如果溶液中的 $Ca(OH)_2$ 浓度小于该水化产物所要求的极限浓度时,则该水化产物将被溶解或分解,从而造成水泥石结构的破坏。这就是软水侵蚀的原理。硅酸盐水泥水化产物中 $Ca(OH)_2$ 质量分数高达 20%,所以溶出性侵蚀尤为严重。而掺较多混合材料的水泥,由于硬化后水泥石中 $Ca(OH)_2$ 含量很少,则耐软水侵蚀性有一定程度的提高。

当环境水中重碳酸盐含量较高时,它可与水泥石中的 $Ca(OH)_2$ 作用,生成几乎不溶于水的碳酸钙,其反应式为:

$$Ca(OH)_2 + Ca(HCO_3)_2 = 2CaCO_3 + 2H_2O$$

生成的碳酸钙沉积在水泥石中的孔隙内,形成密实的保护层,使溶出性侵蚀停止或减弱。所以,对需与软水接触的混凝土,若预先在空气中碳化,存放一段时间后使之形成碳酸钙外壳,则可起到一定的保护作用。对密实度高、抗渗性良好的混凝土来说,溶出性侵蚀一般发展很慢。

2)酸类侵蚀(溶解性腐蚀)

酸与水泥石中的 $Ca(OH)_2$ 起置换反应,生成易溶性盐或无胶结力的物质,导致水泥石结构破坏。最常见的是碳酸、一般酸的腐蚀。

(1)碳酸的侵蚀。在工业污水、地下水中常溶解出较多的二氧化碳,形成碳酸水,这种水对水泥石有较强的腐蚀作用。

首先,二氧化碳与水泥石中的 $Ca(OH)_2$ 反应,生成碳酸钙,反应式如下:

$$Ca(OH)_2 + CO_2 + H_2O = CaCO_3 + 2H_2O$$

生成的碳酸钙再与含碳酸的水作用转变成重碳酸钙,此反应为可逆反应:

$$CaCO_3 + CO_2 + H_2O \rightleftharpoons Ca(HCO_3)_2$$

生成的重碳酸钙易溶于水,当水中含有较多的碳酸,并超过平衡浓度时,则上述反应向右进行,从而导致水泥石中的 $Ca(OH)_2$ 通过转变为易溶的重碳酸钙而溶失。$Ca(OH)_2$ 浓度的降低将导致水泥石中其他水化产物的分解,使腐蚀作用进一步加剧。

(2)一般酸的腐蚀。在工业废水、地下水、沼泽水中常含有无机酸和有机酸。工业窑炉中的烟气常含有二氧化硫,遇水后生成亚硫酸。各种酸类对水泥石都有不同程度的腐蚀作用,它们与水泥石中的作用后的生成物,或者易溶于水,或者体积膨胀,在水泥石内造成内应力而导致破坏。腐蚀作用最快的是无机酸中的盐酸、氢氟酸、硝酸、硫酸和有机酸中的醋酸、蚁酸和乳酸等。例如盐酸和硫酸分别与水泥石中的 $Ca(OH)_2$ 作用,其反应式如下:

$$2HCl + Ca(OH)_2 = CaCl + H_2O$$

$$H_2SO_4 + Ca(OH)_2 = CaSO_4 \cdot 2H_2O$$

反应生成的氯化钙易溶于水,生成的二水石膏继而又起硫酸盐腐蚀的作用。

3)盐类侵蚀

(1)硫酸盐侵蚀(膨胀性腐蚀)。在海水、湖水、盐沼水、地下水、某些工业污水及流经高炉矿渣或煤渣的水中,常含有钾、钠、氨的硫酸盐,它们与水泥石中的 $Ca(OH)_2$ 反应生成石膏,石膏再与水泥石中的固态水化铝酸钙反应生成高硫型水化硫铝酸钙(钙矾石),其反应式为:

$$3CaO \cdot Al_2O_3 \cdot 6H_2O + 3(CaSO_4 \cdot 2H_2O) + 19H_2O = 3CaO \cdot Al_2O_3 \cdot 3CaSO_4 \cdot 31H_2O$$

生成的钙矾石含有大量结晶水,产生 1.5 倍以上的体积膨胀,导致水泥石结构的开裂,其至崩溃。由于钙矾石为微观针状晶体,人们常称其为"水泥杆菌"。

当水中硫酸盐浓度较高时,硫酸钙将直接在水泥石孔隙中结晶成二水石膏,也产生体积膨胀,导致水泥石开裂破坏。

(2)镁盐腐蚀(双重腐蚀)。在海水、地下水中,常含有大量的镁盐,主要有硫酸镁和氯化镁。它们会与水泥石中的 $Ca(OH)_2$ 起复分解反应,其反应式为:

$$MgSO_4 + Ca(OH)_2 + 2H_2O \rightleftharpoons CaSO_4 \cdot 2H_2O + Mg(OH)_2$$
$$MgCl_2 + Ca(OH)_2 \rightleftharpoons CaCl_2 + Mg(OH)_2$$

反应生成的 $Mg(OH)_2$ 松软无胶结力,二水石膏又将引起硫酸盐膨胀性破坏,$CaCl_2$ 易溶于水。因此,硫酸镁对水泥石起硫酸盐和镁盐的双重腐蚀作用。

4)强碱的腐蚀

硅酸盐水泥水化产物呈碱性,碱类溶液如果浓度不大时一般无害,但铝酸盐(C_3A)含量较高的硅酸盐水泥遇到强碱(如氢氧化钠)作用也会被腐蚀破坏。氢氧化钠与氢氧化钠与水泥熟料中未水化的铝酸盐作用,生成易溶的铝酸钠,其反应式为:

$$3CaO \cdot Al_2O_3 + 6NaOH \rightleftharpoons 3NaO \cdot Al_2O_3 + 3Ca(OH)_2$$

当水泥石被氢氧化钠浸透后又在空气中干燥,则溶于水的铝酸钠会与空气中的二氧化碳反应生成碳酸钠。由于失去水分,碳酸钠在水泥石毛细孔中结晶沉积而产生膨胀,导致水泥石开裂。

除上述四种侵蚀类型外,糖、氨盐、纯酒精、动物脂肪和含环烷酸的石油产品等对水泥石也有腐蚀作用。实际上,水泥石的腐蚀是一个极为复杂的物理化学作用过程,在遭受腐蚀时,很少仅为单一的侵蚀作用,往往是几种作用同时存在,互相影响。腐蚀的总体过程是:水泥石水化产物中的 $Ca(OH)_2$ 溶失,导致水泥石受损,胶结能力降低;或者有膨胀性产物形成,引起胀裂性破坏。

引起水泥石腐蚀的基本内因:一是水泥石中存在易于引起腐蚀的成分:$Ca(OH)_2$ 和水化铝酸钙;二是水泥石本身不密实,存在许多毛细管通道和原始裂缝,为腐蚀性介质侵入提供了通道。

另外,需要说明的是,干的固体化合物对水泥石不起侵蚀作用,腐蚀性介质必须是呈一定浓度的溶液状态。此外,较高的温度、较快的流速、干湿交替和钢筋的锈蚀等都是促进水泥石腐蚀的重要因素。

3.1.6.2 防止水泥石腐蚀的措施

根据水泥石腐蚀的原理,使用水泥时可采用下列防腐措施:

1)合理选用水泥品种

根据侵蚀环境特点,降低水泥石中不稳定组分的含量。如:抗软水侵蚀可选用水化产物中 $Ca(OH)_2$ 含量较少的水泥;抗硫酸盐侵蚀可选用 C_3A 含量<5%的抗硫酸盐水泥;在水泥中掺入活性混合材料,可降低水化产物中 $Ca(OH)_2$ 含量,提高硅酸盐水泥抵抗多种侵蚀介质的能力。

2)提高水泥石的密实度,改善孔结构

为提高水泥石的密实度,应严格控制水泥的拌合用水量。因为硅酸盐水泥水化的理论需水量为 23% 左右,而实际工程中为提高流动性往往达到水泥质量的 40%～70%,多余的水分蒸发后形成连通孔隙,腐蚀介质就容易侵入水泥石内部,从而加速其腐蚀。另外,改善水泥石的孔隙结构,引入封闭孔隙,减少连通孔隙,提高抗渗性,也可有效提高水泥石的抗侵蚀性。在实际施工中可采取的措施有,合理进行混凝土配合比设计,尽量降低水胶比,选择性能、级配良好的骨料,掺入外加剂以及改善施工方法等。

3)在水泥石表面设置保护层

当水泥石处在较强的腐蚀介质中使用时,根据不同的腐蚀介质,可在混凝土或砂浆表面加做耐腐蚀性高且不透水的保护层,如耐酸石材、耐酸陶瓷、玻璃、塑料、沥青、耐腐蚀的涂料等。对具有特殊要求的抗侵蚀混凝土,还可采用聚合物混凝土。

3.1.7　通用硅酸盐水泥的特性与应用

3.1.7.1　硅酸盐水泥

1)凝结硬化快、强度高

由于水泥熟料含量多,早期及后期强度均高,适用于早期强度要求高的工程、高强混凝土工程、预应力混凝土工程及冬季施工工程等。

2)抗冻性好

由于水泥水化热集中于早期放出,硬化快,早期强度高。而且其拌合物不易发生泌水,水泥石密实度高,因此抗冻性好,适用于抗冻性要求高的工程如严寒地区遭受反复冻融作用的混凝土工程。

3)水化热高

由于熟料含量高,水泥的水化放热量大,且集中于早期,故该水泥不宜用于大体积混凝土工程。但可用于低温季节或冬季施工。

4)耐腐蚀性差

因其水化产物中氢氧化钙和水化铝酸钙的含量较多,耐腐蚀性差,不适用于有腐蚀介质的环境。

5)抗碳化性好

因其水化产物中氢氧化钙含量较多,故碳化时水泥石的碱度不易降低,对钢筋的保护作用强。适用于空气中二氧化碳浓度高的环境,如铸造车间等。

6)耐热性差

水泥石受热到约 300℃ 时,水泥的水化产物开始脱水,体积收缩,强度开始下降,温度达到 700℃～1000℃ 时,强度下降 85%～90%。不适用于承受高温作用的混凝土工程。

7)干缩小

由于水化中形成较多的水化硅酸钙凝胶体,使水泥石密实,游离水分少,硬化时不易产生干缩裂纹,其干缩值较小,可用于干燥环境中的混凝土工程。

8)耐磨性好

硅酸盐水泥强度高,耐磨性好,且干缩小,适用于高速公路、道路和地面工程。

9)湿热养护效果差

由于其在常温下养护硬化快、早期强度高,若进行湿热养护水泥早期水化更快,产生的大量水化产物来不及扩散,从而使水泥石的后期强度反而降低。

3.1.7.2 普通硅酸盐水泥

由于普通硅酸盐水泥中混合材料掺量较少,其矿物组成的比例与硅酸盐水泥大体相似,所以其性能特点、应用范围与同强度等级的硅酸盐水泥基本相同。与硅酸盐水泥相比,主要差别表现为:早期强度与水化热略低;抗腐蚀性与耐热性稍好;抗冻性、耐磨性、抗碳化性略有降低。

3.1.7.3 矿渣水泥、火山灰水泥、粉煤灰水泥及复合水泥

这四种通用硅酸盐水泥中混合材料掺量较大,水泥熟料较少,其水化过程分为两次:第一次水化主要是水泥熟料矿物快速水化生成 $Ca(OH)_2$ 等水化产物;第二次水化主要是第一次水化生成的 $Ca(OH)_2$ 和外掺的石膏激发活性混合材料的水化。由于“二次水化”的存在,使这四种水泥的性能比较相近。

1)四种水泥的共性

(1)水化热小:由于熟料含量少,因而水化放热量少,适用于大体积混凝土工程。

(2)凝结硬化慢,早期强度低、后期强度发展较快:由于熟料矿物比硅酸盐水泥少得多,而且水化分两步进行,致使凝结硬化速度较慢,早期(3d)强度较低,但后期由于二次水化反应不断进行和水泥熟料的不断水化,水化产物不断增多,强度可赶上甚至超过同强度等级的硅酸盐水泥或普通硅酸盐水泥。所以,这四种水泥不适用于早期强度要求高的工程。

(3)对温度敏感性大,适合高温养护:混合材料的二次水化反应在低温下进行缓慢,则水泥硬化慢,强度较低。若采用高温蒸汽养护等湿热处理,可显著加快硬化速度,提高早期强度,且不影响常温下后期强度的发展。

(4)抗腐蚀性高:由于熟料矿物相对较少,水化生成的氢氧化钙、水化铝酸钙少,并且活性混合材料的二次水化反应使水泥石中的氢氧化钙的数量进一步降低,因此水泥石的抗软水、酸类或盐类侵蚀性高,适用于水工、海工及受化学侵蚀作用的工程。

(5)抗碳化能力较差:硬化水泥石的氢氧化钙含量少,碱度较低,故抗碳化能力较差,不宜用于 CO_2 浓度高的环境中。但在一般工业与民用建筑中,它们对钢筋仍具有良好的保护作用。

(6)抗冻性、耐磨性差:易泌水形成毛细管通道使水泥密实度、匀质性降低,导致抗冻性、耐磨性下降。故不适用于受冻融作用的混凝土工程和有耐磨要求的混凝土工程。

2)四种水泥的特性

(1)矿渣水泥(P·S):泌水性与干缩率大——矿渣亲水性小、保水性差,易泌水,形成毛细管通道,干燥后失水收缩大易产生裂纹,应加强保湿养护。不宜用于有抗渗要求的混凝土工程;耐热性好——矿渣本身是高温形成的耐火材料,故矿渣水泥的耐热性好,可用于受热(200℃以下)的混凝土工程。

(2)火山灰水泥(P·P):干缩率大、耐磨性差——火山灰质混合材料需水量大,则干燥后收缩大(比P·S更大),易产生裂纹;干燥环境中表面易“起粉”,不宜用于干燥环境及有耐磨

性要求的工程。抗渗性高——火山灰质混合材料的颗粒有大量的细微孔隙，保水性好，并且水化后能形成较多的水化硅酸钙凝胶使水泥石结构密实，从而具有较高的抗渗性和耐水性，可优先用于有抗渗要求的混凝土工程。

（3）粉煤灰水泥（P·F）：干缩小、抗裂性高——粉煤灰是表面致密的球形颗粒，比表面积小，拌和需水量少，故粉煤灰水泥的干缩小（甚至优于硅酸盐水泥和普通水泥），具有较好的抗裂性，同时配制的混凝土和砂浆的和易性好。

粉煤灰水泥的缺点是其球形颗粒保水性差，泌水较快，易产生失水裂纹，因此在混凝土凝结期间宜适当增加抹面次数，在硬化期加强养护。不宜用于干燥环境和有耐磨性要求的混凝土工程。

另外，致密的粉煤灰球形颗粒水化较慢，活性主要在后期发挥，因此粉煤灰水泥的早期强度、水化热比矿渣水泥和火山灰水泥还要低，特别适用于大体积混凝土和承受荷载较迟的混凝土工程。

（4）复合水泥（P·C）：由于掺入了两种或两种以上的混合材料，可以相互取长补短，比掺单一混合材料的水泥的性能优异。其早期强度接近于普通水泥，而其他性能略优于矿渣水泥、火山灰水泥和粉煤灰水泥，因而适用范围广。

通用硅酸盐水泥在目前土建工程中应用最广，用量最大。现将通用硅酸盐水泥的主要特性列于表 3-6，在混凝土结构工程中水泥的选用可参考表 3-7。

表 3-6　通用硅酸盐水泥的主要特性

水泥品种	硅酸盐水泥	普通水泥	矿渣水泥	火山灰水泥	粉煤灰水泥	复合水泥
密度（g/cm³）	3.00～3.15	3.00～3.15	2.80～3.10	2.80～3.10	2.80～3.10	2.80～3.10
堆积密度（kg/m³）	1000～1600	1000～1600	1000～1200	900～1000	900～1000	900～1100
主要特性	1.凝结硬化快 2.早期强度高 3.水化热大 4.抗冻性好 5.干缩性小 6.耐蚀性差 7.耐热性差 8.耐磨性好 9.抗渗性较好	1.凝结硬化较快 2.早期强度较高 3.水化热较大 4.抗冻性较好 5.干缩性较小 6.耐蚀性较差 7.耐热性较差 8.耐磨性较好 9.抗渗性较好	1.凝结硬化慢 2.早期强度低，后期强度增长较快 3.水化热较小 4.抗冻性差 5.干缩性大 6.耐蚀性较好 7.耐热性好 8.泌水性大 9.抗渗性差	1.凝结硬化慢 2.早期强度低，后期强度增长较快 3.水化热较小 4.抗冻性差 5.干缩性大 6.耐蚀性较好 7.耐热性较好 8.抗渗性较好 9.耐磨性差	1.凝结硬化慢 2.早期强度低，后期强度增长较快 3.水化热较小 4.抗冻性差 5.干缩性较小，抗裂性较好 6.耐蚀性较好 7.耐热性较好 8.耐磨性差	与所掺两种或两种以上混合材料的种类、掺量有关，其特性基本与矿渣水泥、火山灰水泥和粉煤灰水泥相似

表 3-7　通用硅酸盐水泥的选用

混凝土工程特点或所处环境条件		优先选用	可以选用	不宜选用
普通混凝土	1. 在普通气候环境中的混凝土	普通硅酸盐水泥	矿渣硅酸盐水泥 火山灰质硅酸盐水泥 粉煤灰硅酸盐水泥 复合硅酸盐水泥	
	2. 在干燥环境中的混凝土	普通硅酸盐水泥	矿渣硅酸盐水泥	火山灰质硅酸盐水泥 粉煤灰硅酸盐水泥
	3. 在高湿度环境中或永远处于水中的混凝土	矿渣硅酸盐水泥 火山灰质硅酸盐水泥 粉煤灰硅酸盐水泥 复合硅酸盐水泥	普通硅酸盐水泥	
	4. 厚大体积的混凝土	矿渣硅酸盐水泥 火山灰质硅酸盐水泥 粉煤灰硅酸盐水泥 复合硅酸盐水泥		硅酸盐水泥
有特殊要求的混凝土	1. 要求快硬的混凝土	硅酸盐水泥	普通硅酸盐水泥	矿渣硅酸盐水泥 火山灰质硅酸盐水泥 粉煤灰硅酸盐水泥 复合硅酸盐水泥
	2. 高强（大于 C40 级）的混凝土	硅酸盐水泥	普通硅酸盐水泥 矿渣硅酸盐水泥	火山灰质硅酸盐水泥 粉煤灰硅酸盐水泥
	3. 严寒地区的露天混凝土，寒冷地区处于水位升降范围内的混凝土	普通硅酸盐水泥	矿渣硅酸盐水泥 （>32.5 级）	火山灰质硅酸盐水泥 粉煤灰硅酸盐水泥
	4. 严寒地区处于水位升降范围内的混凝土	普通硅酸盐水泥 （>42.5 级）		矿渣硅酸盐水泥 火山灰质硅酸盐水泥 粉煤灰硅酸盐水泥 复合硅酸盐水泥
	5. 有抗渗要求的混凝土	普通硅酸盐水泥 火山灰质硅酸盐水泥		矿渣硅酸盐水泥
	6. 有耐磨性要求的混凝土	硅酸盐水泥 普通硅酸盐水泥	矿渣硅酸盐水泥 （>32.5 级）	火山灰质硅酸盐水泥 粉煤灰硅酸盐水泥

3.1.8 通用硅酸盐水泥的包装标志和储运

水泥包装袋上应清楚标明：执行标准、水泥品种、代号、强度等级、生产者名称、生产许可证标志（QS）及编号、出厂编号、包装日期及净含量。包装袋两侧应根据水泥的品种采用不同的颜色印刷水泥名称和强度等级，硅酸盐水泥和普通硅酸盐水泥采用红色，矿渣硅酸盐水泥采用绿色，火山灰质硅酸盐水泥、粉煤灰硅酸盐水泥和复合硅酸盐水泥采用黑色或蓝色。

水泥在运输和储存时不得受潮和混入杂物，不同品种和强度等级的水泥在储运中避免混杂。使用时应考虑先存先用，不可储存过久，一般不宜超过 3 个月。过期或受潮水泥应重新测定强度等级后方可使用。

3.2 其他品种水泥

3.2.1 道路硅酸盐水泥

国家标准《道路硅酸盐水泥》（GB13693—2005）的规定，由道路硅酸盐水泥熟料、适量石膏，加入符合规定的混合材料，磨细制成的水硬性胶凝材料，称为道路硅酸盐水泥（简称道路水泥），代号 P·R。

3.2.1.1 道路水泥的材料要求

对道路水泥的性能要求是耐磨性好、收缩小、抗冻性好、抗冲击性好，有高的抗折强度和良好的耐久性。道路水泥的上述特性，主要依靠改变水泥熟料的矿物组成、粉磨细度、石膏加入量及外加剂来达到。道路水泥的熟料矿物组成要求 $C_3A<5\%$，$C_4AF>16\%$；f-CaO 含量，旋窑生产的不得大于 1.0%，立窑生产的不得大于 1.8%。活性混合材料的掺加量按质量计为 0～10%，混合材可为符合相关标准的 F 类粉煤灰、粒化高炉矿渣、粒化电炉磷渣或钢渣[3]。

3.2.1.2 道路水泥的技术要求

道路水泥中氧化镁含量不得超过 5.0%，三氧化硫不得超过 3.5%，烧失量不得大于 3.0%，碱含量不得大于 0.6%或由供需双方协商；比表面积为 300～450m²/kg，初凝不早于 1.5h，终凝不迟于 10h，沸煮法安定性必须合格，28d 干缩率不大于 0.10%，28d 磨耗量应不大于 3.00kg/m²。道路水泥的各龄期强度不得低于表 3-8 的数值[4]。

表 3-8 道路水泥各龄期强度

强度等级	抗压强度/MPa		抗折强度/MPa	
	3d	28d	3d	28d
32.5	16.0	32.5	3.5	6.5
42.5	21.0	42.5	4.0	7.0
52.5	26.0	52.5	5.0	7.5

3.2.1.3 道路水泥的特性和应用

道路水泥的特性是干缩率小、耐磨性好、抗折强度高、抗冲击性好、抗冻性和抗硫酸盐侵蚀性比较好的专用水泥。道路水泥适用于道路路面、机场跑道、城市广场及对耐磨性、抗干缩性要求较高的混凝土工程[5]。

3.2.2 中、低热硅酸盐水泥与低热矿渣硅酸盐水泥

低水化硅酸盐水泥原称大坝水泥,是专门用于要求水化热较低的大坝和大体积混凝土工程的水泥品种。主要品种有三种,国家标准《中热硅酸盐水泥、低热硅酸盐水泥、低热矿渣硅酸盐水泥》(GB200—2003)对其做出了规定。

以适当成分的硅酸盐水泥熟料,加入适量石膏,磨细制成的具有中等水化热的水硬性胶凝材料,称为中热硅酸盐水泥(简称中热水泥),代号 P·MH。

以适当成分的硅酸盐水泥熟料,加入适量石膏,磨细制成的具有低水化热的水硬性胶凝材料,称为低热硅酸盐水泥(简称低热水泥),代号 P·LH。

以适当成分的硅酸盐水泥熟料,加入粒化高炉矿渣、适量石膏,磨细制成的具有低水化热的水硬性胶凝材料,称为低热矿渣硅酸盐水泥(简称低热矿渣水泥),代号 P·SLH。其中,粒化高炉矿渣掺量为 $20\%\sim60\%$,允许用不超过混合材料总量 50% 的粒化电炉磷渣或粉煤灰代替部分粒化高炉矿渣。

生产低水化热水泥,主要是降低水泥熟料中的高水化热组分 C_3S、C_3A 和 f-CaO 的含量。中热水泥熟料中 C_3S 不超过 55%,C_3A 不超过 6%,f-CaO 不超过 1%;低热水泥熟料中 C_2S 不低于 40%,C_3A 不超过 6%,f-CaO 不超过 1%;低热矿渣水泥熟料中 C_3A 不超过 8%,f-CaO 不超过 1.2%。

中热水泥和低热水泥的强度等级均为 42.5,低热矿渣水泥的强度等级为 32.5。水泥的比表面积应不低于 $250m^2/kg$。各龄期的水化热不得高于表 3-9 的要求。

表 3-9　水泥各龄期的水化热

品种	强度等级	水化热(不高于)/(kJ·kg⁻¹)		
		3d	7d	28d
中热水泥	42.5	251	293	—
低热水泥	42.5	230	260	310
地热矿渣水泥	32.5	197	230	

中热水泥主要适用于大坝溢流面或大体积建筑物的面层和水位变化区等要求具有低水化热、较高的耐磨性和抗冻性的工程;低热水泥和低热矿渣水泥主要适用于大坝或大体积混凝土内部及水下等要求具有低水化热的工程。

3.2.3 砌筑水泥

《砌筑水泥》(GB3183—2003)规定:凡由一种或一种以上的水泥混合材料,加入适量硅酸

盐水泥熟料和石膏,经磨细制成的和易性较好的水硬性胶凝材料,称为砌筑水泥,代号 M。

砌筑水泥可利用大量废渣作为混合材料,降低水泥成本。砌筑水泥的强度较低,能满足砌筑砂浆的强度要求。它的生产、应用,改变了过去用高强度等级水泥配制低强度等级砌筑砂浆和抹面砂浆的不合理现象。

砌筑水泥用混合材料可采用矿渣、粉煤灰、煤矸石、沸腾炉渣和沸石等,掺加量应大于50%,允许掺入适量石灰石或窑灰。凝结时间要求初凝不早于 60min,终凝时间不迟于 12h。按砂浆吸水后保留的水分计,保水率应不低于 80%。砌筑水泥的各龄期强度应不低于表 3-10 的要求。

表 3-10 砌筑水泥强度等级要求

强度等级	抗压强度/MPa		抗折强度/MPa	
	7d	28d	7d	28d
12.5	7.0	12.5	1.5	3.0
22.5	10.0	22.5	2.0	4.0

砌筑水泥适用于砌筑砂浆、内墙抹面砂浆及基础垫层;允许用于生产砌块及瓦等制品。砌筑水泥一般不得用于配制混凝土,通过试验,允许用于低强度等级混凝土,但不得用于结构混凝土。

3.2.4 白色与彩色硅酸盐水泥

3.2.4.1 白色硅酸盐水泥

白色硅酸盐水泥熟料是以适当的成分的生料烧至部分熔融,所得的以硅酸钙为主要成分含少量氧化铁的熟料。由氧化铁含量少的硅酸盐水泥熟料、适量石膏及标准规定的混合材料,磨细制成的水硬性胶凝材料称为白色硅酸盐水泥,简称白水泥,代号 P·W。

硅酸盐水泥的颜色主要由氧化铁引起。当氧化铁含量在 3%～4% 时,熟料呈暗灰色;在 0.45%～0.7% 时,带淡绿色;而降低到 0.35%～0.40% 后,接近白色。因此,白色硅酸盐水泥的生产主要是降低氧化铁的含量,白水泥中铁含量只有普通水泥的 1/10 左右。此外,锰、铬等氧化物也会降低白水泥的白度,故生产中也须控制其含量。因此,白水泥生产成本较高。

《白色硅酸盐水泥》(GB/T2015—2005)规定,白水泥的细度要求为 $80\mu m$ 方孔筛筛余不得超过 10.0%;凝结时间初凝不早于 45min,终凝不迟于 10h;体积安定性用沸煮法体检必须合格;水泥中三氧化硫含量不得超过 3.5%。白水泥各龄期的强度不得低于表 3-11 的规定。

表 3-11 白水泥各龄期强度要求

强度等级	抗压强度/MPa		抗折强度/MPa	
	3d	28d	3d	28d
32.5	12.0	32.5	3.0	6.0
42.5	17.0	42.5	3.5	6.5
52.5	22.0	52.5	4.0	7.0

白水泥的白度以氧化镁标准白板的白度（100％）为参照物,用白度计测定,其白度值不得低于 87。

白水泥主要用于建筑物的装饰,还可与彩色颜料配成彩色水泥,配制彩色砂浆或混凝土,用于装饰工程[6]。

3.2.4.2 彩色硅酸盐水泥

彩色硅酸盐水泥简称彩色水泥,主要有两种生产方法:染色法和烧成法。染色法是将硅酸盐水泥熟料（白水泥熟料或普通水泥熟料）、适量石膏和碱性颜料共同磨细制成,其产品标准为《彩色硅酸盐水泥》(JC/T870—2000);也可将颜料直接与白水泥混合配制而成,但这种方法颜料用量大,色泽也不易均匀。烧成法是将着色原料加入水泥生料中而直接煅烧成彩色水泥熟料,再与石膏混合磨细而成。

烧成法制得的彩色水泥,色泽均匀,颜色保持持久,但生产成本较高;染色法制得的彩色水泥,色泽不易均匀,长期使用易出现褪色,但生产成本较低。目前彩色水泥以染色法较常用。染色法使用的颜料多为无机矿物颜料,要求不溶于水、分散性好、大气稳定性好、抗碱性强、着色力强,并不会显著影响水泥的强度和其他性质。有机颜料易老化,只能作为辅助用途使用,通常只加入少量,以提高水泥色彩的鲜艳度。

彩色水泥在装饰工程中主要用于配制彩色砂浆或混凝土,以及生产人造大理石等制品。

3.2.5 抗硫酸盐硅酸盐水泥

国家标准《抗硫酸盐硅酸盐水泥》(GB748—2005)按抗硫酸盐性能将其分为中抗硫酸盐硅酸盐水泥和高抗硫酸盐硅酸盐水泥两类。

以适当成分的硅酸盐水泥熟料,加入适量石膏,磨细制成的具有抵抗中等浓度的硫酸盐根离子侵蚀的水硬性胶凝材料,称为中抗硫酸盐硅酸盐水泥（简称中抗硫水泥）,代号 P·MSR。具有抵抗较高浓度硫酸根离子侵蚀的水硬性胶凝材料,称为高抗硫酸盐硅酸盐水泥（简称高抗硫水泥）,代号 P·HSR[7]。

由于水泥石中的 $Ca(OH)_2$ 和水化铝酸钙是引起硫酸盐腐蚀的主要成分,抗硫酸盐水泥主要采取降低熟料中 C_3S 和 C_3A 的含量,相应增加耐腐蚀性较好的 C_2S、C_4AF 的含量的措施,来提高水泥石的抗硫酸盐侵蚀性能。

抗硫酸盐硅酸盐水泥分为 32.5 和 42.5 两个强度等级,其成分要求、耐蚀程度如表 3-12 所示。

表 3-12 抗硫酸盐水泥成分、耐蚀程度表

名称	C_3S 含量（％）	C_3A 含量（％）	耐蚀 SO_4^{2-} 浓度/$(mg \cdot L^{-1})$
中抗硫水泥	≤55.0	≤5.0	≤2500
高抗硫水泥	≤50.0	≤3.0	≤8000

抗硫酸盐水泥具有较高的抗硫酸盐侵蚀性能和抗冻性,主要适用于受硫酸盐侵蚀作用的海港、水利、地下隧涵、道路和桥梁基础等工程[8]。

3.2.6 快硬水泥

3.2.6.1 快硬硅酸盐水泥

凡以硅酸盐水泥熟料和适量石膏磨细制成的、以 3d 抗压强度表示强度等级的水硬性胶凝材料,称为快硬硅酸盐水泥,简称快硬水泥。

快硬硅酸盐水泥与硅酸盐水泥的生产方法基本相同,但为了使其具有比硅酸盐水泥硬化更快的特性,适当增加了熟料中硬化快的矿物,即 C_3S 达到 $50\%\sim60\%$, C_3A 为 $8\%\sim14\%$,二者总量不应小于 $60\%\sim65\%$;同时适当增加石膏掺量(达 8%);并提高水泥的粉磨细度,通常比表面积达到 $330\sim450m^2/kg$。

根据《快硬硅酸盐水泥》(GB/T199—1990)规定,快硬水泥按 3d 抗压、抗折强度分为32.5、37.5 和 42.5 三个等级。

快硬水泥主要用于配制早强混凝土,适用于紧急抢修工程和冬期施工工程。

3.2.6.2 铝酸盐水泥

《铝酸盐水泥》(GB201—2000)规定,凡以铝酸钙为主的铝酸盐水泥熟料,磨细制成的水硬性胶凝材料称为铝酸盐水泥(又称高铝水泥、矾土水泥),代号 CA。铝酸盐水泥熟料以铝矾土和石灰石为原料,经煅烧制得,主要成分为铝酸钙。铝酸盐水泥是具有快硬、早强、耐腐蚀、耐高温性能的胶凝材料,在军事工程、抢修工程、严寒工程、耐腐蚀工程、耐高温工程和自应力混凝土等方面应用广泛。

《铝酸盐水泥》(GB201—2000)规定,铝酸盐水泥按 Al_2O_3 的含量分为四个等级:

CA-50 　　$50\%\leqslant Al_2O_3<60\%$;CA-60 　　$60\%\leqslant Al_2O_3<68\%$;

CA-70 　　$68\%\leqslant Al_2O_3<77\%$;CA-80 　　$77\%\leqslant Al_2O_3$。

1)铝酸盐水泥的矿物组成、水化与硬化

铝酸盐水泥的主要矿物成分为:铝酸一钙($Cao \cdot Al_2O_3$,简写为 CA);二铝酸一钙($Cao \cdot 2Al_2O_3$,简写为 CA_2);硅铝酸二钙($2Cao \cdot Al_2O_3 \cdot SiO_2$,简写为 C_2AS);七铝酸十二钙($12Cao \cdot 7Al_2O_3$,简写为 $C_{12}A_7$),以及少量的硅酸二钙(C_2S)等。

铝酸盐水泥的主要水化产物为:十水铝酸一钙(CAH_{10})、八水铝酸二钙(C_2AH_8)和铝胶($Al_2O_3 \cdot 3H_2O$)。CAH_{10} 和 C_2AH_8 具有细长的针状和板状结构,能互相结成坚固的结晶连生体,形成晶体骨架。析出的氢氧化铝凝胶难溶于水,填充于晶体骨架的空隙中,形成较密实的水泥石结构,并迅速产生很高的强度。

2)铝酸盐水泥的技术要求

铝酸盐水泥常为黄色或褐色,也有呈灰色的。铝酸盐水泥的细度要求为比表面积不小于 $300m^2/kg$ 或 $45\mu m$ 方孔筛的筛余量不得超过 20%。铝酸盐水泥的凝结时间应符合表 3-13 的要求。

表 3-13　铝酸盐水泥的凝结时间

水泥类型	初凝时间不得早于/min	终凝时间不得迟于/h
CA-50、CA-70、CA-80	30	6
CA-60	60	18

各类型水泥各龄期强度不得低于表 3-14 的要求。

表 3-14　铝酸盐水泥强度指标

水泥类型	抗压强度/MPa				抗折强度/MPa			
	6h	1d	3d	28d	6h	1d	3d	28d
CA-50	20[①]	40	50	—	3.0[①]	5.5	6.5	—
CA-60	—	20	45	85	—	2.5	5.0	10.0
CA-70		30	40	—		5.0	6.0	—
CA-80	—	25	30	—	—	4.5	5.0	—

①当用户需要时,生产厂应提供结果。

3)铝酸盐水泥的特性和应用

(1)快硬早强:铝酸盐水泥硬化快,早期强度发展迅速,1d 强度可达最高强度的 80% 以上。适用于紧急抢修工程(堵漏等)、紧急军事工程(如筑路、修桥)等早期强度要求高的特殊工程。

(2)水化热大,放热快:铝酸盐水泥硬化过程放热量大,且放热量集中,1d 内释放出水化热总量的 70%～80%,使混凝土内部温度上升较高,故即使在 -10℃ 下施工,铝酸盐水泥也能很快凝结硬化。适用于寒冷地区冬季施工,可避免冻害,但不适用于大体积混凝土工程。

(3)抗硫酸盐腐蚀性强:因其水化后无 $Ca(OH)_2$ 生成,水化生成的铝胶($Al_2O_3 \cdot 3H_2O$)使水泥石结构极为致密,具有很强的抗硫酸盐性,甚至超过抗硫酸盐水泥。另外,也具有较好的抗软水及酸类侵蚀性;但铝酸盐水泥不耐碱,对碱的侵蚀**无抵抗**能力。因为在碱性溶液中水化铝酸钙会与碱金属的碳酸盐反应而分解,使水泥石受到破坏。

(4)耐热性好:可耐 1300～1400℃ 高温。因为在高温条件下,硬化的铝酸盐水泥石各组分发生固相反应成烧结状态,代替了水泥的水化结合,在 1000℃ 以上仍能保持较高强度。所以铝酸盐水泥可作为耐热混凝土的胶结材料,用于窑炉炉衬。

(5)长期强度会降低:原因是铝酸盐水泥的主要水化产物 CAH_{10} 和 C_2AH_8 等水化铝酸钙晶体为亚稳相,会自发转化为强度较低的稳定产物 C_3AH_6,在转化的同时固相体积将缩减约 50%,水分析出,使孔隙率增大,从而使结构强度有较大幅度的下降。铝酸盐水泥的长期强度一般会降低 40%～50%,湿热环境下更严重,甚至引起结构破坏。因此不宜用于长期承重的结构。

4)铝酸盐水泥的施工注意事项

铝酸盐水泥不宜在高温季节施工,施工适宜温度为 15℃ 左右(应控制在不大于 25℃),更不宜蒸汽养护(在 30℃ 以上养护强度会急剧下降)。未经试验,铝酸盐水泥不得与硅酸盐水泥、石灰等能析出 $Ca(OH)_2$ 的材料混合使用,以免引起"闪凝"和强度下降。

3.2.6.3　硫铝酸盐水泥

硫铝酸盐水泥是用铝质原料(如矾土)、石灰质原料(如石灰石)和石膏适当配合,煅烧成以无水硫铝酸钙为主的熟料,再加适量石膏磨细制成的水硬性胶凝材料。其主要品种有:快硬硫铝酸盐水泥、低碱度硫铝酸盐水泥、膨胀硫铝酸盐水泥、自应力硫铝酸盐水泥等。此类水泥以其早期强度高、干缩率小、抗渗性好、耐蚀性好以及生产成本低等特点,在混凝土工程中得到广泛应用。

快硬硫铝酸盐水泥是以适当成分的生料,经煅烧所得以无水硫铝酸钙和硅酸二钙为主要矿物成分的熟料和少量石灰石、适量石膏磨细制成的早期强度高的水硬性胶凝材料,代号 R·SAC。

1)快硬硫铝酸盐水泥的矿物组成、水化与硬化

快硬硫铝酸盐水泥的主要矿物成分是无水硫铝酸钙（$4CaO·3Al_2O_3·CaSO_4$）和 β 型硅酸二钙（$β\text{-}C_2S$）。

无水硫铝酸钙水化很快,它和石膏反应在早期形成大量的钙矾石和氢氧化铝凝胶;$β\text{-}C_2S$ 是高温（1250～1350℃）烧成的,活性较高,水化较快,能较早生成 C-S-H 凝胶和 $Ca(OH)_2$,其中的 $Ca(OH)_2$ 和氢氧化铝与石膏也可形成钙矾石;产物中还有少量单硫型水化硫铝酸钙和低硫型硫铝酸钙。C-S-H 凝胶和氢氧化铝凝胶填充于钙矾石晶体骨架的空间,形成十分致密的结构,从而使快硬硫铝酸盐水泥获得较高的早期强度,并能保证后期强度的增长。

2)快硬硫铝酸盐水泥的技术要求

行业标准《硫铝酸盐水泥》（JC20472-2006）规定的技术要求如下:

(1)比表面积:不应小于 $350m^2/kg$。

(2)凝结时间:初凝不得早于 25min,终凝不得迟于 180min。

(3)强度:以 3d 强度划分为四个等级,各龄期强度不得低于表 3-15 的规定。

表 3-15　快硬硫铝酸盐水泥强度要求

强度等级	抗压强度/MPa			抗折强度/MPa		
	1d	3d	28d	1d	3d	28d
42.5	30.0	42.5	45.0	6.0	6.5	7.0
52.5	40.0	52.5	55.0	6.5	7.0	7.5
62.5	50.0	62.5	65.0	7.0	7.5	8.0
72.5	55.0	72.5	75.0	7.5	8.0	8.5

3)快硬硫铝酸盐水泥的特性与应用

(1)快硬早强:该水泥凝结硬化快,早期强度高,12h 已有相当高的强度,3d 强度与硅酸盐水泥 28d 强度相当。特别适用于抢修、堵漏、喷锚加固工程。

(2)水化放热快:水化放热快,一般集中在 1d 内放出,又因早期强度增长快,不易发生冻害,适用于寒冷地区冬季施工,但不适用于大体积混凝土工程。

(3)微膨胀、密实度大:该水泥水化生成大量钙矾石晶体,产生微量体积膨胀,而且水化需要大量结晶水,所以硬化后水泥石致密不透水,适用于有抗渗、抗裂要求的接头、接缝的混凝土工程,也可用于配制膨胀水泥和自应力水泥。

(4)耐蚀性好:由于水泥石中不含 $Ca(OH)_2$ 和水化铝酸钙,并且水泥石密实度高,所以抗软水、酸类和盐类腐蚀能力好,适用于有耐蚀性要求的混凝土工程。

(5)碱度低:该水泥石液相碱度低,pH只有9.8～10.2,对钢筋的保护能力差,不适用于重要的钢筋混凝土结构。由于碱度低,对玻璃纤维腐蚀性小,特别适用于玻璃纤维增强水泥(GRC)制品。

(6)耐热性差:由于主要水化产物钙矾石含有大量结晶水,在150℃以上开始脱水,导致结构疏松,强度下降,故不宜用有耐热要求的混凝土工程。

3.2.7　膨胀水泥与自应力水泥

通用硅酸盐水泥在空气中硬化时,通常都会产生一定的收缩(平均收缩率为0.02%～0.035%),使水泥石内部产生微裂缝,导致其强度、抗渗性、抗冻性下降。若用其来填灌装配式构件的接头、建筑连接部位和堵漏补缝时,由于水泥收缩会使结合不牢,达不到预期效果。而使用膨胀水泥就能改善或克服上述不足。

在钢筋混凝土中使用膨胀水泥,由于混凝土的膨胀将使钢筋产生一定的拉应力,混凝土受到相应的压应力,这种压应力能使混凝土免于产生内部微裂缝,当其值较大时,还能抵消一部分因外界因素(如水泥混凝土管道中输送的压力水或压力气体)所产生的拉应力,从而有效地改善混凝土抗拉强度低的缺陷。这种预加压应力来自于水泥本身的水化,故称为自应力。

膨胀水泥按自应力的大小分为两类:当自应力值小于2.0MPa(通常为0.5 MPa左右)时,称为膨胀水泥(收缩补偿型膨胀水泥,主要起补偿收缩、增加密实度作用);当自应力值≥2.0MPa时,称为自应力水泥(自应力型膨胀水泥,能够产生可应用的化学预应力)。

按基本组成,我国常用的膨胀水泥品种为:

(1)硅酸盐膨胀水泥:以硅酸盐水泥为主要组分,铝酸盐水泥和石膏为膨胀组分配制而成。

(2)铝酸盐膨胀水泥:以铝酸盐水泥为主要组分,以石膏为膨胀组分配制而成。

(3)硫铝酸盐膨胀水泥:以无水硫铝酸钙和硅酸二钙为主要组分,以石膏为膨胀组分配制而成。

(4)铁铝酸盐膨胀水泥:以铁相、无水硫铝酸钙和硅酸二钙为主要组分,以石膏为膨胀组分配制而成。

上述膨胀水泥的膨胀源均来自于在水泥石中形成钙矾石而产生体积膨胀。由于这种膨胀作用发生在硬化初期,水泥浆体尚具备可塑性,因而不至于引起膨胀破坏。调整各种组成的配合比,控制生成钙矾石的数量,可以制得不同膨胀值、不同类型的膨胀水泥。

膨胀水泥适用于补偿混凝土收缩的结构工程,作防渗层或防渗混凝土;填灌构件的接缝及管道接头;结构的加固与修补;固结机器底座及地脚螺栓等。自应力水泥适用于制造自应力钢筋混凝土压力管及其配件[9]。

参考文献

[1]汉春红.浅论硅酸盐水泥中硫酸盐类型与作用[J].科技经济导刊,2016(19).

[2]李慧,唐红杰.通用硅酸盐水泥物理指标及其试验方法研究[J].现代商贸工业,2009(15).

[3]赵磊,马华,许湛.道路硅酸盐水泥的生产[J].中国水泥,2015(08).

[4]于利刚,侯兰辉,王浩伙,茹文锦,刘岚.道路硅酸盐水泥的性能与推广应用[J].广东建

材,2006(03).

[5]王乃祥.道路硅酸盐水泥的研制[J].新世纪水泥导报,2007(01).

[6]李金锁,武和平.白色硅酸盐水泥生产及其对矿物原料的要求[J].中国非金属矿工业导刊,2007(03).

[7]杨经纶,方仁玉.抗硫酸盐硅酸盐水泥的研制[J].水泥,2006(03).

[8]刘义平,雷军彦,达来.高抗硫酸盐硅酸盐水泥的研制[J].建材发展导向,2013(03).

[9]隋同波,文寨军,刘克忠,王显斌.我国特种水泥的研发及应用[J].中国水泥,2006(03).

第4章 混凝土

混凝土是由胶凝材料、骨料和水按一定比例配制,经搅拌振捣成型,在一定条件下养护而成的人造石材,是当代最主要的土木工程材料之一。混凝土的原料丰富,成本较低,生产工艺简单,同时还具有抗压强度高,耐久性好,强度等级范围宽等特点,因而在工程建设中得到了广泛的应用,是用量最大的土木工程材料。混凝土材料向着高新技术方向发展。近年来,新的混凝土品种不断出现,拓展了混凝土的应用范围。本章主要对混凝土的定义及发展简史、混凝土的分类、水泥混凝土的特点,混凝土的组成材料及技术要求,新拌混凝土的技术性质,硬化混凝土的性质,混凝土的质量控制与强度评定,普通混凝土配合比设计,以及其他种类混凝土及其新进展进行阐述与研究。

4.1 概述

4.1.1 混凝土的定义及发展简史

混凝土是由胶凝材料(胶结料),粗、细骨料(或称集料),水及其他外掺材料,按适当的比例配制并经硬化而成的人造石材。胶结料有水泥、石膏等无机胶凝材料和沥青、聚合物等有机胶凝材料,无机及有机胶凝材料也可复合使用。以水泥为胶凝材料的混凝土即为水泥混凝土。混凝土常简写为"砼"。

混凝土材料的应用可追溯到古老年代。数千年前,我国劳动人民及埃及人就用石灰与砂配制成砂浆砌筑房屋。后来古罗马人用火山灰、石灰、砂石制备的"天然混凝土"具有坚固耐久、不透水的特点,万神殿和罗马圆剧场是其中杰出代表。

1824年英国人约瑟夫·阿斯普丁发明了波特兰水泥,1830年前后水泥混凝土问世,从此水泥代替了火山灰、石灰用于制造混凝土,才出现了现代意义上的混凝土。1825年英国用混凝土修建了泰晤士河水下公路隧道工程;1850年出现了钢筋混凝土,使混凝土技术发生了第一次革命。1872年在纽约建造了第一所钢筋混凝土房屋,1895—1900年间用混凝土成功建造了第一批桥墩,从此,混凝土开始作为最主要的结构材料,影响和塑造了现代建筑;1928年制成了预应力钢筋混凝土,产生了混凝土技术的第二次革命;1965年前后以减水剂为代表的混凝土外加剂的应用,使混凝土的工作性和强度得到显著提高,导致了混凝土技术的第三次革命。混凝土是现代建筑工程中用途最广、用量最大的建筑材料之一,目前全世界混凝土材料的年产量超过 100 亿吨[1]。

4.1.2　混凝土的分类

混凝土经过多年的发展，其品种繁多，通常从以下几方面进行分类：

（1）按照胶凝材料种类不同可分为水泥混凝土、石膏混凝土、水玻璃混凝土、沥青混凝土、聚合物混凝土等。

（2）按照体积密度可分为重混凝土（$\rho_0 > 2\,600\text{kg/m}^3$）、普通混凝土（$\rho_0 = 1950 \sim 2\,500\text{kg/m}^3$）和轻混凝土（$\rho_0 < 1\,950\text{kg/m}^3$）。

（3）按照用途可分为普通混凝土、道路混凝土、防水混凝土、耐热混凝土、耐酸混凝土、防辐射混凝土、膨胀混凝土、装饰混凝土、大体积混凝土等。

（4）按照施工工艺可分为泵送混凝土、预拌混凝土（商品混凝土）、喷射混凝土、碾压混凝土、挤压混凝土、压力灌浆混凝土、自密实混凝土、堆石混凝土、离心混凝土、真空脱水混凝土等。

（5）按强度等级可分为低强混凝土（$f_{cu} < 30\text{MPa}$）、中强混凝土（$f_{cu} = 30 \sim 55\text{MPa}$）、高强混凝土（$f_{cu} \geqslant 60\text{MPa}$）和超高强混凝土（$f_{cu} \geqslant 100\text{MPa}$）等。

（6）按掺合料可分为粉煤灰混凝土、矿渣混凝土、硅灰混凝土、复合掺合料混凝土等[2]。

4.1.3　水泥混凝土的特点

水泥混凝土是当代最重要、用量最大的土木工程材料，这是由它所具有的以下特点所决定的：

（1）耐水性能好，用途广泛。

（2）其主要组成材料如骨料、水泥等可就地取材，价廉，生产能耗低。

（3）易成型为形状与尺寸变化范围很大的构件。

（4）可以与钢材复合，制成钢筋混凝土、预应力混凝土。

但混凝土也存在以下缺点：自身质量重，抗拉强度远小于抗压强度，变形能力相当小，性脆易裂，干缩和导热系数较大，施工周期长，耐久性不足，施工质量波动也较大。

多年来为克服混凝土的缺点，人们在其改性方面作了不懈地努力，并多次取得了突破性进展。1867 年法国人 J. Monier 创立了钢筋混凝土的原理，其后德国在理论应用上加以发展，极大地扩展了混凝土的使用范围。1916 年 D. A. Abrams 提出了混凝土强度的水灰比学说，Lyse 在 1925 年发表了灰水比学说及恒定用水量法则，从而奠定了现代混凝土的理论基础。1928 年法国的 E. Freyssinct 提出了混凝土收缩和徐变理论，将预应力技术应用于混凝土工程中，这一技术的出现是混凝土技术的一次飞跃。20 世纪中叶以后减水剂等外加剂相继出现，对混凝土的改性做出了突出贡献。近年来聚合物混凝土、纤维混凝土的应用日趋完善，混凝土正朝着高性能、绿色化、生态型的方向发展。

混凝土质量的好坏和技术性质在很大程度上是由原材料及其相对含量所决定的，同时也与施工工艺有关。

混凝土的品种虽然繁多，但在工程实际中还是以普通的水泥混凝土应用最为广泛，如果没有特殊说明，狭义上我们通常称其为混凝土，本章作重点论述[3]。

4.2 混凝土的组成材料及技术要求

4.2.1 混凝土的组成材料

普通混凝土(以下简称混凝土)是由水泥、水和砂、石按适当比例配合,拌制成拌合物,经一定时间硬化而成的人造石材。为改善混凝土的性能还经常加入外加剂和掺合料。在混凝土中,一般以砂为细骨料,石子为粗骨料。粗细骨料(又称集料)的总含量约占混凝土总体积的70%～80%,其余为胶浆和少量残留的空气。在混凝土拌合物中,水泥、掺合料和水形成胶浆,填充砂子空隙并包裹砂粒,形成砂浆。砂浆又填充石子空隙并包裹石子颗粒。显然胶浆在砂石颗粒之间起着润滑作用,使混凝土拌合物具有一定的流动性。当胶浆较多时,混凝土拌合物的流动性较大,呈现塑性状态;当胶浆量较少时,则混凝土拌合物的流动性较小,呈现干稠状态。胶浆除了使混凝土拌合物具有一定的流动性外,更主要的是起胶结作用。胶浆通过胶凝材料的凝结硬化,把砂石骨料牢固地胶结成一整体。

4.2.2 混凝土中各种组成材料技术要求

4.2.2.1 水泥

水泥是普通混凝土的胶凝材料,其性能对混凝土的性质影响很大,在确定混凝土组成材料时,应正确选择水泥品种和水泥强度等级。

1)水泥品种的选择

水泥品种应根据混凝土工程特点、所处的环境条件和施工条件等进行选择。一般可采用硅酸盐水泥、普通硅酸盐水泥、矿渣硅酸盐水泥、火山灰质硅酸盐水泥、粉煤灰硅酸盐水泥和复合水泥,必要时也可采用膨胀水泥、自应力水泥或快硬硅酸盐水泥等其他水泥。所用水泥的性能必须符合现行国家有关标准的规定。在满足工程要求的前提下,应选用价格较低的水泥品种,以节约造价。

2)水泥强度等级的选择

水泥强度等级应与混凝土的设计强度等级相适应。原则上配制高强度等级的混凝土应选用强度等级高的水泥;配制低强度等级的混凝土,选用强度等级低的水泥。如采用强度等级高的水泥配制低强度等级混凝土时,会使水泥用量偏少,影响和易性和耐久性,必须掺入一定数量的矿物掺合料。如采用强度等级低的水泥配制高强度等级混凝土时,会使水泥用量过多,不经济,而且会影响混凝土的其他技术性质,如干缩等。通常,混凝土强度等级为C30以下时,可采用强度等级为32.5的水泥;混凝土强度等级为C30及以上时,可采用强度等级为42.5及以上的水泥。

4.2.2.2 骨料

普通混凝土用骨料按粒径分为细骨料和粗骨料。它们一般不与水泥浆起化学反应,在混凝土中主要是起骨架作用,因而可以大大节省水泥。同时,还可以降低水化热,大大减小混凝土由于水泥浆硬化而产生的收缩,并起抑制裂缝扩展的作用。

根据骨料在混凝土中的作用,对用于混凝土的骨料要求具有良好的颗粒级配,以尽量减小空隙率;要求表面干净,以保证与水泥浆更好地黏结;含有害杂质少,以保证混凝土的强度及耐久性;要求具有足够的强度和坚固性,以保证起到充分的骨架和传力作用。

1)细骨料

一般规定,粒径小于 4.75mm 的岩石颗粒,称为细骨料。混凝土的细骨料可以采用天然砂或人工砂。天然砂按照产源分为山砂、海砂和河砂。山砂富有棱角,表面粗糙,与水泥浆黏结力好,但含泥量和含有机杂质较多;海砂表面圆滑,比较洁净,但常混有贝壳碎片,而且含盐分较多,对混凝土中的钢筋有锈蚀作用;河砂介于山砂和海砂之间,比较洁净,而且分布较广,一般工程大都采用河砂。人工砂是用岩石轧碎而成,富有棱角。其缺点是片状颗粒和石粉较多,而且成本较高。砂按技术性能分为Ⅰ类、Ⅱ类、Ⅲ类。Ⅰ类宜用于强度等级大于 C60 的混凝土;Ⅱ类宜用于强度等级 C30～C60 及抗冻、抗渗或其他要求的混凝土;Ⅲ类宜用于强度等级小于 C30 的混凝土和建筑砂浆。

(1)细骨料的颗粒级配和粗细程度。为了保证施工质量,制成均匀密实的混凝土,拌制混凝土时必须用足够的水泥浆将砂粒包裹起来,使其在砂粒之间起润滑和黏结作用。同时,砂粒之间的空隙也必须用一部分水泥浆来填满,才能保证硬化后的混凝土坚固而又密实。由此可见,砂的总表面积越大,包裹砂颗粒所需要的水泥浆就越多;砂的空隙率越大,需要填满空隙的水泥浆也越多。因此,为了节约水泥,在砂用量为一定的情况下,最好是采用空隙率较小而总表面积也较小的砂。由于空隙率的大小与颗粒级配有关,而总表面积的大小,又与颗粒的粗细程度有关,所以下面着重讨论细骨料的颗粒级配和粗细程度。

砂子的颗粒级配(见图 4-1),是指大小不同的砂互相搭配的比例情况。如果搭配比例适当,使小颗粒的砂恰好填满中等颗粒的空隙,而中等颗粒的砂子又恰好填满大粒砂的空隙,这样一级一级地互相填满,则最后可以使得余留下来的砂总空隙率达到尽可能的小。因此,砂级配好就意味着砂空隙率较小。

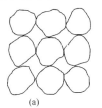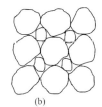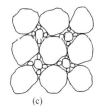

(a)　　　　　　　(b)　　　　　　　(c)

图 4-1　骨料的颗粒级配

砂的粗细程度,是指不同粒径的砂混合在一起时的总体粗细程度。根据总体粗细程度的不同,可以把砂分为粗砂、中砂和细砂。在质量相同的条件下,如果粗粒砂越多,则砂颗粒数目就越少,砂的总表面积也就越小。但砂中如果粗粒砂过多,而中小颗粒砂又搭配得不好,则砂的空隙率必然会变大。因此,砂的粗细程度必须结合级配来考虑。

由此可知,当混凝土的和易性要求为一定时,为了节省水泥而又能满足和易性的要求,应该选用级配良好的中、粗砂。

国家标准《建筑用砂》(GB/T14684—2011)规定,砂的颗粒级配和粗细程度用筛分析的方法进行测定。

筛分是用一套标准筛将砂试样依次进行筛分。标准筛以7个为一套,方孔筛净边尺寸分别为:9.50、4.75、2.36、1.18、0.60、0.30、0.15mm。将500g的烘干砂试样由粗到细依次过筛,然后称出余留在各个筛上的砂质量,并参照表4-1算出各个筛上的分计筛余率和累计筛余率。

根据我国《建筑用砂》(GB/T14684—2011)的规定,由表4-1算出的累计筛余率,必须处于表4-2的任何一个级配区的范围内。以图4-2来说,也就是筛分曲线必须落在三个级配区之一的上下限界线之间,才可认为砂的颗粒级配合格。级配曲线符合2区的砂,粗细程度适中,级配最好。1区砂粗粒较多,保水性较差,适宜配制水泥用量较多或流动性较小的普通混凝土。3区砂颗粒偏细,用它来配制普通混凝土,粘聚性略大,保水性较好,容易插捣,但干缩性较大,表面容易产生微裂纹。

表 4-1　分计筛余与累计筛余的关系

筛孔尺寸/mm	分计筛余量/g	分计筛余/%	累计筛余/%
4.75	M_1	a_1	$A_1 = a_1$
2.36	M_2	a_2	$A_2 = a_1 + a_2$
1.18	M_3	a_3	$A_3 = a_1 + a_2 + a_3$
0.60	M_4	a_4	$A_4 = a_1 + a_2 + a_3 + a_4$
0.30	M_5	a_5	$A_5 = a_1 + a_2 + a_3 + a_4 + a_5$
0.15	M_6	a_6	$A_6 = a_1 + a_2 + a_3 + a_4 + a_5 + a_6$
<0.15	M_7		

表 4-2　砂的颗粒级配

级配区 累计筛余,% 方孔筛	1	2	3
9.50mm	0	0	0
4.75mm	10～0	10～0	10～0
2.36mm	35～5	25～0	15～0
1.18mm	65～35	50～10	25～0
600μm(0.6mm)	85～71	70～41	40～16
300μm(0.3mm)	95～80	92～70	85～55
150μm(0.15mm)	100～90	100～90	100～90

注:(1)砂的实际颗粒级配与表中所列数字相比,除4.75mm和600μm筛档外,可以略有超出,但超出总量应小于5%。

(2)1区人工砂中150μm筛孔的累计筛余可以放宽到100～85,2区人工砂中150μm筛孔的累计筛余可以放宽到100～80,3区人工砂中150μm筛孔的累计筛余可以放宽到100～75。

用筛分方法来分析细骨料的颗粒级配,只能对砂的粗细程度做出大致的区分,而难于对同属一个级配区而粗细程度稍异的砂加以区别。为了补救这个缺陷,在根据筛分曲线做出颗粒级配是否合格的结论之后,还须按照式(4-1)求出砂的细度模数 M_x,用它来评定砂子的粗细程度。

根据下列公式计算砂的细度模数(M_x):

$$M_x = \frac{(A_2 + A_3 + A_4 + A_5 + A_6) - 5A_1}{100 - A_1} \tag{4-1}$$

按照细度模数把砂分为粗砂、中砂、细砂。其中 M_x 在 3.7~3.1 为粗砂,M_x 在 3.0~2.3 为中砂,M_x 在 2.2~1.6 为细砂。

筛分曲线超过 3 区往左上偏时,表示砂过细,拌制混凝土时需要的水泥浆量多,而且混凝土强度显著降低;超过 1 区往右下偏时,表示砂过粗,配制的混凝土,其拌合物的和易性不易控制,而且内摩擦大,不易振捣成型。一般认为,处于 2 区级配的砂,其粗细适中,级配较好,是配制混凝土最理想的级配区。

如果砂的级配判定为不合格时,可以采取人工调配的方法来加以调整。例如,有两种级配不合格的砂,一个过粗,一个过细,可将这两种砂通过试验选取适当比例来掺和使用,使之符合级配区的要求。为了调整级配,也可将砂加以过筛,除去多余的部分。

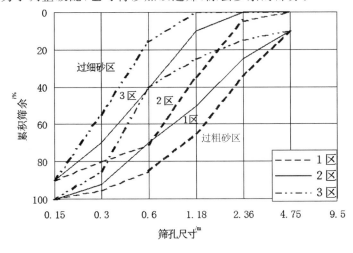

图 4-2　砂的级配曲线

(2)有害杂质含量。砂中常含有一些有害杂质,例如、云母、硫酸盐及硫化物、有机物质、黏土、淤泥和尘屑以及轻物质等等。云母呈薄片状,表面光滑,与硬化水泥浆黏结不牢,会降低混凝土的强度。硫酸盐和硫化物及有机物质,对硬化水泥浆有腐蚀作用。黏土、淤泥和尘屑黏附在砂表面,妨碍硬化水泥浆与砂的黏结,除降低混凝土强度外,还会降低混凝土抗渗性和抗冻性,并会增大混凝土的收缩。密度小于 $2g/cm^3$ 的轻物质,如煤和褐煤等,会降低混凝土的强度和耐久性。为了保证混凝土的质量,上述这些有害物质的含量必须加以限制,其含量不得超过表 4-3 的规定。

表 4-3　砂中杂质含量限值

项目				指标		
				Ⅰ类	Ⅱ类	Ⅲ类
天然砂	含泥量(按质量计),%			≤1.0	≤3.0	≤5.0
	泥块含量(按质量计),%			0	≤1.0	≤2.0
人工砂	亚甲蓝试验	M/B≤1.4 或快速法试验合格	MB 值	≤0.5	≤1.0	≤1.4 或合格
			石粉含量(按质量计),%①	≤10.0		
			泥块含量(按质量计),%	0	≤1.0	≤2.0
		M/B>1.4 或快速法试验不合格	石粉含量(按质量计),%	≤1.0	≤3.0	≤5.0
			泥块含量(按质量计),%	0	≤1.0	≤2.0
有害物质	云母(按质量计),%			≤1.0	≤2.0	
	轻物质(按质量计),%			≤1.0		
	有机物			合格		
	硫化物及硫酸盐(按 SO_3 质量计),%			≤0.5		
	氯化物(以氯离子质量计),%			≤0.01	≤0.02	≤0.06
	贝壳(按质量计),%②			≤3.0	≤5.0	≤8.0

注：①此指标根据使用地区和用途,经试验验证,可由供需双方协商确定。
②仅适用于海砂,其他砂种不作要求。

（3）坚固性。砂的坚固性对混凝土的耐久性影响很大,所谓坚固性系指砂在自然风化和其他外界物理化学因素作用下抵抗碎裂的能力。按标准(GB/T14684—2011)规定,天然砂的坚固性用硫酸钠溶液法检验,以试样经五次干湿循环后以其质量损失评定。Ⅰ、Ⅱ类天然砂质量损失率应小于8%,Ⅲ类天然砂应小于10%;人工砂的坚固性采用压碎指标法检验,Ⅰ、Ⅱ类人工砂单级最大压碎指标分别应小于20%、25%,Ⅲ类人工砂应小于30%。

此外,按《建筑用砂》GB/T14684—2011标准要求,砂的表观密度应大于 2500kg/m³,松散堆积密度应大于 1350kg/m³,空隙率应小于 47%;砂经碱-骨料反应试验后,由砂制备的砂浆试件应无裂缝、酥裂、胶体外溢等现象。所谓碱-骨料反应是指水泥、外加剂等混凝土组成物及环境中的碱与骨料中碱活性矿物在潮湿环境下缓慢发生并导致混凝土开裂破坏的膨胀反应。

2）粗骨料

粒径大于 4.75mm 的岩石颗粒称为粗骨料。常用的粗骨料有天然卵石（砾石）和人工碎石两种。天然卵石有河卵石、海卵石和山卵石等。河卵石表面光滑,少棱角,比较洁净,大都具有天然级配。而山卵石含黏土等杂质较多,使用前必须加以冲洗。因此,河卵石最为常用。碎石系将坚硬岩石轧碎而成,一般比天然卵石干净,而且表面粗糙,颗粒富有棱角,与水泥石黏结较牢,但流动性较差。

选用粗细骨料应以就地取材为宜,但其品质必须符合《建设用卵石、碎石》(GB/T14685—2011)和《普通混凝土用砂、石质量及检验方法标准》(JGJ52—2006)规定的质量指标。

(1)最大粒径。粗骨料公称粒级的上限,称为粗骨料的最大粒径。对于级配良好的粗骨料,改变其最大粒径对混凝土强度有两种相反的影响。一方面,当最大粒径增大时,单位体积中用给定水胶比的水泥浆包裹的骨料表面积就随之减小,从而可节约水泥;如果保持水泥用量不变,在达到特定的流动性时可减少用水量,因而降低水胶比,混凝土强度可随之提高。另一方面,随着最大粒径的增大,将引起混凝土的不均匀性以及由于粗骨料与水泥砂浆黏结面的减少而造成的混凝土不连续性也随之增大;再则骨料粒径愈大存在内部缺陷的概率也愈多,致使混凝土强度降低。一般认为,对于中等强度混凝土最大粒径宜控制在 40mm 以下,对于高强度混凝土宜控制在 25mm 以下。

再从施工方面来看,最大粒径如果很大,混凝土的搅拌和其他操作都将发生困难,而且容易产生离析。因此选择粗骨料最大粒径时,除必须考虑当地骨料来源外,还要考虑它的经济性以及结构物的构件断面、钢筋净距和施工机械对它所施加的限制。

我国《混凝土结构工程施工质量验收规范》(GB50204—2011)规定:粗骨料的最大粒径不得超过构件截面最小尺寸的 1/4;同时,不得超过钢筋间最小净距的 3/4;对于混凝土实心板,允许采用最大粒径达 1/3 板厚的粗骨料,但最大粒径不得超过 40mm。

对于泵送混凝土,为防止混凝土泵送时管道堵塞,保证泵送顺利进行,粗骨料的最大粒径与输送管的管径之比应符合表 4-4 的要求。

表 4-4　粗骨料的最大粒径与输送管的管径之比

石子品种	泵送高度/m	粗骨料的最大粒径与输送管的管径之比
碎石	<50	≤1:3
	50~100	≤1:4
	>100	≤1:5
卵石	<50	≤1:2.5
	50~100	≤1:3
	>100	≤1:4

(2)颗粒级配。粗骨料和细骨料一样,也要求具有良好的颗粒级配,使骨料颗粒之间的空隙率尽可能小,以求节约水泥。

石子的颗粒级配也是通过筛分试验来作出鉴定的。石子标准筛的孔径有 2.36、4.75、9.50、16.0、19.0、26.5、31.5、37.5、53.0、63.0、75.0 及 90mm。普通混凝土用的碎石或卵石的颗粒级配应符合表 4-5 的规定。试样筛分析所需筛号,也应按表 4-5 中规定的级配要求选用。分计筛余率和累计筛余率的计算均与砂相同。

表 4-5　碎石和卵石的颗粒级配

公称粒径/mm		累计筛余/%											
		方孔筛孔径/mm											
		2.36	4.75	9.50	16.0	19.0	26.5	31.5	37.5	53.0	63.0	75.0	90
连续粒级	5~10	95~100	80~100	0~15	0	—	—	—	—	—	—	—	—
	5~16	95~100	85~100	30~60	0~10	0	—	—	—	—	—	—	—
	5~20	95~100	90~100	40~80	—	0~10	—	—	—	—	—	—	—
	5~25	95~100	90~100	—	30~70	—	0~5	0	—	—	—	—	—
	5~31.5	95~100	90~100	70~90	—	15~45	—	0~5	0	—	—	—	—
	5~40	—	95~100	70~90	—	30~65	—	—	0~5	0	—	—	—
单粒粒级	10~20	—	95~100	85~100	—	0~15	0	—	—	—	—	—	—
	16~31.5	—	95~100	—	85~100	—	—	0~10	0	—	—	—	—
	20~40	—	—	95~100	—	80~100	—	—	0~10	0	—	—	—
	31.5~63	—	—	—	95~100	—	75~100	45~75	—	—	0~10	0	—
	40~80	—	—	—	95~100	—	—	—	70~100	—	30~60	0~10	0

石子的级配有连续级配和间断级配两种。连续级配要求颗粒尺寸由大到小连续分级,每一级骨料都占有适当的比例。例如,天然卵石就属于连续级配。由于连续级配含有各种大小颗粒,互相搭配一般比较合适,制成的混凝土拌合物和易性较好,不易发生分层和离析现象,故目前应用比较广泛。间断级配是人为剔除骨料中的某些粒级,造成颗粒粒级的间断,大粒径骨料间的空隙由比其小许多的小粒径颗粒来填充,从而降低空隙率。用间断级配的石子来拌制混凝土,可以节约水泥,但由于颗粒粒径相差较大,容易使混凝土拌合物产生分离现象,使施工发生困难。对于低流动度和干硬性混凝土来说,如果采用强力振捣来施工时,则采用间断级配是较为适宜的。

(3)强度与坚固性。粗骨料在混凝土中主要起骨架作用,故必须有足够的强度和坚固性。

粗骨料的强度,一般以碎石或卵石的立方强度或压碎指标来反映。

测定碎石的立方体强度时,应从母岩中取出 50mm×50mm×50mm 的立方体试件,或直径与高度同为 50mm 的圆柱体试件,在水中浸泡 48h 使达到吸水饱和状态,然后测定试件的抗压强度。就岩石母岩来说,在任何情况下,火成岩的强度不应低于 80MPa,变质岩不应低于 60MPa,水成岩不应宜低于 30MPa。

岩石强度以岩石的立方强度来表示,虽然比较直观,但也存在一些问题,试件加工比较困难,而且这种测定石料强度的方法,往往不能反映石子在混凝土中的真实强度。况且,这种测定方法不能用于卵石,因为在卵石产地很难找到母岩,也很难制成立方体试块,因此,常采用压碎指标来衡量粗骨料的强度。压碎指标是将一定量气干状态下 9.5~19mm 的石子,按一定方法装入特制的圆柱筒内,按 1kN/s 速度均匀加荷至 200kN 并稳荷 5s,卸荷后称取试样质量 (G),然后用孔径为 2.36mm 的筛进行筛分,称取试样的筛余量 (G_1),则得:

$$压碎指标 = \frac{G - G_1}{G} \times 100\%$$
(4-2)

压碎指标愈高,表示石子抵抗碎裂的能力愈弱。GB/T14685－2001 中对压碎指标的有关规定如表 4-6 所示。

表 4-6　坚固性指标和压碎指标

项目 \ 类别	Ⅰ类	Ⅱ类	Ⅲ类
质量损失(<)/%	5	8	12
碎石压碎指标(<)/%	10	20	30
卵石压碎指标(<)/%	12	16	16

对于大于或等于 C60 的混凝土应进行岩石抗压强度检验,其他情况下如有怀疑或认为有必要时也可进行岩石抗压强度检验。工程施工中可采用压碎指标进行质量控制。

用于混凝土的粗骨料除应具有足够的强度外,还应具有足够的坚固性,以抵抗冻融循环作用和自然界的各种物理风化作用,保证混凝土的耐久性。

粗骨料的抗冻性可直接用冻融循环进行检验,也可间接用硫酸钠溶液进行快速检验,当采用后者进行检验时,经 5 次干湿循环后其质量损失应符合表 4-6 的规定。

(4)表面特征与形状。碎石表面粗糙多棱角,而卵石颗粒多呈圆形,表面光滑。在水泥浆用量相同的条件下,卵石混凝土的流动性较大,与水泥浆的黏结较差。碎石混凝土流动性较小,与水黏浆的粘结较强。

粗骨料的粒形以接近立方体或球体为好。粗骨料中的圆形颗粒愈多,其空隙率愈小。颗粒形状偏离"球体"愈远,则应力集中的程度愈高,混凝土的强度也愈低。由于针状颗粒(长度大于该颗粒所属相应粒级的平均粒径的 2.4 倍者)或片状颗粒(厚度小于平均粒径的 0.4 倍者)的应力集中程度较高,而且会影响混凝土拌合物的和易性,因此,对其含量一般均有限制,如表 4-7 所示。

表 4-7　碎石或卵石杂质含量限值

项目		指标		
		Ⅰ类	Ⅱ类	Ⅲ类
含泥量(按质量计),%		≤0.5	≤1.0	≤1.5
泥块含量(按质量计),%		0	≤0.2	≤0.5
针片状颗粒(按质量计),%		≤5	≤10	≤15
有害杂质含量	有机物	合格	合格	合格
	硫化物及硫酸盐(按 SO_3 质量计),%	≤0.5	≤1.0	≤1.0

(5)有害杂质含量。粗骨料也可能含有一些有害杂质,主要是黏土及淤泥、有机物、硫化物及硫酸盐等,其危害作用基本上与砂中有害杂质的作用相同,故应加以限制。其有害杂质的含量应符合表 4-7 的规定。

(6)碱-集料反应。骨料中含有活性二氧化硅时,它能与水泥或混凝土中的碱性氧化物水解后生成的氢氧化钠和氢氧化钾起化学反应,在骨料表面生成一种复杂的碱-硅酸凝胶体。这种凝胶体吸水时,它的体积将会膨胀。如果水泥中含碱量超过 0.6% 时,生成的凝胶体吸水膨胀后,可能使硬化水泥产生裂缝,这种现象叫作碱-骨料反应。目前已经确定具有活性二氧化硅的岩石有蛋白石、玉髓、鳞石英、方石英、硬绿泥岩、硅镁石灰岩、玻璃质或隐晶质的流纹岩、安山岩及凝灰岩等。经碱-集料反应试验后,由卵石、碎石制备的试件应无裂缝、酥裂、胶体外溢等现象,在规定的试验龄期的膨胀率应小于 0.10%。此外规范还规定粗骨料的表观密度应大于 2 500kg/m³,松散堆积密度应大于 1 350kg/m³,空隙率应小于 47%。

4.2.2.3 拌合及养护用水

用来拌制和养护混凝土的水,不应含有能够影响水泥正常凝结与硬化的有害杂质、油脂和糖类等等。凡可供饮用的自来水或清洁的天然水,一般都可用来拌制和养护混凝土。遇到为工业废水或生活废水所污染的河水或含有矿物质较多的泉水时,应该事先进行化验,水质必须符合国家现行标准《混凝土拌合用水标准》(JGJ63—2006)的规定(见表 4-8)。

表 4-8　水中物质含量限值

项目	预应力混凝土	钢筋混凝土	素混凝土
pH	≥5.0	≥4.5	≥4.5
不溶物/(mg/L)	≤2000	≤2000	≤5000
可溶物/(mg/L)	≤2000	≤5000	≤10000
Cl^-/(mg/L)	≤500	≤1000	≤3500
SO_4^{2-}/(mg/L)	≤600	≤2000	≤2700
碱含量/(rag/L)	≤1500	≤1500	≤1500

由于海水中含有硫酸盐、镁盐和氯化物,对硬化水泥浆有腐蚀作用,有的会锈蚀钢筋。故在钢筋混凝土和预应力钢筋混凝土工程中,不得用海水拌制混凝土。

4.2.2.4 外加剂

外加剂是在拌制混凝土过程中掺入,用以改善混凝土性能的物质,掺量不大于水泥质量的 5%(特殊情况除外)。它赋予新拌混凝土和硬化混凝土以优良的性能,如提高抗冻性、调节凝结时间和硬化时间、改善工作性、提高强度等等。混凝土外加剂已成为除水泥、砂、石子和水以外混凝土的第五种必不可少的组分。

根据《混凝土外加剂的分类、命名与定义》(GB8075—2005)的规定,混凝土外加剂按其主要功能分为四类:

(1)改善混凝土拌合物流变性能的外加剂。包括各种减水剂、引气剂和泵送剂等。

(2)调节混凝土凝结时间、硬化性能的外加剂。包括缓凝剂、早强剂和速凝剂等。

(3)改善混凝土耐久性的外加剂。包括引气剂、防水剂和阻锈剂等。

(4)改善混凝土其他性能的外加剂。包括加气剂、膨胀剂、防冻剂、着色剂等。

1)减水剂

(1)减水剂的类型。在混凝土坍落度基本相同的条件下,能减少拌合用水量的外加剂称为普通减水剂;能大幅度减少拌合用水量的外加剂称为高效减水剂。凡兼有早强、缓凝、引气作用的减水剂分别称为早强减水剂、缓凝减水剂、引气减水剂。

(2)减水剂的作用机理。减水剂大都为表面活性剂,它能富集于表面或界面,从而降低水的表面张力(水-气相)或界面张力(水-固相)。表面活性剂的分子由亲水基团和憎水基团两部分组成。当表面活性剂溶于水溶液后,亲水基团指向溶液,而憎水基团指向空气、非极性液体或固体,并在表面或界面作定向排列,降低了水与其他液相或固相之间的界面张力。

当水泥加水拌和后,由于水泥颗粒间分子间力和静电引力的作用,使水泥浆形成絮凝结构,有部分的拌合水(游离水)被包含在其中[见图 4-3(a)],从而降低了拌合物的流动性。当加入适量减水剂后其憎水基团定向吸附于水泥颗粒表面并使之带有相同电荷,在电性斥力作用下水泥颗粒彼此相互排斥,絮凝结构解体[见图 4-3(b)],关闭于其中的游离水被释放出来[见图 4-3(c)],从而在不增加拌合水量的情况下,有效地增大了混凝土的流动性。另一方面减水剂分子的亲水基团朝向水溶液作定向排列,其极性很强易于与水分子以氢键形式结合,在水泥颗粒表面形成一层稳定的溶剂化水膜,有利于水泥颗粒的滑动,也更强化了水对水泥颗粒的润湿作用。而溶剂化水膜对拌合水又起到了屏蔽作用,延长了潜伏期,降低了 C_3S 初期的水化速率,故减水剂还具有缓凝作用。

此外,减水剂分子能吸附于水泥水化新生成物的晶核表面,使晶体生长速度减慢,晶核数量增多。同时由于晶体各部分对减水剂分子的吸附能力有所差异,因而引起晶体形状发生变化(吸附变形效应),这些终将导致水泥石形成密实的微晶结构,从而提高混凝土的强度。

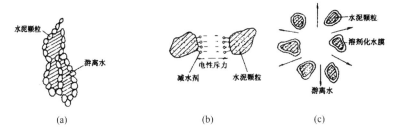

图 4-3 减水剂作用机埋

由于减水剂有湿润、分散、润滑、塑化效应和吸附变形效应等作用,其综合结果是:水泥浆变稀,混凝土拌合物的流动性增大,凝结时间延长,并使水泥浆硬化后形成较密实的微晶结构等。

(3)减水剂的技术经济效果。在混凝土中使用减水剂后,一般可以取得如下的技术经济效果:

①在保持用水量不变的情况下,可使混凝土拌合物的坍落度增大 $100\sim200$ mm。

②在保持坍落度不变的情况下,可使混凝土的用水量减少 $10\%\sim15\%$,高效减水剂可减水 20% 以上,抗压强度可提高 $15\%\sim40\%$。

③在保持坍落度和混凝土抗压强度不变的情况下,可节约水泥 $10\%\sim15\%$。

④由于混凝土的用水量减少,泌水和骨料离析现象得到改善,可大大提高混凝土的抗渗

性,一般混凝土的渗水性可降低40%~80%。

⑤可减慢水泥水化初期的水化放热速度,有利于减小大体积混凝土的温度应力,减少开裂现象。

(4)常用减水剂。

①普通减水剂。普通减水剂以木质磺酸盐类为主,有木质素磺酸钙、木质素磺酸钠、木质素磺酸镁及丹宁等。其中木质素磺酸钙又称M剂,一般掺量为水泥用量的0.1%~0.3%,减水率约10%,有引气、缓凝作用,可提高混凝土的抗渗性和抗冻性。适用于一般混凝土工程、泵送混凝土及大体积混凝土工程等。普通减水剂不宜单独用于蒸汽养护和低温(施工温度<5℃)施工。

②高效减水剂。第一,多环芳香族磺酸盐类。主要有萘和萘的同系磺化物与甲醛缩合的盐类、氨基磺酸盐等。此类减水剂品种较多,多数为萘系减水剂,属阴离子表面活性剂,其中大部分品牌为非引气型减水剂。萘系减水剂在减水、增强、改善耐久性等方面均优于M剂。一般减水率在15%以上,增强效果显著,缓凝性较小,适宜掺量为0.5%~1.0%左右。

第二,水溶性树脂磺酸盐类。主要成分为磺化三聚氰胺树脂、磺化古玛隆树脂等。这类减水剂的减水、增强、改性效果均优于萘系减水剂,适用于早强、高强及流态混凝土等。

第三,脂肪族类。主要有聚羧酸盐类、聚丙烯酸盐类、脂肪族羟甲基磺酸盐高缩聚物等。聚羧酸盐类属于高性能减水剂,具有掺量低、减水率大、坍落度损失小等优点。适用于早强、高强、泵送、防水、抗冻等混凝土。

第四,其他。改性木质素磺酸钙、改性丹宁等。

总的来说,高效减水剂适用于日最低气温0℃以上施工的混凝土,低于此温度则宜与早强剂复合使用。

2)早强剂

加速混凝土早期强度发展的外加剂叫早强剂。混凝土工程中常采用下列早强剂:强电解质无机盐类早强剂(硫酸盐、硫酸复盐、硝酸盐、亚硝酸盐、氯盐等);水溶性有机化合物(三乙醇胺、甲酸盐、乙酸盐、丙酸盐等);其他有机化合物及无机盐复合物等。

混凝土工程中常采用早强剂与减水剂复合的早强减水剂。早强剂及早强减水剂适用于蒸养混凝土及常温、低温和最低温度不低于−5℃环境中施工的有早强要求的混凝土工程。炎热环境条件下不宜使用早强剂、早强减水剂。必须按照《混凝土外加剂应用技术规范》(GB 50119—2013)的规定选用外加剂配制混凝土。常用早强剂掺量限值如表4-9所示。

表4-9 常用早强剂掺量限值

混凝土种类	使用环境	早强剂名称	掺量限值(水泥质量%)不大于
预应力混凝土	干燥环境	三乙醇胺	0.05
		硫酸钠	1.0
钢筋混凝土	干燥环境	氯离子[Cl^-]	0.6
		硫酸钠	2.0

续表

混凝土种类	使用环境	早强剂名称	掺量限值（水泥质量%）不大于
钢筋混凝土	干燥环境	与缓凝减水剂复合的硫酸钠	3.0
		三乙醇胺	0.05
	潮湿环境	硫酸钠	1.5
		三乙醇胺	0.05
有饰面要求的混凝土		硫酸钠	0.8
素混凝土		氯离子[Cl^-]	1.8

3）引气剂

在混凝土搅拌过程中引入大量均匀分布、稳定而封闭的微小气泡，起到改善混凝土和易性，提高混凝土抗冻性和耐久性的外加剂，称为引气剂。引气剂按化学成分可分为松香类引气剂、合成阴离子表面活性类引气剂、木质素磺酸盐类引气剂、石油磺酸盐类引气剂、蛋白质盐类引气剂、脂肪酸和树脂及其盐类引气剂、合成非离子表面活性引气剂。

（1）常用引气剂。我国应用较多的引气剂有松香类引气剂、木质素磺酸盐类引气剂等。松香类引气剂包括松香热聚物、松香酸钠及松香皂等。松香热聚物是将松香与苯酸、硫酸按一定比例投入反应釜，在一定温度和合适条件下反应生成，其适宜掺量为水泥质量的 0.005%～0.02%，混凝土含气量约为 3%～5%，减水率约为 8%。松香酸钠是松香加入煮沸的氢氧化钠溶液中经搅拌溶解，然后再在膏状松香酸钠中加入水，即可配成松香酸钠溶液引气剂。松香皂是由松香、无水碳酸钠和水三种物质按一定比例熬制而成，掺量约为水泥质量的 0.02%。

（2）引气剂的作用机理。引气剂属于表面活性剂，其界面活性作用基本上与减水剂相似，区别在于减水剂的界面活性作用主要在液-固界面上，而引气剂的界面活性主要发生在气-液界面上。

（3）引气剂对混凝土质量的影响。

①改善混凝土拌合物的和易性：可以显著降低混凝土黏性，使它们的可塑性增强，减少单位用水量。通常每增加含气量 1%，能减少单位用水量 3%。

②提高混凝土的抗渗性和抗冻性：由于大量引入的封闭气泡能隔断混凝土中毛细管通道，减少泌水造成的渗水通道，气泡对水泥石内水分结冰时所产生静水压力起缓冲作用，故能显著提高混凝土的抗渗性和抗冻性。

③混凝土的强度有所降低：气泡的存在使混凝土的有效受力面积减少，导致强度下降。一般含气量每提高 1%，抗压强度约下降 3%～5%，抗折强度下降 2%～3%。因此引气剂的掺量必须适当。

另外，大量气泡的存在，使混凝土的弹性模量有所降低，这对提高混凝土的抗裂性有利。

引气剂可用于抗渗、抗冻及抗硫酸盐侵蚀混凝土等（如道路、水坝、港口、桥梁等工程）掺引气剂及引气减水剂混凝土的含气量，不宜超过表 4-10 的规定；对于抗冻性要求高的混凝土宜采用表 4-10 规定的含气量。

表 4-10　掺引气剂及引气减水剂混凝土的含气量

粗骨料最大粒径(mm)	19	22.4	37.5	45	75
混凝土含气量(%)	5.5	5.0	4.5	4.0	3.5

4)缓凝剂

(1)定义。凡能延长混凝土凝结时间的外加剂称为缓凝剂。

当混凝土拌合物需长距离运输、采用滑模施工以及在混凝土浇灌中断时为避免设置施工缝或为减少水泥水化热对结构物的影响时,常需采用缓凝剂。

(2)作用机理。一般来讲,多数有机缓凝剂有表面活性,它们在固-液界面上产生吸附,改变固体粒子的表面性质,或是通过其分子中亲水基团吸附大量的水分子形成较厚的水膜层,使晶体间的相互接触受到屏蔽,改变了结构形成过程;或是通过其分子中的某些官能团与游离的 Ca^{2+} 生成难溶性的钙盐吸附于矿物颗粒表面,从而抑制水泥的水化过程,起到缓凝效果。大多数无机缓凝剂与水泥水化产物生成复盐,沉淀于水泥矿物颗粒表面,抑制水泥的水化。缓凝剂的机理较为复杂,通常是以上多种缓凝机理综合作用的结果。

(3)常用缓凝剂。木钙(木质素磺酸钙)和糖蜜,糖蜜的效果最好。

我国用得较多的是糖类及木质素磺酸盐类。糖蜜是经石灰处理过的制糖下脚料,将其掺入新拌混凝土中,能吸附在水泥颗粒表面,形成同种电荷的亲水膜,使水泥颗粒相互排斥分散,不致相互聚合成较大的粒子,从而起到缓凝作用。糖蜜的掺加量对混凝土性能影响很大,当其掺量大于水泥质量的 1% 时,混凝土会长时间疏松不硬,糖蜜掺入量为 4% 的混凝土,其强度严重下降,28d 的强度仅为空白混凝土的 1/10。但若糖蜜掺量为 0.1%～0.3% 时,则其适当延长混凝土的凝结时间约 2～4h,同时还能改善混凝土拌合物的流动性及提高混凝土的强度。

其他如酒石酸钾钠、柠檬酸、硼酸盐、磷酸盐、锌盐、胺盐及其衍生物、纤维素醚等也都可作为缓凝剂使用,它们可使混凝土凝结时间延缓几小时以上。其具体掺量应根据对混凝土凝结时间的要求,通过试验确定。常用剂量(以占水泥质量的百分数计)约为:木质素磺酸钙 0.1%～0.3%,酒石酸 0.075% 左右,柠檬酸 0.05% 左右。

注意:缓凝剂应严格控制掺量,过量会使混凝土强度严重下降、不凝结。

(4)缓凝剂的作用与用途。作用:延缓凝结时间,使拌合物在较长时间内保持塑性,以利于浇注成型,提高施工质量。减水、降低水化热。

用途:高温季节施工;大体积混凝土;需长时间停放或远距离运输的商品混凝土。

5)膨胀剂

膨胀剂是能使混凝土产生一定体积膨胀的外加剂。按化学成分可分为:硫铝酸钙类膨胀剂、氧化钙类和氧化钙-硫铝酸钙类复合膨胀剂等。

(1)常用膨胀剂。

①硫铝酸钙类膨胀剂。此类膨胀剂包括硫铝酸钙膨胀剂(代号 CSA)、U 型膨胀剂(代号 UEA)、铝酸钙膨胀剂(代号 AEA)、复合型膨胀剂(代号 CEA)、明矾石膨胀剂(代号 EA-L)。其膨胀源为钙矾石。

②氧化钙类膨胀剂。此类膨胀剂是指与水泥、水拌和后经水化反应生成氢氧化钙的混凝土膨胀剂,其膨胀源为氢氧化钙。该膨胀剂比 CSA 膨胀剂的膨胀速率快,且原料丰富,成本低

廉,膨胀稳定早,耐热性和对钢筋保护作用好。

　　(2)膨胀剂的作用机理。上述各种膨胀剂的成分不同,其膨胀机理也各不相同。硫铝酸盐系膨胀剂加入水泥混凝土后,自身组成中的无水硫铝酸钙或参与水泥矿物的水化或与水泥水化产物反应,形成高硫型硫铝酸钙(钙矾石),钙矾石相的生成使固相体积增加,而引起表观体积的膨胀。石灰系膨胀剂的膨胀作用主要由氧化钙晶体水化生成氢氧化钙晶体,体积增加所致。

　　常用的膨胀剂的使用目的和适用范围如表 4-11 所示。

表 4-11　膨胀剂的使用目的和适用范围

用途	适用范围
补偿收缩混凝土	地下、水中、海水中、隧道等构筑物、大体积混凝土(除大坝外)、配筋路面和板、屋面与厕浴间防水、构件补强、渗漏修补、预应力混凝土、回填槽等
填充用膨胀混凝土	结构后浇带、隧洞堵头、钢管与隧道之间的填充等
灌浆用膨胀砂浆	机械设备的底座灌浆、地脚螺栓的固定、梁柱接头、构件补强、加固等
自应力混凝土	仅用于常温下使用的自应力钢筋混凝土压力管

注:(1)含硫铝酸盐类、硫铝酸钙-氧化钙类膨胀剂的混凝土(砂浆)不得用于长期环境温度为 80℃以上的工程。
　　(2)含氧化钙类膨胀剂配制的混凝土(砂浆)不得用于海水或有侵蚀性水的工程。

　　6)防冻剂

　　防冻剂是能使混凝土在负温下硬化,并在规定时间内达到足够防冻强度的外加剂。我国常见的防冻剂按其成分分为四类:强电解质无机盐类(氯盐类、氯盐阻锈类、无氯盐类)、水溶性有机化合物类、有机化合物与无机盐复合类、复合型防冻剂(以防冻组分复合早强、引气、减水等组分)等。

　　各类防冻剂具有不同的特性,各类防冻剂的适用范围见 GB 50119,例如氯盐类防冻剂适用于无筋混凝土;氯盐防锈类防冻剂可用于钢筋混凝土;无氯盐类防冻剂可用于钢筋混凝土和预应力钢筋混凝土;含亚硝酸盐、碳酸盐的防冻剂严禁用于预应力混凝土结构。

　　7)外加剂的掺量及其与水泥的相容性

　　(1)使用外加剂应进行试配试验,以确定其最佳掺量,施工时必须严格控制剂量。在应用外加剂时必须遵照《混凝土外加剂》(GB 8076—2008)、《混凝土结构工程施工质量验收规范》(GB 50204—2011)及《混凝土外加剂应用技术规范》(GB 50119—2013)的规定选用外加剂配制混凝土。

　　(2)外加剂与水泥的适应性问题及改善措施。外加剂除了自身的良好性能外,在使用过程中还存在一个普遍、非常重要的问题,即外加剂与水泥的适应性问题。外加剂与水泥的适应性不好,不但会降低外加剂的有效作用,增加外加剂的掺量从而增加混凝土成本,而且还可能使混凝土无法施工或者引发工程事故。外加剂在检验时,标准规定实验应使用 GB8076—2008 标准规定的"基准水泥",其组成和细度有严格的规定,而在实际工程使用中,由于选用水泥的组成与基准水泥不相同,外加剂在实际工程中的作用效果可能与使用基准水泥的检验结果有差异。

　　外加剂与水泥的适应性可描述为:按照混凝土外加剂应用技术规范,将经检验符合有关标准要求的某种外加剂,掺入到按规定可以使用该外加剂且符合有关标准的水泥中,外加剂在所配制的混凝土中若能产生应有的作用效果,则称该外加剂与该水泥相适应;若外加剂作用效果明显低于使用基准水泥的检验结果,或者掺入水泥中出现异常现象,则称外加剂与该水泥适应性不良或不适应。通常的外加剂与水泥的适应性问题指的是减水剂与水泥的适应性。对于使用复合外加剂和矿物掺合料的混凝土或砂浆,除了外加剂与水泥存在着适应性问题以外,还存在着外加剂与矿物掺合料以及复合外加剂中各组分之间的适应性问题。

一般来说,影响外加剂与水泥适应性问题包括三个因素:水泥方面,如水泥的矿物组成、含碱量、混合材种类、细度等;化学外加剂方面,如减水剂分子结构、极性基团种类、非极性基团种类、平均分子量及分子量分布、聚合度、杂质含量等;环境条件方面,如温度、距离等。

长期以来,混凝土工作者在提高减水剂与水泥的适应性,从而控制混凝土坍落度损失方面进行了大量持久的研究工作,提出了各种改善外加剂与水泥适应性,控制混凝土坍落度损失的方法。如新型高性能减水剂的开发应用;外加剂的复合使用;减水剂的掺入方法(先掺法、同掺法、后掺法);适当"增硫法"即适当增加外加剂中硫酸盐含量的方法;适当调整混凝土配合比方法等。

4.2.2.5 矿物掺合料

1)常用的矿物掺合料

矿物掺合料是指在混凝土拌合物中,为了节约水泥,改善混凝土性能加入的具有一定细度的天然或者人造的矿物粉体材料,也称为矿物外加剂,是混凝土的第六组分。常用的矿物掺合料有:粉煤灰、硅灰、粒化高炉矿渣粉、沸石粉等。粉煤灰应用最普遍。

(1)粉煤灰。粉煤灰又称飞灰,是由燃烧煤粉的锅炉烟气中收集到的细粉末,其颗粒多呈球形,表面光滑,大部分由直径以 μm 计的实心和(或)中空玻璃微珠以及少量的莫来石、石英等结晶物质所组成。

①粉煤灰质量要求和等级。根据国家标准《用于水泥和混凝土中的粉煤灰》(GB/T 1596—2005)的规定,粉煤灰分为 F 类和 C 类,按质量指标粉煤灰分Ⅰ、Ⅱ、Ⅲ三个等级,其质量指标如表 4-12 所示。

表 4-12 粉煤灰等级与质量指标

序号	指标	级别		
		Ⅰ	Ⅱ	Ⅲ
1	细度(45μm 方孔筛筛余)(≯)/%	12	25	45
2	需水量比(≯)/%	95	105	115
3	烧失量(≯)/%	5	8	15
4	含水量(≯)/%	1.0		
5	三氧化硫(≯)/%	3.0		
6	游离氧化钙/%	F 类粉煤灰≤1.0;C 类粉煤灰≤4.0		
7	安定性,雷氏夹沸煮后增加距离/mm	C 类粉煤灰≤5.0		

注:其中 1、2、3 项 F 类与 C 类粉煤灰的要求相同。

②粉煤灰掺合料在工程中的应用。粉煤灰有高钙粉煤灰和低钙粉煤灰之分,由褐煤燃烧形成的粉煤灰,其氧化钙含量较高(一般 CaO>10%),呈褐黄色,称为高钙粉煤灰(C 类),它具有一定的水硬性;由烟煤和无烟煤燃烧形成的粉煤灰,其氧化钙含量很低(一般 CaO<10%),

呈灰色或深灰色,称为低钙粉煤灰(F 类),一般具有火山灰活性。

F 类粉煤灰来源比较广泛,是当前国内外用量最大、使用范围最广的混凝土掺合料,C 类粉煤灰其游离氧化钙含量较高,应控制在 4.0% 以内,否则可能造成混凝土开裂。粉煤灰由于其本身的化学成分、结构和颗粒形状特征,在混凝土中产生下列三种效应:

第一,活性效应(火山灰效应)。粉煤灰中活性 SiO_2 及 Al_2O_3 与水泥水化生成的 $Ca(OH)_2$ 反应生成具有水硬性的低碱度水化硅酸钙和水化铝酸钙,从而起到了增强作用。由于上述反应消耗了水泥石中的 $Ca(OH)_2$,一方面对于改善混凝土的耐久性起到了积极的作用,另一方面却因此降低了混凝土的抗碳化性能。

第二,形态效应。粉煤灰颗粒大部分为玻璃体微珠,掺入混凝土中可减小拌合物的内摩阻力,起到减水、分散、匀化作用。

第三,微集料效应。粉煤灰中的微细颗粒均匀分布在水泥浆内,填充空隙和毛细孔,改善了混凝土的孔结构,增加了密实度。

上述效应综合的结果,可改善混凝土拌合物的和易性、可泵性,并能降低混凝土的水化热,提高抗硫酸盐腐蚀能力,抑制碱-骨料反应。其缺点是早期强度和抗碳化能力有所降低。

掺粉煤灰混凝土适用于一般工业与民用建筑结构,尤其适用于泵送混凝土、商品混凝土、大体积混凝土、抗渗混凝土、地下及水工混凝土、道路混凝土及碾压混凝土等。应用粉煤灰遵循的标准是《粉煤灰混凝土应用技术规范》(GBJ146—1990)。

(2)硅灰。硅灰又称硅粉或硅烟灰,是从生产硅铁合金或硅钢等所排放的烟气中收集到的颗粒极细的烟尘,色呈浅灰到深灰。硅灰的颗粒是微细的玻璃球体,部分粒子凝聚成片或球状的粒子。其平均粒径为 $0.1 \sim 0.2 \mu m$,是水泥颗粒粒径的 $1/50 \sim 1/100$,比表面积高达 20 000 $\sim$ 25 000m^2/kg。其主要成分是 SiO_2(占 90% 以上),它的活性要比水泥高 1~3 倍。以 10% 硅灰等量取代水泥,混凝土强度可提高 25% 以上。由于硅灰具有高比表面积,因而其需水量很大,将其作为混凝土掺合料,须配以减水剂,方可保证混凝土的和易性。硅粉混凝土的特点是特别早强和耐磨,很容易获得早强,而且耐磨性优良。硅粉使用时掺量较少,一般为胶凝材料总重的 5% $\sim$ 10%,且不高于 15%,通常与其他矿物掺合料复合使用。在我国,因其产量低,目前价格很高,出于价格考虑,一般混凝土强度低于 80MPa 时,都不考虑掺加硅粉。

(3)粒化高炉矿渣粉。粒化高炉矿渣粉是由粒化高炉矿渣经干燥、磨细而成的粉状材料,简称矿渣粉,又称矿渣微粉。其细度大于 350m^2/kg,一般为 400$\sim$600m^2/kg,其活性比粉煤灰高,掺量也可比粉煤灰大,可以等量取代水泥,使混凝土的多项性能得以显著改善。

根据《用于水泥和混凝土中的粒化高炉矿渣粉》(GB/T18046—2008)的规定,矿渣粉按 7d 和 28d 的活性指数,分为 S105、S95 和 S75 二个级别,其技术要求如表 4-13 所示。

表 4-13　矿渣粉技术要求

级别	密度≥ (g/cm³)	比表面积 ≥(kg/m²)	活性指数≥(%) 7d	活性指数≥(%) 28d	流动度 比≥(%)	含水量 ≤(%)	三氧化硫 ≤(%)	氯离子 ≤(%)	烧失量 ≤(%)	玻璃体 ≥(%)	放射性
S105		500	95	105							
S95	2.8	400	75	95	95	1.0	4.0	0.06	3.0	85	合格
S75		350	55	75							

粒化高炉矿渣在水淬时形成的大量玻璃体,具有微弱的自身水硬性。用于高性能混凝土的矿渣粉磨至比表面积超过 $400m^2/kg$,可以较充分地发挥其活性,减少泌水性。研究表明矿渣磨得越细,其活性越高,掺入混凝土中后,早期产生的水化热越多,越不利于控制混凝土的温升,而且成本较高;当矿渣的比表面积超过 $400m^2/kg$ 后,用于很低水胶比的混凝土中时,混凝土早期的自收缩随掺量的增加而增大;矿渣粉磨得越细,掺量越大,则低水胶比的高性能混凝土拌合物越黏稠。因此,磨细矿渣的比表面积不宜过细。用于大体积混凝土时,矿渣的比表面积宜不超过 $420m^2/kg$;超过 $420m^2/kg$ 的,宜用于水胶比不很低的非大体积混凝土;而且矿渣颗粒多为棱形,会使混凝土拌合物的需水量随着掺入矿渣微粉细度的提高而增加,同时生产成本也大幅度提高,综合经济技术效果并不好。

磨细矿渣粉和粉煤灰复合掺入时,矿渣粉弥补了粉煤灰的先天"缺钙"的不足,而粉煤灰又可起到辅助减水作用,同时自干燥收缩和干燥收缩都很小,上述问题可以得到缓解。而且复掺可改善颗粒级配和混凝土的孔结构及孔级配,进一步提高混凝土的耐久性,是未来商品混凝土发展的趋势。

(4)沸石粉。沸石粉是天然的沸石岩磨细而成的,具有很大的内表面积。含有一定量活性 SiO_2 和 Al_2O_3,能与水泥水化析出的氢氧化钙作用,生成胶凝物质。沸石粉用作混凝土掺合料可改善混凝土的和易性,提高混凝土强度、抗渗性和抗冻性,抑止碱集料反应。主要用于配制高强混凝土、流态混凝土及泵送混凝土。

2)掺合料在混凝土中的作用

(1)掺合料可代替部分水泥,成本低廉,经济效益显著。

(2)增大混凝土的后期强度。矿物细掺料中含有活性的 SiO_2 和 Al_2O_3,与水泥中的石膏及水泥水化生成的 $Ca(OH)_2$ 反应,生成 C-S-H 和 C-A-H、水化硫铝酸钙。提高了混凝土的后期强度。但是值得提出的是除硅灰外的矿物细掺料,混凝土的早期强度随着掺量的增加而降低。

(3)改善新拌混凝土的工作性。混凝土提高流动性后,很容易使混凝土产生离析和泌水,掺入粉煤灰等矿物细掺料后,混凝土具有很好的黏聚性。

(4)降低混凝土温升。在大体积混凝土施工中,由于水泥的水化热可能会导致混凝土产生裂缝。加入掺合料,减少了水泥用量,降低了水泥的水化热,则可降低混凝土的温升。

(5)提高混凝土的耐久性。混凝土的耐久性与水泥水化产生的 $Ca(OH)_2$ 密切相关,矿物细掺料和 $Ca(OH)_2$ 发生化学反应,降低了混凝土中的 $Ca(OH)_2$ 含量;同时减少混凝土中大的毛细孔,优化混凝土孔结构,降低混凝土最可几孔径,使混凝土结构更加致密,提高了混凝土的抗冻性、抗渗性、抗硫酸盐侵蚀等耐久性能。

(6)抑制碱-骨料反应。试验证明,矿物掺合料掺量较大时,可以有效地抑制碱-骨料反应。内掺 30% 的低钙粉煤灰能有效地抑制碱硅反应的有害膨胀,利用矿渣抑制碱骨料反应,其掺量宜超过 40%。

(7)不同矿物细掺料复合使用的"超叠效应"。不同矿物细掺料在混凝土中的作用有各自的特点,例如矿渣火山灰活性较高,有利于提高混凝土强度,但自干燥收缩大;掺优质粉煤灰的混凝土需水量小,且自干燥收缩和干燥收缩都很小,在低水胶比下可保证较好的抗碳化性能。

硅灰可以提高混凝土的早期和后期强度,但自干燥收缩大,且不利于降低混凝土温升。因此,复掺时,可充分发挥他们的各自优点,取长补短。例如,可复掺粉煤灰和硅灰,用硅灰提高混凝土的早期强度,用优质粉煤灰降低混凝土需水量和自干燥收缩[4]。

关于磨细矿渣粉和粉煤灰等矿物掺合料的掺量比例及其对胶凝材料强度的影响系数如表4-24 及表 4-25 所示。

4.3 新拌混凝土的技术性质

4.3.1 混凝土拌合物的和易性

4.3.1.1 和易性的概念

和易性(又称工作性)是混凝土在凝结硬化前必须具备的性能,是指混凝土拌合物易于施工操作(拌和、运输、浇灌、捣实)并获得质量均匀、成型密实的混凝土性能。和易性是一项综合的技术性质,包括流动性、粘聚性和保水性等三方面的含义。

流动性是指混凝土拌合物在本身自重或施工机械振捣的作用下,克服内部阻力和与模板、钢筋之间的阻力,产生流动,并均匀密实地填满模板的能力。

粘聚性是指混凝土拌合物具有一定的黏聚力,在施工、运输及浇筑过程中,不致出现分层离析,使混凝土保持整体均匀性的能力。

保水性是指混凝土拌合物具有一定的保水能力,在施工中不致产生严重的泌水现象。

混凝土拌合物的流动性、粘聚性和保水性三者之间既互相联系,又互相矛盾。如粘聚性好则保水性一般也较好,但流动性可能较差;当增大流动性时,粘聚性和保水性往往变差。因此,拌合物的工作性是三个方面性能的总和,直接影响混凝土施工的难易程度,同时对硬化后的混凝土的强度、耐久性、外观完好性及内部结构都具有重要影响,是混凝土的重要性能之一。

4.3.1.2 和易性测定方法及指标

到目前为止,混凝土拌合物的和易性还没有一个综合的定量指标来衡量。通常采用坍落度或维勃稠度来定量地测定流动性,粘聚性和保水性主要通过目测观察来判定。

1)坍落度测定

目前世界各国普遍采用的是坍落度方法,它适用于测定最大骨料粒径不大于 40mm、坍落度不小于 10mm 的混凝土拌合物的流动性。如果最大粒径超过 40mm,可采用湿筛法(筛去大于 40mm 的粗骨料)来测定坍落度。测定方法为:将混凝土拌合物按规定方法装入坍落度筒中,装满刮平后,垂直向上将筒提起,量出筒高坍落后混凝土拌合物最高点之间的高度差(mm),即为坍落度,作为流动性指标,如图 4-4 所示。坍落度越大表示混凝土拌合物的流动性越大。

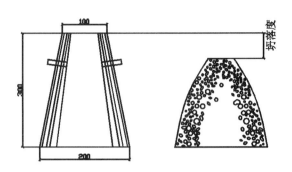

图 4-4　混凝土拌合物坍落度的测定

当混凝土拌合物的坍落度大于 220mm 时,应用钢尺测量混凝土扩展后最终的最大直径和最小直径,取其算术平均值作为坍落扩展度值。

根据坍落度的不同,可将混凝土拌合物分为四级:低塑性混凝土(坍落度值为 10～40mm)、塑性混凝土(坍落度值为 50～90mm)、流动性混凝土(坍落度值为 100～150mm)及大流动性混凝土(坍落度值≥160mm)。

2)维勃稠度测定

坍落度值小于 10mm 的混凝土叫作干硬性混凝土,通常采用维勃稠度仪(见图 4-5)测定其稠度(维勃稠度)。测定的具体方法为:在筒内按坍落度实验方法装料,提起坍落度筒,在拌合物试体顶面放一透明盘,开启振动台,测量从开始振动至混凝土拌合物与压板全面接触时的时间即为维勃稠度值(单位:s)。该方法适用于骨料最大粒径不超过 40mm,维勃稠度在 5～30s 之间的混凝土拌合物的稠度测定。

图 4-5　维勃稠度仪

4.3.1.3 流动性(坍落度)的选择

选择混凝土拌合物的坍落度,应根据结构类型、构件截面大小、配筋疏密、施工捣实方式和环境温度等因素确定。当构件截面较小或钢筋较密,或采用人工插捣时,坍落度可选择大些;反之,则可选择小些。根据《钢筋混凝土结构工程施工及验收规范》(GB50204—2002)规定,混凝土浇筑时的坍落度宜按表 4-14 选用。

表 4-14　混凝土浇筑时的坍落度

项目	结构种类	坍落度（mm）
1	基础或地面等的垫层、无筋的大体积结构或配筋稀疏的结构构件	10～30
2	板、梁和大型及中型截面的柱子等	30～50
3	配筋密列的结构（薄壁、筒仓、细柱等）	50～70
4	配筋特密的结构	70～90

表 4-14 是采用机械振捣的坍落度，采用人工捣实时可适当加大。当环境温度在 30℃ 以上时，由于水泥水化和水分蒸发的加快，拌合物流动性下降加快，应将坍落度提高 15～25mm。当采用混凝土泵送工艺施工时，则要求混凝土拌合物具有高流动性，其坍落度通常在 80～180mm。

4.3.2　影响和易性的主要因素

4.3.2.1　胶凝材料浆量

由水泥、掺合料和水拌合而成的胶凝材料浆体，具有流动性和可塑性，它是普通混凝土拌合物工作性最敏感的影响因素。混凝土拌合物的流动性是其在外力与自重作用下克服内摩擦阻力产生运动的反映。混凝土拌合物内摩擦阻力，一部分来自胶凝材料浆体颗粒间的内聚力与黏性；另一部分来自骨料颗粒间的摩擦力，前者主要取决于水胶比的大小；后者取决于骨料颗粒间的摩擦系数。骨料间胶凝材料浆体层越厚，摩擦力越小，因此原材料一定时，坍落度主要取决于胶凝材料浆量多少和黏度大小。只增大用水量时，坍落度加大，而稳定性降低（即易于离析和泌水），也影响拌合物硬化后的性能，所以过去通常是维持水胶比不变，调整水泥浆量来满足和易性要求；现在因考虑到水泥浆多会影响耐久性，多以掺外加剂来调整和易性，满足施工需要。

注：水胶比是指水与胶凝材料质量之比，过去常称为"水灰比"。"水灰比"是指水与水泥用量之比，现代混凝土中普遍掺加矿物掺合料，因此应将水灰比改称水胶比。

4.3.2.2　用水量

混凝土中单位用水量（$1m^3$ 混凝土中的用水量）是决定混凝土拌合物流动性的基本因素。当所用粗、细骨料的种类、比例一定时，即使水泥、掺合料用量有适当变化，只要单位用水量不变，混凝土拌合物的坍落度可以基本保持不变。也就是说，要使混凝土拌合物获得一定值的坍落度，其所需的单位用水量是一个定值，这就是所谓的恒定用水量法则。这个法则适用范围是有限的，因为在实际情况中，用水量不变时，如果增多或减少水泥、掺合料用量，会使胶凝材料浆体的稀稠发生变化，但只要水泥、掺合料用量的变动限制在一定范围内，即每 m^3 混凝土水泥、掺合料用量增减不超过 50～100kg，此法则可认为是符合实际情况的。这就给设计混凝土配合比带来了方便，即固定了混凝土拌合物中的单位用水量，它的坍落度基本上可以确定在某一范围不变,在这一条件下,变动水胶比,就可配制出强度不同而坍落度相近的混凝土。

4.3.2.3 砂率

砂率是指混凝土中砂的质量占砂石总质量的百分率。砂的作用是填充石子间的空隙,并以水泥砂浆包裹在石子的表面,减少石子间的摩擦力,赋予混凝土拌合物一定的流动性和易密实的性能。砂率的变化会使骨料的空隙率和总表面积发生变化,从而对拌合物的和易性产生显著影响。

若砂率过大,骨料的总表面积及空隙率增大,水泥浆相对减少,润滑作用下降,导致流动性降低。如要保持一定的流动性,则要多加水泥浆,耗费水泥;如砂率过小,又不能保证在粗骨料之间有足够的砂浆层,也会降低拌合物的流动性,并严重影响其粘聚性和保水性而造成离析、流浆等现象。所以,在用水量及胶凝材料用量一定的条件下,存在着一个最佳砂率(或合理砂率值),使混凝土拌合物获得最大的流动性,且保持良好的粘聚性及保水性;或采用合理砂率时,能使混凝土拌合物获得所要求的流动性及良好的凝聚性和保水性,而水泥、掺合料用量最少。如图 4-6、图 4-7 所示。合理砂率可通过试验求得。

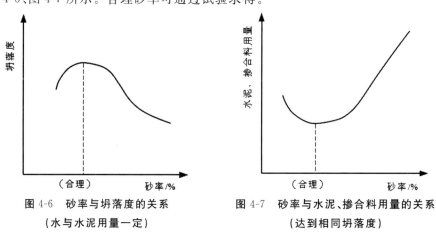

图 4-6 砂率与坍落度的关系
(水与水泥用量一定)

图 4-7 砂率与水泥、掺合料用量的关系
(达到相同坍落度)

4.3.2.4 组成材料性质的影响

1)水泥

不同品种的水泥需水量不同,在配合比相同时,需水量大的水泥则其拌合物的流动性较小。在常用水泥中,硅酸盐水泥和普通水泥的密度较大,用其配制的混凝土拌合物的流动性与保水性较好;矿渣水泥和火山灰水泥的需水量比普通水泥大,拌合物的流动性小,且矿渣水泥易泌水,凝聚性与保水性较差,而火山灰水泥的凝聚性和保水性较好。只有粉煤灰水泥的和易性最好。试验表明,在其他条件相同时,用粉煤灰水泥拌制的混凝土的坍落度比普通水泥拌制的混凝土大 20~30mm,且保水性和粘聚性良好。

2)外加剂

在拌制混凝土拌合物时加入适量外加剂,如减水剂、引气剂等,使混凝土在较低水胶比、较小用量的条件下仍能获得很高的流动性。

3)矿物掺合料

矿物掺合料不仅自身水化缓慢,还减缓了水泥的水化速度,使混凝土的工作性更加流畅,并防止泌水及离析的发生。

4)骨料

骨料对拌合物和易性的影响主要是骨料的总表面积、空隙率及骨料间的摩擦力的影响。一般来说,级配好的骨料,其拌合物流动性较大,粘聚性与保水性较好;河砂、卵石多呈圆形,表面光滑无棱角,用其拌制的混凝土的流动性比山砂、碎石拌制的混凝土要好;骨料的粒径增大,总表面积减小,则混凝土拌合物的流动性增大。

4.3.2.5　时间及温度的影响

拌合物拌制后,随时间延长而逐渐变得干稠,坍落度降低、流动性减小,这种现象称为坍落度损失。原因是一部分水与水泥水化,一部分水被骨料吸收,一部分水蒸发。

环境温度升高,水分蒸发及水化反应加快,坍落度损失也变快。因此,夏季施工应适当增加用水量。

4.3.3　改善混凝土和易性的措施

针对上述影响因素,在实际施工中,可采取如下措施来改善混凝土的和易性:

(1)采用合理砂率,并有利于节约水泥,提高混凝土的强度等质量。

(2)改善骨料粒形与级配,特别是粗骨料的级配,并尽量采用较粗的砂石。

(3)掺外加剂掺合料,改善、调整拌合物的工作性,以满足施工要求。

(4)当混凝土拌合物坍落度太小时,保持水胶比不变,适当增加水与胶凝材料用量;当坍落度太大时,保持砂率不变,适当增加砂、石骨料用量[5]。

4.3.4　拌合物浇筑后的几个相关问题

浇筑后至初凝期间约几个小时,拌合物呈塑性和半流体状态,各组分间由于密度不同,在重力作用下相对运动,骨料与水泥下沉、水上浮。于是出现以下几种现象:

4.3.4.1　泌水

泌水发生在稀拌合物中,拌合物在浇筑与捣实以后、凝结之前(不再发生沉降)表面出现一层水分可以观察到,大约为混凝土浇筑高度的 2% 或更大,这些水或蒸发,或由于继续水化被吸回,伴随发生混凝土体积减小,这个现象本身没有太大影响,但是随之出现两个问题:首先顶部或靠近顶部的混凝土因水分大,形成疏松的水化物结构,常称浮浆,这对路面的耐磨性,对分层连续浇筑的桩、柱等产生不利影响;其次,上升的水积存在骨料下方形成水囊,加剧水泥浆与骨料间过渡区的薄弱程度,明显影响硬化混凝土的强度;同时泌水过程中在混凝土中形成的泌水通道使硬化后的混凝土抗渗性、抗冻性下降。

引起泌水多的主要原因,是骨料的级配不良,缺少 $300\mu m$ 以下的颗粒是主要原因,增加砂子用量可以弥补,但如果砂太粗或无法增大砂率,使用引气剂是个有效的办法;使用硅灰及增大粉煤灰用量都是解决措施。用二次振捣也是减小泌水影响,避免塑性沉降裂缝和塑性收缩裂缝的有效措施,尤其是对各种大面积的平板。浇筑后必须尽快开始并在最初几天内注意养护,养护方法有:

(1)在混凝土表面喷洒水或蓄水养护。

(2)用风障或遮阳棚保护混凝土表面。

(3)用塑料膜覆盖或喷养护剂避免水分散失。

4.3.4.2 塑性沉降

拌合物由于泌水产生整体沉降,浇筑深度大时靠近顶部的拌合物运动距离长,如果沉降时受到阻碍,例如遇到钢筋,则沿与钢筋垂直的方向,从表面向下至钢筋产生塑性沉降裂缝。

4.3.4.3 塑性收缩

到达顶部的泌出水会蒸发掉,如果泌水速度低于蒸发速度,表面混凝土含水减小,由于干缩产生塑性裂缝。这是由于混凝土表面区域受到约束产生拉应变,而这时它的抗拉强度几乎为零,所以形成塑性收缩裂缝,这种裂缝与塑性沉降裂缝明显不一样。当混凝土本体或环境温度高、相对湿度小,以及风大时容易出现塑性收缩裂缝。

4.3.4.4 含气量

任何搅拌好的混凝土拌合物中都有一定量的空气,它们是在搅拌过程中带进混凝土的,约占总体积的 0.5%~2%,称为混凝土拌合物的含气量。如果在配料里还掺有一些外加剂,混凝土拌合物的含气量可能还要大,因为含气量对于硬化后混凝土的性能有重要影响,所以在试验室与施工现场要对它进行测定与控制。

测定混凝土拌合物含气量的方法有好几种,用于普通骨料制备的拌合物含气量测定的标准方法是压力法。

影响含气量的因素包括水泥品种、水胶比、工作度、砂子级配与砂率、气温、搅拌方式和搅拌机大小等。

4.3.4.5 凝结时间

凝结是混凝土拌合物固化的开始。混凝土的凝结时间与配制该混凝土所用水泥的凝结时间是不相同的。例如采用水胶比较大的快凝水泥配制的混凝土拌合物未必比水胶比较小的慢凝水泥配制的混凝土凝结时间短。混凝土的凝结时间还与环境温湿度、水胶比、外加剂等密切相关。

混凝土拌合物的凝结时间通常用贯入阻力法进行测定。所使用的仪器为贯入阻力仪。先用 5mm 筛孔的筛从拌合物中筛取砂浆,按一定方法装入规定的容器中,然后每隔一定时间测定砂浆贯入到一定深度时的贯入阻力,绘制贯入阻力与时间关系的曲线,以贯入阻力 3.5MPa 及 28.0MPa 划两条平行于时间坐标的直线,直线与曲线交点的时间即分别为混凝土的初凝和终凝时间。这是从实用角度人为确定用该初凝时间表示施工时间的极限,终凝时间表示混凝土力学强度的开始发展。了解凝结时间所表示的混凝土特性的变化,对制订施工进度计划和比较不同种类外加剂的效果很有用。

4.4　硬化混凝土的性质

4.4.1　混凝土的力学性质

混凝土的力学性质是指硬化后混凝土在外力作用下有关变形的性能和抵抗破坏的能力，即变形和强度的性质。

4.4.1.1　混凝土强度

1)混凝土的立方体抗压强度(f_{cu})

混凝土的抗压强度用得较多的是立方体抗压强度，有时也用棱柱体或圆柱体的抗压强度。根据国家标准《普通混凝土力学性能试验方法标准》(GB/T50081—2002)制作边长为150mm的立方体标准试件，在标准条件(温度20℃±2℃，相对湿度95%以上)下，养护28d龄期，测得的抗压强度值作为混凝土的立方体抗压强度值，用 f_{cu} 表示。

$$f_{cu} = \frac{F}{A}$$

(4-3)

式中　　f_{cu}——混凝土的立方体抗压强度，MPa；

　　　　F——破坏荷载，N；

　　　　A——试件承压面积，mm^2。

对于同一混凝土材料，采用不同的试验方法，例如不同的养护温度、湿度，以及不同形状、尺寸的试件等其强度值将有所不同。

测定混凝土抗压强度时，也可采用非标准试件，然后将测定结果乘以换算系数，换算成相当于标准试件的强度值，对于边长为100mm的立方体试件，应乘以强度换算系数0.95，边长为200mm的立方体试件，应乘以强度换算系数1.05。

2)混凝土立方体抗压强度标准值(f_{cu},k)与强度等级

按照国家标准《混凝土结构设计规范》(GB50010—2010)，混凝土立方体抗压强度标准值是指按标准方法制作和养护的边长为150mm的立方体试件，在28d龄期，用标准试验方法测得的强度总体分布中具有不低于95%保证率的抗压强度值，用 f_{cu},k 表示。

混凝土强度等级是按照立方体抗压强度标准值来划分的。混凝土强度等级用符号C与立方体抗压强度标准值(以 MPa 计)表示，普通混凝土划分为C15、C20、C25、C30、C35、C40、C45、C50、C55、C60、C65、C70、C75、C80 等 14 个等级。

不同工程或用于不同部位的混凝土，其强度等级要求也不相同，一般是：C25 级以下的混凝土，常用于一般的基础工程，例如桥梁下部结构和隧道衬砌。C25 以上的混凝土，一般用于制造普通钢筋混凝土结构和预应力钢筋混凝土结构。

3)混凝土轴心抗压强度(f_{cp})

混凝土强度等级是采用立方体试件确定的。在结构设计中，考虑到受压构件是棱柱体(或

是圆柱体),而不是立方体,所以采用棱柱体试件比用立方体试件更能反映混凝土的实际受压情况。由棱柱体试件测得的抗压强度称为轴心抗压强度。国家标准规定采用 150mm×150mm×300mm 的标准棱柱体试件进行抗压强度试验,也可采用非标准尺寸的棱柱体试件。当混凝土强度等级＜C60 时,用非标准试件测得的强度值均应乘以尺寸换算系数,其值为对 200mm×200mm×400mm 的试件为 1.05;对 100mm×100mm×300mm 试件为 0.95。当混凝土强度等级＞C60 时宜采用标准试件;使用非标准试件时,尺寸换算系数应由试验确定。通过多组棱柱体和立方体试件的强度试验表明:在立方体抗压强度 10~55MPa 的范围内,轴心抗压强度(f_{cp})和立方体抗压强度(f_{cu})之比为 0.70~0.80。

4)劈裂抗拉强度(f_{ts})

我国标准规定,劈裂抗拉强度采用标准试件边长为 150mm 的立方体,按规定的劈裂抗拉装置检测劈拉强度(见图 4-8)。计算公式为:

$$f_{ts} = \frac{2F}{\pi A} = 0.637 \frac{F}{A} \tag{4-4}$$

式中　f_{ts}——劈裂抗拉强度,MPa;

　　　F——破坏荷载,N;

　　　A——试件劈裂面面积,mm²。

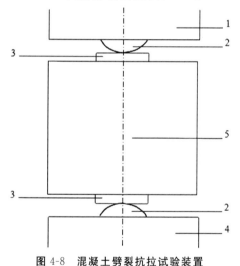

图 4-8　混凝土劈裂抗拉试验装置

1,4—压力机上、下压板　2—垫条　3—垫层　4—试件

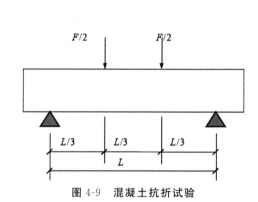

图 4-9　混凝土抗折试验

5)混凝土抗折强度(f_{cf})

混凝土抗折强度试验采用边长为 150mm×150mm×600mm(或 550mm)的棱柱体试件作为标准试件,边长为 100mm×100mm×400mm 的棱柱体试件是非标准试件。按三分点加荷方式加载测得其抗折强度(见图 4-9),计算公式为:

$$f_{cf} = \frac{FL}{bh^2} \tag{4-5}$$

式中　f_{cf}——混凝土抗折强度,MPa;

　　　F——破坏荷载,N;

　　L——支座间跨度,mm;

　　h——试件截面高度,mm;

　　b——试件截面宽度,mm。

当试件尺寸为 $100mm×100mm×400mm$ 非标准试件时,应乘以尺寸换算系数 0.85;当混凝土强度等级≥C60 时,宜采用标准试件。

　　6)混凝土与钢筋的黏结强度

要使钢筋混凝土构件符合设计要求,混凝土与钢筋之间必须具有足够的黏结强度,以保证钢筋与混凝土能够充分地黏结在一起共同受力。黏结强度通常采用将埋入混凝土中的钢筋拔出的试验法测定。

4.4.1.2　硬化混凝土的结构

　　1)组成

从宏观上观察混凝土是各种形状大小的颗粒镶嵌于坚硬的基质材料中的一种非均质的颗粒型复合材料;从亚微观和微观上观察则是一种具有固、液、气三相的多微孔结构材料。其结构组成包括粗、细集料和硬化水泥浆。

硬化水泥浆由水泥水化物(水化硅酸钙、水化铝酸钙、水化硫铝酸钙和氢氧化钙等)、未水化水泥颗粒、自由水、气孔等组成;集料与硬化水泥浆界面存在孔隙和裂纹。

　　2)过渡层(界面过渡区)

微观观察表明,在混凝土内从粗集料表面到硬化水泥浆体之间有一厚度约为 $20～100\mu m$ 的弱结合的区域范围,通常称为过渡层。在这一区域层,材料的化学成分、结构状态与区域外浆体有所不同,主要富集有氢氧化钙晶体,且孔隙率大,因此过渡层结构比较疏松、密度小、强度低,从而在石子表面和硬化水泥浆之间形成一弱接触层,对混凝土强度和抗渗性等都有不利影响(界面过渡区对抗压强度的影响程度在 $10\%～15\%$,对抗拉强度为 40%)。

　　3)界面微裂纹

混凝土硬化后,其内部已经存在大量肉眼看不到的原始裂纹,其中以界面(石子与水泥浆间的黏结层)微裂纹为主。这些微裂纹是由水泥浆在硬化过程中体积变化(如化学减缩、干燥收缩、热胀冷缩等)与粗集料体积变化不一致造成的;或是由混凝土成型后的泌水作用,在粗集料下方形成水隙造成的。这些微裂纹分布于水泥浆与粗集料的黏结面,对混凝土强度影响很大。

4.4.1.3　混凝土的受压破坏机理

硬化后的混凝土在未受外力作用之前,由于水泥水化造成的物理收缩和化学收缩引起砂浆体积的变化,或者因泌水在集料下部形成水囊,而导致集料界面可能出现界面裂缝,在施加外力时,微裂缝处出现应力集中,随着外力的增大,裂缝就会延伸和扩展,最后导致混凝土破坏。混凝土的受压破坏实际上是裂缝的失稳扩展到贯通的过程。混凝土裂缝的扩展可分为如图 4-10 所示的四个阶段,每个阶段的裂缝状态示意图如图 4-11 所示。

　　(1)第I阶段:当荷载到达"比例极限"(约为极限荷载的 30%)以前,界面裂缝无明显变化(见图 4-10 第I阶段,见图 4-11I)。此时,荷载与变形接近直线关系(见图 4-10 曲线的 OA 段)。

(2)第Ⅱ阶段:当荷载超过"比例极限"以后,界面裂缝的数量、长度、宽度都不断扩大,界面借摩擦阻力继续承担荷载,但尚无明显的砂浆裂缝(图4-11Ⅱ)。此时,变形增大的速度超过荷载的增大速度,荷载与变形之间不再接近直线关系(见图4-10曲线 AB 段)。

(3)第Ⅲ阶段:当荷载超过"临界荷载"(约为极限荷载的 70%～90%)以后,在界面裂缝继续发展的同时,开始出现砂浆裂缝,并将临近的界面裂缝连接起来成为连续裂缝(见图4-11Ⅲ)。此时,变形增大的速度进一步加快,荷载-变形曲线明显地弯向变形轴方向(见图4-10曲线 BC 段)。

(4)第Ⅳ阶段:当荷载超过极限荷载后,连续裂缝急速地扩展(见图4-11Ⅳ)。此时,混凝土的承载力下降,荷载减小而变形迅速增大,以致完全破坏,荷载-变形曲线逐渐下降而最后结束(见图4-10曲线 CD 段)。

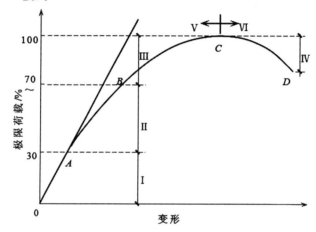

图 4-10　混凝土受压变形曲线

Ⅰ—界面裂缝无明显变化　Ⅱ—界面裂缝增长　Ⅲ—出现砂浆裂缝和连续裂缝

Ⅳ—连续裂缝迅速发展　Ⅴ—裂缝缓慢发展　Ⅵ—裂缝迅速增长

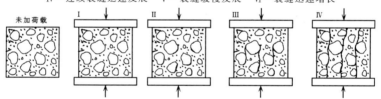

图 4-11　不同受力阶段裂缝

因此,混凝土的受力破坏过程实际上是混凝土裂缝的发生和发展过程,也是混凝土内部结构由连续到不连续的演变过程。

4.4.1.4　影响混凝土强度的因素

从前面的分析可知,混凝土受压时的破坏可能有三种形式:由于骨料发生劈裂(骨料强度小于胶凝材料强度时)引起的混凝土破坏;由于胶凝材料强度不足发生拉伸或剪切破坏引起的混凝土破坏;由于胶凝材料和骨料之间的黏结破坏引起的混凝土破坏。

普通混凝土所用骨料的强度一般都高于胶凝材料强度,故很少发生第一种形式的破坏。因此,混凝土的强度主要决定于胶凝材料的强度(或称水泥石强度)及其与骨料之间的黏结强度。

1)胶凝材料强度和水胶比

这是影响混凝土强度的决定性因素。因为它决定了水泥石的强度及其与骨料之间的黏结力。提高胶凝材料的强度是提高混凝土弹性模量、增加与骨料黏结力的关键所在。随着胶凝材料强度的提高,可以延缓混凝土破坏过程中界面裂缝向砂浆中的延伸,同时,由于胶凝材料强度提高,其弹性模量与骨料弹性模量间的差值降低,减少了外力作用下的横向变形差,从而降低了界面拉应力。

在其他条件相同情况下,当水胶比一定时,胶凝材料强度越高,所配制的混凝土强度越高;当胶凝材料强度一定时,水胶比越小,混凝土强度越高,反之亦然(见图 4-12)。这是因为胶凝材料的强度及其与骨料界面之间的黏结力主要取决于其组成及其孔隙率,而孔隙率又决定于水胶比。在工程中拌制混凝土时为满足施工流动性的要求,通常要加入较多的水(水胶比为 0.40~0.70),往往超过了胶凝材料水化的理论需水量(水胶比 0.23~0.25)。在混凝土硬化后,多余的水分蒸发或残留在混凝土中,形成孔隙或水泡,使胶凝材料及其与骨料之间的有效断面减弱,而且在孔隙周围还可能产生应力集中,导致混凝土强度降低。

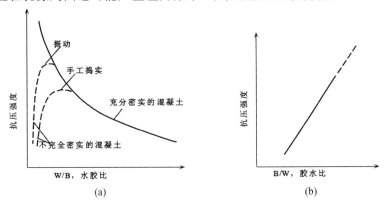

图 4-12 混凝土强度与水胶比及胶水比的关系
(a)强度与水胶比的关系 (b)强度与胶水比的关系

大量试验结果表明,在原材料一定的情况下,混凝土的强度与胶凝材料强度及胶水比之间的关系符合下列线性经验公式(又称鲍罗米公式):

$$f_{\mathrm{cu,o}} = \alpha_{\mathrm{a}} f_{\mathrm{b}} \left(\frac{B}{W} - \alpha_{\mathrm{b}} \right) \tag{4-6}$$

式中 $f_{\mathrm{cu,o}}$——混凝土 28 天抗压强度,MPa;

  B——每立方米混凝土中胶凝材料用量,kg;

  W——每立方米混凝土中用水量,kg;

  α_{a}、α_{b}——回归系数,与骨料品种、水泥品种有关,《普通混凝土配合比设计规程》(JGJ55—2011)提供的数据如下:

  采用碎石:$\alpha_{\mathrm{a}}=0.53$,$\alpha_{\mathrm{b}}=0.20$;

  采用卵石:$\alpha_{\mathrm{a}}=0.49$,$\alpha_{\mathrm{b}}=0.13$;

  f_{b}——胶凝材料(水泥与矿物掺合料按使用比例混合)28d 胶砂抗压强度(MPa),试验方法应按现行国家标准《水泥胶砂强度检验方法(ISO 法)》GB/T 17671 执行;当无实测值时,可按下列规定确定:

(1)根据 3d 胶砂强度或快测强度推定 28d 胶砂强度关系式推定 f_b 值；

(2)当矿物掺合料为粉煤灰和粒化高炉矿渣粉时，可按下式推算 f_b 值：

$$f_b = \gamma_c \cdot \gamma_f \cdot \gamma_s \cdot f_{ce,g} \tag{4-7}$$

式中　γ_f、γ_s——粉煤灰影响系数和粒化高炉矿渣粉影响系数，可按表 4-25 选用；

$f_{ce,g}$——水泥强度等级值，MPa；

γ_c——水泥强度等级富余系数按表 4-15 选择，亦可按实际统计资料确定。

表 4-15　水泥强度等级富余系数 γ_c

水泥强度等级值	32.5	42.5	52.5
富余系数	1.12	1.16	1.10

应用上述公式，可以解决以下两个问题：

第一，当混凝土的强度等级及所用的胶凝材料强度为已知时，可用公式或图解求得混凝土应采用的水胶比。

第二，当混凝土的水胶比及其所用的胶凝材料强度为已知时，可以由此预估混凝土 28d 所能达到的强度。

注意：鲍罗米公式仅适用于 C60 以下的混凝土（水胶比为 0.4～0.8）。

2)骨料

(1)骨料种类：胶凝材料与骨料的黏结力还与骨料的表面状况有关。碎石表面粗糙，多棱角，与水泥石的黏结力比较强；卵石表面光滑，与水泥石的黏结力较小。因而在胶凝材料强度和水胶比相同的条件下，碎石混凝土强度高于卵石混凝土强度（约高 30%～40%）。

(2)骨料质量与级配：骨料的有害杂质少、质量高以及级配良好，则用其配制的混凝土的强度相应也高。

3)养护条件

养护温度和湿度是决定水泥水化速度的重要条件。混凝土养护温度越高，水泥的水化速度越快，达到相同龄期时混凝土的强度越高，但是，初期温度过高将导致混凝土的早期强度发展较快，引起水泥凝胶体结构发育不良，水泥凝胶不均匀分布，对混凝土的后期强度发展不利，有可能降低混凝土的后期强度。较高温度下水化的水泥凝胶更为多孔，水化产物来不及自水泥颗粒向外扩散和在间隙空间内均匀地沉积，结果水化产物在水化颗粒临近位置堆积，分布不均匀影响后期强度的发展［见图 4-13(a)］。湿度对水泥的水化能否正常进行有显著的影响。湿度适当，水泥能够顺利进行水化，混凝土强度能够得到充分发展。如果湿度不够，混凝土会失水干燥而影响水泥水化的顺利进行，甚至停止水化，使混凝土结构疏松，渗水性增大，或者形成干缩裂缝，降低混凝土的强度和耐久性［见图 4-13(b)］。混凝土在自然养护时，为保持潮湿状态，一般在浇筑 12h 内（最好在 6h 后）覆盖并不断浇水，这样也同时能防止其发生不正常的收缩。

因此，施工规范规定，使用硅酸盐水泥、普通水泥和矿渣水泥时，浇水保湿应不少于 7d；使用火山灰水泥和粉煤灰水泥或在施工中掺用缓凝型外加剂或有抗渗要求时，应不少于 14d。目前有的工程，也有采用塑料薄膜养护的方法。

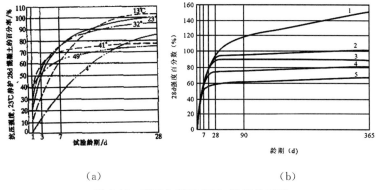

（a） （b）

图 4-13 强度与养护温度、湿度关系图

（a）强度与养护温度关系 （b）强度与养护湿度关系

（图 4-13b 注：1—长期保持潮湿 2—保持潮湿 14d 3—保持潮湿 7d 4—保持潮湿 3d 5—保持潮湿 1d）

4）搅拌和捣实方法

机械搅拌比人工搅拌不但效率高得多，而且可以把混凝土拌得更加均匀，特别在拌和低流动性混凝土时更为显著。搅拌不充分的混凝土不但硬化后的强度低，而且强度变异也大。利用振捣器来捣实混凝土时，在满足施工和易性的要求下，其所需用水量比采用人工捣实时少得多。一般来说，当水量愈少、水胶比愈小时，振捣效果也愈显著。当水胶比减小到某一限度以下时，若用人工捣固，由于难于捣实，混凝土的强度反而会下降。如采用高频或多频振动器来振捣，则可进一步排除混凝土拌合物中的气泡，使之更密实，从而获得更高的强度。当水胶比或流动性逐渐增大时，振动捣实的效果就不明显了。

5）龄期

龄期是指混凝土在正常养护条件下所经历的时间。混凝土的强度随龄期的增长而增长，最初 7～14d 内强度增长较快，以后逐渐减慢，28d 以后强度发展趋于平缓。但只要温度、湿度条件合适，28d 以后混凝土的强度仍有所增长，其规律与水泥相似。因此混凝土以 28d 龄期的强度作为质量评定依据。

在标准养护条件下，混凝土强度与龄期的对数间符合下面的关系式：

$$f_n = f_{28} \cdot \frac{\lg n}{\lg 28} \tag{4-8}$$

式中 f_n——n 天龄期混凝土的抗压强度，MPa；

f_{28}——28d 龄期混凝土的抗压强度，MPa；

n——养护龄期（$n \geqslant 3$），d。

应该注意，该公式仅适用于在标准条件下养护的用普通水泥制成的中等强度（C20～C30）混凝土的强度的估算。对较高强度混凝土（$\geqslant$C35）和掺外加剂的混凝土，用此公式会产生很大误差。

6）试验条件

在进行混凝土强度试验时，试件尺寸、形状、表面状态、加荷速度等试验因素都会影响混凝土强度的测定结果。因此应严格按照国家现行标准《普通混凝土力学性能试验方法标准》（GB/T50081—2002）的规定进行强度测定。

5.提高混凝土强度的措施

(1)选用高强度等级水泥和较低的水胶比。在混凝土配合比相同以及满足施工和易性和混凝土耐久性要求条件下,水泥强度等级越高,混凝土强度也越高;水胶比越低,混凝土硬化后留下的孔隙少,混凝土密实度高,强度可显著提高。

(2)选用质量与级配良好的骨料。

(3)掺入减水剂、掺合料。在混凝土中掺入减水剂,可减少用水量,提高混凝土强度;掺入掺合料,在低水胶比下(与减水剂共掺)配制混凝土是提高强度的重要技术途径(可改善集料与水泥浆体的界面过渡层结构,减少氢氧化钙含量,改善混凝土诸多性能)。

一般来说,掺入矿物细掺料,能提高混凝土后期强度,但是掺加硅灰既能够提高混凝土的早期强度,又能够提高混凝土的后期强度。

(4)采用湿热处理。

①蒸汽养护:将混凝土放在低于 100℃ 的常压蒸汽中养护,经 16～20h 养护后,其强度可达正常条件下养护 28d 强度的 70%～80%。蒸汽养护最适合于掺活性混合材料的矿渣水泥、火山灰水泥、粉煤灰水泥及复合水泥,因为在湿热条件下,可加速活性混合材料与水泥水化析出的氢氧化钙的化学反应,使混凝土不仅提高早期强度,而且后期强度也得到提高,28d 强度可提高 10%～40%。

②蒸压养护:将混凝土置于 175℃ 及 8 个大气压的蒸压釜中进行的养护。主要适用于生产硅酸盐制品,如加气混凝土、蒸压粉煤灰砖、灰砂砖等。

(5)采用机械搅拌与振捣。采用机械搅拌与振捣可以提高混凝土的强度。采用机械振捣时,可暂时破坏水泥浆的凝聚结构,降低水泥浆的黏度和集料的摩擦力,提高拌合物的流动性,并把空气排出,使混凝土内部孔隙大大减少,从而提高混凝土的密实度和强度。

4.4.2 混凝土的变形性能

混凝土在水化硬化过程中体积发生变化,承受荷载时产生弹性及非弹性应变,在混凝土内外部物理化学因素作用下会产生膨胀或收缩应变。实际使用中的混凝土结构一般会受到基础、钢筋或相邻部件的牵制而处于不同程度的约束,即使单一的混凝土试块没有受到外部的约束,其内部各组成之间也还是互相制约的。当变形受到约束时,应变导致复杂的应力状态,从而经常引起混凝土开裂。裂缝不仅影响混凝土承受设计荷载的能力,而且还会严重损害混凝土的外观和耐久性。为此要研究荷载作用下的变形(弹塑性变形、弹性模量及徐变);也要研究非荷载作用下的变形如化学收缩、塑性收缩、自收缩、碳化收缩、干湿变形及温度变形等;还要讨论收缩与徐变对混凝土开裂的影响。

4.4.2.1 混凝土的弹塑性变形

混凝土受压时的应力-应变曲线如图 4-14(a)所示。由于混凝土是多相复合组成(砂石骨料、水泥石、水泥石与骨料界面、游离水分、气泡等)的,这就决定了混凝土本身的不匀质性。只有当极限应力小于 30% 时,应力与应变才成直线关系,之后成曲线关系。混凝土不是一种完全的弹性体,而是一种弹塑性体。当受力时既产生可以恢复的弹性变形,又产生不可恢复的塑性变形。

在重复荷载作用下的应力-应变曲线,因作用力的大小而有不同的形式。当应力小于$(0.3\sim0.5)f_{cp}$时,每次卸荷都残留一部分塑性变形$(\varepsilon_{塑})$,但随着重复次数的增加,$\varepsilon_{塑}$的增量逐渐减小,最后曲线稳定于$A'C'$线。它与初始切线大致平行,如图 4-14(b)所示。若所加应力 σ 在$(0.5\sim0.7)f_{cp}$以上重复时,随着重复次数的增加,塑性应变逐渐增加,将导致混凝土疲劳破坏。

4.4.2.2　混凝土的弹性模量

混凝土并不是完全弹性材料,而是一种弹塑性材料,在短期荷载作用下,混凝土的应力 σ 与应变 ε 的比值随着应力的增加而减小,而并不完全遵循虎克定律。这种特性不仅表现在加荷时的应力-应变曲线上,也表现在卸荷时的应力-应变曲线上,如图 4-14(b)所示。

严格地说,可以运用虎克定律的仅限于应力-应变曲线上的直线部分,而混凝土在短期荷载作用下的 $\sigma\varepsilon$ 曲线只是在应力较低时接近于直线。工程上为了有可能应用弹性理论进行计算,故常对该曲线的初始阶段作近似的直线处理。

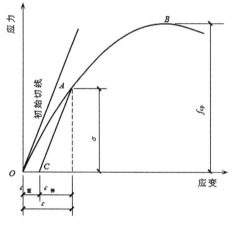

（a）混凝土在压力作用下的应力-应变曲线

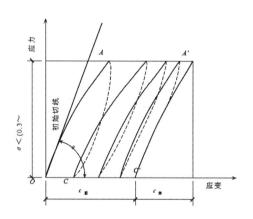

（b）低应力重复荷载的应力-应变曲线

图 4-14　应力-应变曲线

图 4-14(b)为混凝土短期静力受压时的应力-应变曲线。图上所示为三种直线处理后的混凝土弹性模量:①原点切线弹性模量 $E_0=\tan\alpha_1$;②割线弹性模量 $E_h=\tan\alpha_2=\dfrac{\sigma_1}{\varepsilon_1}$;③切线弹性模量 $E_t=\tan\alpha_3$。

应力-应变曲线原点的切线斜率不易测准,同时由于初始应力很小,故而测得的原点弹性模量 E_0 实用意义不大。而切线弹性模量 E_t 是应力-应变曲线上任一点的切线斜率,它只适用于切点处荷载变化很小的范围内。因此,应用最多的是割线弹性模量。割线弹性模量是人为地将加载期间测得的变形定为弹性变形。我国现行标准以指定应力 $\sigma=\dfrac{1}{3}f_{cp}$($f_{cp}$ 为轴心抗压强度)时的加荷割线弹性模量定义为混凝土的弹性模量 E_h。由于施加的荷载是静荷载,故又称为静力弹性模量。

混凝土的弹性模量通常随着抗压强度的增高而加大,影响弹性模量的因素基本上与影响混凝土强度的因素相同。此外还与骨料和水泥的相对含量以及水泥石与骨料的弹性模量等有关。

试验证明,混凝土的受拉弹性模量略小于受压弹性模量,实用上常用同一数值。

4.4.2.3 混凝土的徐变

在持续荷载作用下,混凝土产生随时间而增加的变形称为徐变。

图4-15为混凝土的徐变及徐变恢复曲线,在时间为 t 时加上恒定荷载,混凝土立即产生瞬时应变,这种应变以弹性应变为主。在加荷早期徐变增加得比较快,然后逐渐减缓。卸荷后,一部分变形以稍小于弹性应变的值而恢复,称为弹性恢复;其后将有一个随时间而减小的应变恢复,此段应变恢复称为徐变恢复;最后残留下来的应变称为不可逆徐变。一般徐变要比瞬时应变大2~4倍。徐变一方面会引起预应力钢筋混凝土结构的预应力损失,并会增加大跨度梁的挠度;另一方面,徐变又可消除或减小钢筋混凝土内的应力集中,使应力较均匀地重新分布。对于大体积混凝土,能消除一部分由于温度变形所产生的破坏应力。

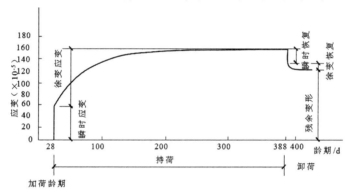

图4-15 混凝土的徐变与恢复

混凝土产生徐变的原因,一般认为是由于在长期荷载作用下,水泥石中凝胶体产生黏性流动或滑移,同时吸附在凝胶粒子上的吸附水向毛细管渗出所致。影响混凝土徐变的主要因素有:①环境湿度:环境湿度减少,混凝土失水会使徐变增加;②水胶比:水胶比愈大,混凝土强度愈低,徐变也愈大;③温度:环境温度升高,徐变增大;④骨料:由于骨料徐变极小,增大混凝土中骨料的体积分量,徐变会减小;⑤水泥:采用强度发展快的水泥,徐变会减小;⑥加荷时间及荷载。延迟加荷时间会使徐变减小;荷载愈大,持续时间愈长,徐变愈大。

4.4.2.4 混凝土的化学收缩和自收缩

硬化混凝土的体积随着环境温度、湿度的变化而变化。这种体积变化对混凝土结构物具有不良影响。受约束的混凝土结构,如果发生收缩,就会由于抗拉强度的不足而产生裂缝。

1)化学收缩

水泥水化生成的固体体积,比未水化水泥和水的总体积小,而使混凝土产生收缩,称为化学收缩。一般在混凝土成型后40多天内化学收缩增长较快,以后就渐趋稳定。化学收缩是不能恢复的,可使混凝土内部产生微细裂缝。

2)自收缩

处于与外界无水分交换条件下,混凝土内部未水化的胶凝材料吸收毛细管中的水分而水化,使毛细管失水,由于毛细管压力使水泥浆产生的收缩,称自收缩。自收缩早在多年前就被发现,普通混凝土因 W/B 大,混凝土中有足够的水进行水化反应和填充凝胶孔和毛细孔,自收缩很小,往往忽略不计。然而随着高性能和高强混凝土的发展,人们发现水泥用量大和低水胶比($W/B<0.4$)混凝土的自收缩值较大,成为高强高性能混凝土早期裂纹的主要原因。这越来越引起国内外混凝土学者的关注。高强、高性能混凝土的 W/B 很小,结构密实,水化耗掉的水不能从外部及时得到补充时,因混凝土内部的相对湿度较小,就开始从毛细孔取水而引起收缩。自收缩值的测定方法和装置是由不同研究者设计的,现有的数据有较大的差别,目前数据也较少。在混凝土成型后,水化、凝结硬化形成混凝土内部骨架,弹性模量开始增长,内部的收缩变形在制约条件下形成内应力,而早期混凝土抗拉强度还很低,自收缩的发展可能产生微裂纹。

4.4.2.5　干湿变形

干湿变化所引起的混凝土体积变化表现为湿胀干缩。其主要原因是由于水泥石中凝胶水和毛细水变化所引起。当外界湿度减小时,由于水分的蒸发,引起凝胶体失水,失去水膜的胶粒由于分子引力作用,使胶粒间的距离变小,产生收缩;毛细水减少时,会引起毛细管压力增大,使管壁受到压力,其压力随湿度减小而增大,表现为体积的"干缩"。当湿度增大时,会引起胶粒间距离变大以及毛细管压力降低,凭借管壁材料的弹性,混凝土的体积又逐渐胀大,表现为体积的"湿胀"。混凝土或钢筋混凝土的收缩值比膨胀值大。试验证明,混凝土在相对湿度为 70% 的空气中的收缩值约为水中膨胀的 6 倍;相对湿度为 50% 时,则约为 8 倍。

混凝土的膨胀值远比收缩值小,一般没有坏作用。当收缩受到约束时,往往会开裂,施工时应予以注意。

混凝土干缩大小与水泥品种、水泥用量和单位用水量等有关。采用矿渣水泥比采用普通水泥的收缩大。采用高强度等级水泥时,由于颗粒较细,混凝土的收缩比较大。水泥用量多或单位用水量多时,收缩也较大。此外,砂石在混凝土中形成骨架,对收缩有一定的抑制作用。因此,混凝土的收缩量比水泥砂浆小得多,而水泥砂浆又比纯水泥浆小得多。三者收缩量之比,大致为 1:2:5。砂石愈干净,混凝土捣固得愈密实,收缩量也就愈小。在水中养护或在潮湿条件下养护,可大大减小混凝土的收缩量。蒸压养护对收缩的抑制效果更为显著。

混凝土的极限收缩值,受骨料和相对湿度的影响很大。若以 20 年的收缩量作为最终的收缩值,试验表明,以石英岩为骨料的混凝土,收缩率最小(约为 500×10^{-6}),其次是以石灰岩为骨料的混凝土,收缩率约为 600×10^{-6},最大的是以砂岩为骨料的混凝土,其极限收缩值可达 $1\ 200\times10^{-6}$,卵石混凝土的极限收缩率也相当大,可达 $1\ 100\times10^{-6}$。存放在相对湿度为 70% 的环境中的卵石混凝土,其最终收缩约为 800×10^{-6},而存放在相对湿度为 50% 的环境时,其最终收缩率可达 $1\ 100\times10^{-6}$。

4.4.2.6　温度变形

混凝土也具有热胀冷缩的性质。混凝土的温度膨胀系数设计中取为 $0.000\ 01℃^{-1}$,即温度升高 1℃,每米膨胀 0.01mm。温度变形对大体积混凝土极为不利。

在混凝土硬化初期,水泥水化会放出较多的热量。由于混凝土是热的不良导体,散热缓慢,所以在大体积混凝土中,如不采取人工降温措施,混凝土内部的温度将增高,有时可达50～70℃。这会使混凝土内部产生显著的体积膨胀,而在此同时,混凝土外部却随气温降低而冷却收缩。因此混凝土内部膨胀与外部收缩这两种作用互相制约,结果使外部混凝土产生很大的拉应力。当外部混凝土所受拉应力一旦超过当时混凝土的极限抗拉强度时,外部就会开裂,而这种裂缝会严重降低混凝土结构的整体性和耐久性。

因此,对于大体积混凝土工程,必须尽量设法降低混凝土的发热量。目前常用的方法有:

(1)最大限度减少用水量和水泥用量。

(2)采用低热水泥或掺入矿物掺合料。

(3)选用热膨胀系数低的骨料,减小热变形。

(4)预冷原材料,在混凝土中埋冷却水管,表面绝热,减小内外温差。

(5)对混凝土合理分缝、分块、减轻约束等。

4.4.2.7 减小混凝土变形的主要措施

(1)合理选择水泥品种(如:P 和 P.O 的水化热较大;高强度等级水泥或早强型水泥由于细度较大而导致混凝土的收缩较大;掺混合材料的水泥干缩率较大;P. P＞P. S＞P. O)。

(2)尽可能降低水泥用量,减小水胶比(如用活性掺合料粉煤灰等取代部分水泥,掺减水剂等,这是控制和减少混凝土变形的最有效的措施)。

(3)增加骨料含量。

(4)加强养护,提高水泥水化产物结晶程度。

4.4.3 混凝土的耐久性

混凝土的耐久性是指混凝土抵抗环境介质的长期作用,保持正常使用性能和外观完整性的能力。影响混凝土耐久性的因素包括内外两方面。所谓外部原因是指混凝土所处环境的物理、化学因素的作用,如风化、冻融、化学腐蚀、磨损等。内部原因是材料组织间的相互作用,如碱-骨料反应、本身的体积变化、吸水性及渗透性等。事实上,混凝土在长期使用过程中同时存在着两个过程,一方面由于混凝土水泥石中残存水泥水化作用的进行使其强度逐渐增长,而另一方面由于内部或外部的破坏作用使得强度下降,二者综合作用的结果决定了混凝土耐久性的大小[6]。

近些年出现的问题和形势的发展,使人们认识到混凝土材料的耐久性应受到高度重视。据美国土木工程师学会(ASCE)2003 年年底公布的调查结果,美国国家级桥梁 27.5％以上老化而不能满足功能要求,估计在 20 年内,每年要投入 94 亿美元进行桥梁治理。美国国家级道路已处于不良状态,其中 1/3 以上老化。全美有 2600 座水坝(占 23％)也处于不安全状态。据美国 ASCE 估计,在未来五年内,联邦政府需投入 16 000 亿美元改善基础设施的安全不良状态,以适应 21 世纪的发展。2001 年美国 ASCE 也有一个调查,当时要求的是 13 000 亿美元,两年以后这个数字又上升了 23％。美国的大规模建设是在二次大战结束以后,50 年后基础设施的耐久性问题已如此严重。我国最早建成的北京西直门立交桥由于冻融循环和除冰盐腐蚀,破损严重,使用不到 19 年就被迫拆除。山东潍坊白浪河大桥按交通部公路桥梁通用标准图建造,因位于盐渍地区,受盐冻侵蚀仅使用 8 年就成危桥,现已部分拆除并加固重建。港口、码头、闸口等工程因处于海洋环境,腐蚀情况更为严重。1990 年以后,随着混凝土等级提高,大量建筑出现早期开裂,损失严重。另一方面,随着经济的发展、社会的进步,各类投资巨大、施工期长的大型工程日益增多。例如大跨度桥梁、超高层建筑、大型水工结构物等,所以人们对结构耐久性的期待日益提高,希望混凝土构筑物能够有数百年的使用寿命,历久弥坚。同时,由于人类开发领域的不断扩大,地下、海洋、高空环境建筑越来越多,结构物使用的环境可能很苛刻,客观上要求混凝土有优异的耐久性。

混凝土的耐久性是一个综合性概念,它包括抗渗性、抗冻性、抗侵蚀性、抗碳化性、抗碱-骨料反应以及抗氯离子渗透性等性能。提高混凝土的耐久性,对于延长结构寿命,减少修复和重建的费用,节约资源、保护环境都具有非常重要的意义[7]。

4.4.3.1　混凝土的抗渗性

1)抗渗性定义与测试方法

混凝土材料抵抗压力水渗透的能力称为抗渗性,它是决定混凝土耐久性最基本的因素。钢筋锈蚀、冻融循环、硫酸盐侵蚀和碱集料反应这些导致混凝土品质劣化的原因中,水能够渗透到混凝土内部都是破坏的前提,也就是说水或者直接导致膨胀和开裂,或者作为侵蚀性介质扩散进入混凝土内部的载体。可见渗透性对于混凝土耐久性的重要意义。

混凝土内部的渗水通道,主要是由水泥石中或水泥石与砂石骨料接触面上各种各样的缝隙和毛细管连通起来所形成的。例如,混凝土中多余水分在蒸发后留下的孔道,混凝土拌合物泌水时在粗骨料颗粒和钢筋下缘形成的水囊或水膜,或者是由内部到表面所留下的泌水通道等等。所有这些孔道、缝隙和水囊,在压力水的作用下,就形成连通的水通道。此外,因捣固不密实和施工缝隙处理不好,也很容易形成渗水孔道或缝隙。

混凝土的抗渗性用抗渗等级表示,共有 P4、P6、P8、P10、P12 五个等级。混凝土的抗渗实验采用 185mm×175mm×150mm 的圆台形试件,每组 6 个试件。按照标准实验方法成型并养护至 28～60d 期间内进行抗渗性试验。试验时将圆台性试件周围密封并装入模具,从圆台试件底部施加水压力,初始压力为 0.1MPa,每隔 8h 增加 0.1MPa,以 6 个试件中有 4 个试件未出现渗水时的最大水压力表示。《普通混凝土配合比设计规程》(JGJ55—2011)中规定,具有抗渗要求的混凝土,试验要求的抗渗水压值应比设计值高 0.2MPa,试验结果应符合下式要求:

$$P_t \geqslant \frac{P}{10} + 0.2 \tag{4-9}$$

式中　P_t——6 个试件中 4 个未出现渗水的最大水压值,MPa;

P——设计要求的抗渗等级值。

溶液中的离子在混凝土孔隙中的渗透扩散是引起混凝土中水泥石化学腐蚀和结晶膨胀破坏的外因,其中 Cl^- 的渗透扩散到混凝土中钢筋表面达到一定浓度后将导致钢筋表面的钝化保护膜破坏,引起钢筋锈蚀。这不仅降低了钢筋与混凝土之间的握裹力,而且由于锈蚀产生的膨胀应力导致混凝土开裂。因此研究溶液中离子的渗透扩散对于提高混凝土耐久性具有重要意义。国内外已有标准方法测定 Cl⁻ 扩散。由于高性能混凝土密实度很高,几乎不透水,用常规水压法来评定其抗渗性已失去意义,人们大都采用 Cl⁻ 渗透来评定其抗渗性[8]。

2)提高抗渗性的途径

影响混凝土抗渗性的根本因素是孔隙率和孔隙特征,混凝土孔隙率越低,连通孔越少,抗渗性越好。所以,提高混凝土抗渗性的主要措施是降低水胶比、选择好的骨料级配、充分振捣和养护、掺用引气剂和优质粉煤灰掺合料等方法来实现。试验表明,当 $W/B > 0.55$ 时,抗渗性很差,$W/B < 0.50$ 时,则抗渗性较好;掺用引气剂的抗渗混凝土,其含气量宜控制在 3%～5%,引气剂的引入让微小气泡切断了许多毛细孔的通道,含气量超过 6% 时,会引起混凝土强度急剧下降;胶凝材料体系中掺用 30% 粉煤灰会有效减少混凝土的吸水性,主要原因是优质粉煤灰能发挥其形态效应、微集料效应和活性效应,提高了混凝土的密实度,细化了孔隙。

4.4.3.2 混凝土的抗冻性

1)抗冻性定义与冻融破坏机理

混凝土的抗冻性是指混凝土在水饱和状态下经受多次冻融循环作用,能保持强度和外观完整性的能力。我国寒冷地区和严寒地区,公路铁路桥涵中的混凝土遭受冻害是相当严重的。例如,东北日伪时期修建的某大桥,钢筋混凝土沉井上部和墩身都已发生严重的冻害破坏现象。在冬季枯水位变化区 1.8m 的范围内,有一个剥落带,剥落深度达 0.1～0.4m,以致钢筋完全暴露出来。但东北地区同期修建的大桥,也有至今尚未发现冻害的。这说明混凝土的耐冻性是一个关系到建筑结构物使用寿命的重大问题。如果重视选材和施工质量,也就能够保证混凝土结构物经久耐用。

混凝土是多孔材料,若内部含有水分,则因为水在负温下结冰,体积膨胀约 9%,然而,此时水泥浆体及骨料在低温下收缩,以致水分接触位置将膨胀,而溶解时体积又将收缩,在这种冻融循环的作用下,混凝土结构受到结冰体积膨胀造成的静水压力和因冰水蒸气压的差异推动未冻结水向冻结区迁移所造成的渗透压力,当这两种压力所产生的内应力超过混凝土的抗拉强度,混凝土就会产生裂缝,多次冻融循环使裂缝不断扩展直到破坏。混凝土的密实度、孔隙构造和数量,以及孔隙的充水程度是决定抗冻性的重要因素。密实的混凝土和具有封闭孔隙的混凝土抗冻性较高。

2)抗冻性的表征

检测混凝土抗冻性的方法主要有慢冻法和快冻法,分别用抗冻标号和抗冻等级表示。

慢冻法是用标准养护 28d 龄期的 100mm×100mm×100mm 立方体试件,浸水饱和后在 −20～−18℃下冻结 4h,在 18～20℃的水中融化 4h,最后以抗压强度下降不超过 25%、质量损失不超过 5% 时混凝土所能承受的最大冻融循环次数来表示混凝土的抗冻标号。抗冻标号划分为 D50、D100、D150、D200、>D200 等。

快冻法是用标准养护 28d 龄期的 100mm×100mm×400mm 的棱柱体试件,浸水饱和后进行快速冻融循环,冷冻时试件中心最低温度控制 −20～−16℃内,融化时试件中心最低温度控制 3～7℃内,一个冻融循环约在 2～4h 内完成,最后以相对动弹性模量值不小于 60%、质量损失率不超过 5% 时的最大循环次数表示混凝土的抗冻等级。抗冻等级划分为 F50、F100、F150、F200、F250、F300、F350、F400、>F400 等。

3)提高混凝土抗冻性的措施

(1)降低混凝土水胶比,降低孔隙率。

(2)掺加引气剂,保持含气量在 4%～5%。

(3)提高混凝土强度,在相同含气量的情况下,混凝土强度越高,抗冻性越好。

4.4.3.3　抗碳化性

混凝土的碳化是指混凝土内水泥石中的氢氧化钙与空气中的二氧化碳在一定湿度的条件下发生化学反应,生成碳酸钙和水,也称中性化。碳化过程是二氧化碳由表及里向混凝土内部逐渐扩散的过程。碳化对混凝土的碱度、强度及收缩产生影响。

未经碳化的混凝土 $pH=12\sim13$,碳化后 $pH=8.5\sim10$,接近中性。由于中性化,会使混凝土中的钢筋表层的在碱性介质中生成的 Fe_2O_3 及 Fe_3O_4 钝化膜因失去碱性而剥落破坏,引起钢筋锈蚀。

碳化生成的碳酸钙填充于水泥石的毛细孔中,使表层混凝土的密实度和抗压强度提高;又由于参与碳化反应的氢氧化钙是从较高应力区溶解,故而使混凝土表层产生碳化收缩,可能导致微细裂缝的产生,使混凝土的抗拉、抗折强度降低。

碳化的速率与空气中的 CO_2 浓度、相对湿度、混凝土的密实度及水泥品种和掺合料等密切相关。常置于水中的混凝土或处于干燥环境的混凝土,碳化会停止,这是由于当孔隙充满水时,CO_2 在浆体中的扩散极为缓慢;而处于干燥环境,孔隙中的水分不足以使 CO_2 形成碳酸。当相对湿度在 50%～75%时,碳化速度最快。

混凝土碳化程度常用碳化深度表示。检验混凝土碳化的简易方法是凿下一部分混凝土,除去表面微粉末,滴以酚酞酒精溶液,碳化部分不会变色,而碱性部分则呈红紫色。

4.4.3.4　混凝土的耐化学腐蚀性

当混凝土所处使用环境中有侵蚀性介质时,混凝土很可能遭受侵蚀,通常有软水侵蚀、硫酸盐侵蚀、镁盐侵蚀、碳酸侵蚀、一般酸侵蚀与强碱腐蚀等。随着混凝土在海洋、盐渍、高寒等环境中的大量使用,对混凝土的抗侵蚀性提出了更严格的要求。要提高混凝土的耐化学腐蚀性,关键在于选用耐蚀性好的水泥和提高混凝土内部的密实性或改善孔结构。从材料本身来说,混凝土的耐化学腐蚀性,主要取决于水泥石的耐蚀能力。

4.4.3.5　碱-骨料反应

1)碱-骨料反应的定义与危害

碱-骨料反应是指混凝土中的碱性氧化物(Na_2O、K_2O)与具有碱活性的骨料之间发生反应,反应产物吸水膨胀或反应导致骨料膨胀,造成混凝土开裂破坏的现象。根据骨料中的活性成分的不同,碱-骨料反可分为 3 种类型:碱-氧化硅反应、碱-硅酸盐反应和碱-碳酸盐反应,其中碱-氧化硅反应是分布最广、研究最多的碱-骨料反应。该反应是指混凝土中的碱与骨料中的活性 SiO_2 反应,生成碱-硅酸凝胶,并吸水膨胀导致混凝土开裂破坏的现象。

多年来,碱-骨料反应已经使许多处于潮湿环境中的结构物受到破坏。包括桥梁、大坝、堤岸。1988 年以前,我国未发现有较大的碱-集料破坏,这与我国长期使用掺混合材的中低标号水泥及混凝土等级低有关。但进入 20 世纪 90 年代后,由于混凝土等级越来越高,水泥用量大且含碱量高,开始导致碱-骨料病害的发生。1999年京广线主线,石家庄南铁路桥发生严重的碱-骨料反应,部分梁更换,部分梁维修加固;山东衮石线部分桥梁也因碱-骨料病害而出现网状开裂,维修代价高、效果差。

2)碱-骨料反应破坏的特征

(1)开裂破坏一般发生在混凝土浇筑后两、三年或者更长时间。

(2)常呈现顺筋开裂和网状龟裂。

(3)裂缝边缘出现凹凸不平现象。

(4)越潮湿的部位反应越强烈,膨胀和开裂破坏越明显。

(5)常有透明、淡黄色、褐色凝胶从裂缝处析出。

3)发生碱-骨料反应的条件

必须同时具备下列三个必要条件:

(1)水泥中碱含量高,以等当量 Na_2O 计>0.6%。

(2)骨料中有活性 SiO_2 成分。

(3)有水存在。

4)碱-骨料病害的预防措施

混凝土中碱-骨料反应一旦发生,不易修复,损失大。预防措施如下:

(1)条件许可时选择非活性骨料。

(2)当不可能采用完全没有活性的骨料时,则应严格控制混凝土中总的碱量符合现行有关标准的规定。首先是要选择低碱水泥(含碱量小于或等于0.6%),以降低混凝土总的含碱量(一般≤3.5kg/m³)。另外,混凝土配合比设计中,在保证质量要求的前提下,尽量降低水泥用量,从而进一步控制混凝土的含碱量。当掺入外加剂时,必须控制外加剂的含碱量,防止其对碱-骨料反应的促进作用。

(3)掺用活性混合材,如硅灰、粉煤灰(高钙高碱粉煤灰除外)对碱-骨料反应有明显的抑制效果,因为活性混合材可与混凝土中的碱(包括 Na^+、K^+ 和 Ca^{++})起反应;又由于它们是粉末状、颗粒小、分布较均匀,因此反应进行得快,且反应产物能均匀分散在混凝土中,而不集中在骨料表面,从而降低了混凝土中的含碱量,抑制了碱-骨料反应。同样道理采用矿渣含量较高的矿渣水泥也是抑制碱-骨料反应的有效措施。

(4)碱-骨料反应要有水分,如果没有水分,反应就会大为减少乃至完全停止。因此,设法防止外界水分渗入混凝土或者使混凝土变干可减轻反应的危害程度。

4.4.3.6 抗氯离子渗透性

如果混凝土原材料中 Cl^- 含量过大,或环境介质中的氯离子因混凝土不密实而渗透到混凝土内部,将对混凝土的质量产生严重危害。一是扩散到混凝土中钢筋表面达到一定浓度后将使钢筋表面的钝化保护膜破坏,导致钢筋锈蚀;二是氯盐溶液随着混凝土的干燥而迁移至混凝土表层,产生泛霜或在孔隙中结晶并产生结晶膨胀压力,导致表层混凝土剥离、开裂。

我国《普通混凝土长期性能和耐久性试验方法标准》(GB/T50082—2009)规定测定混凝土抗氯离子渗透性能的方法有氯离子迁移法和电通量法。《混凝土耐久性检验评定标准》(JGJ/T193—2009)中根据这两种方法分别将混凝土的抗氯离子渗透性能划分为五个等级。

4.4.3.7　提高混凝土耐久性的主要措施

(1)合理选择水泥品种(选用低水化热和含碱量低的水泥,尽可能避免使用早强型水泥和高 C_3A 含量的水泥)。

(2)选用质量良好的砂石骨料(级配良好、技术条件合格)。

(3)降低水胶比,减少拌合用水量(大掺量矿物掺合料混凝土的水胶比 $\not>$ 0.42;水胶比在 0.42 以下的混凝土,$W<170kg/m^3$)。

(4)掺入减水剂、引气剂以及活性掺合料(减小水胶比、改善孔结构以及水泥石界面结构)。

(5)防止钢筋腐蚀(控制混凝土材料中的 Cl^- 含量,提高密实度)。

(6)加强混凝土生产质量控制,保证施工质量(搅拌均匀、合理浇筑、振捣密实、加强养护、避免产生次生裂缝)[9]。

4.5　混凝土的质量控制与强度评定

4.5.1　概述

为了保证生产的混凝土按规定的保证率满足设计要求,应加强混凝土的质量控制。混凝土的质量控制包括初步控制、生产控制和合格控制。

初步控制:混凝土生产前对设备的调试、原材料的检验与控制以及混凝土配合比的确定与调整。

生产控制:混凝土生产中的对混凝土组成材料的计量,混凝土拌合物的搅拌、运输、浇筑和养护等工序的控制。

合格控制:对浇筑混凝土进行强度或其他技术指标检验评定,主要有批量划分、确定批量取样数、确定检测方法和验收界限等项内容。

混凝土的质量如何,要通过其性能检验的结果来评定。在施工中,虽然力求做到既要保证混凝土所要求的性能,又要保证其质量的稳定性。但实际上,由于原材料、施工条件及试验条件等许多复杂因素的影响,必然造成混凝土质量的波动。

在正常连续生产的情况下,可用数理统计方法来检验混凝土强度或其他技术指标是否达到质量要求。由于混凝土的质量波动将直接反映到其最终的强度上,而混凝土的抗压强度与其他性能有较好的相关性,因此,在混凝土生产质量管理中,常以混凝土的抗压强度作为评定和控制其质量的主要指标[10]。

4.5.2　混凝土强度的质量评定

4.5.2.1　混凝土强度波动的规律及其统计参数

1)波动因素

混凝土也和其他材料一样,它的质量不是完全均匀的,有如下几个方面的波动因素:

(1)材料组成。混凝土由几种非均质的原材料所组成,而这些组成材料的配合比例也有可能发生波动,因此,混凝土的质量必然会发生波动,而且其波动程度往往比其所用原材料的波动要大一些。

(2)施工工艺。混凝土的配料、拌和、运输、浇灌和养护所采用的方法,也会给混凝土强度等性能带来较大的波动。例如,拌和不均匀、振捣不密实等,都会对混凝土的质量有不同程度的影响。

(3)试验条件。试块的制作、养护和试验方法等也都会给混凝土的质量带来一定的影响。

因此可以说,混凝土质量的波动是客观存在的,是必然出现的。

2)波动规律及其统计参数

混凝土的质量波动,也可以从混凝土的抗压强度的波动中反映出来。例如,在工地从同批混凝土中取样制出一批试件,在标准条件下养护至 28d 后,所测得的抗压强度不会是完全一样的。其测定值波动的大小,既与混凝土所用的原材料质量有关,又与试块的制作和试验条件控制的好坏有关。对某种混凝土经随机取样测定其强度,其数据经过整理绘成强度概率分布曲线,一般均接近正态分布曲线(见图 4-16)。

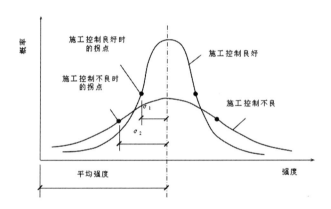

图 4-16 混凝土强度概率分布曲线

曲线高峰为混凝土平均强度 $\overline{f}_{cu}$ 的概率。以平均强度为对称轴,左右两边曲线是对称的。概率分布曲线窄而高,说明强度测定值比较集中,波动较小,混凝土的均匀性好,施工水平较高。如果曲线宽而矮,则说明强度值离散程度大,混凝土的均匀性差,施工水平较低。在数理统计方法中,常用强度平均值、标准差、变异系数和强度保证率等统计参数来评定混凝土质量。

(1)强度平均值 $\overline{f}_{cu}$。

$$\overline{f}_{cu} = \frac{1}{n}\sum_{i=1}^{n} f_{cu,i} \qquad (4\text{-}10)$$

式中 $\overline{f}_{cu}$ ——n 组试件的抗压强度算术平均值,MPa;

       n ——试件组数;

       $f_{cu,i}$ ——第 i 组试件的抗压强度,MPa。

强度平均值仅代表混凝土强度总体的平均水平,但并不反映混凝土强度的波动情况。

（2）标准差 σ。

$$\sigma = \sqrt{\dfrac{\sum\limits_{i=1}^{n} f_{\text{cu,i}}^2 - n\overline{f}_{\text{cu,i}}^2}{n-1}} \tag{4-11}$$

式中　σ——n 组试件抗压强度的标准差，MPa；

　　　　n ——试件组数（$n \geqslant 25$）。

标准差又称均方差，它表明分布曲线的拐点距强度平均值的距离。σ 越大，说明其强度离散程度越大，混凝土质量也越不稳定。

（3）变异系数 C_v。

$$C_v = \dfrac{\sigma}{\overline{f}_{\text{cu}}} \tag{4-12}$$

由于混凝土强度的标准差随强度等级的提高而增大，故也可采用变异系数作为评定其质量均匀性的指标。变异系数又称离散系数，是混凝土质量均匀性的指标。C_v 越小，说明混凝土质量越稳定，混凝土生产的质量水平越高。

4.5.2.2　混凝土强度保证率

在混凝土强度质量控制中，除了必须考虑到所生产的混凝土强度质量的稳定性之外，还必须考虑符合设计要求的强度等级的合格率。它是指在混凝土总体中，不小于设计要求的强度等级标准值（$f_{\text{cu,k}}$）的概率 $P(\%)$。

随机变量 $t = \dfrac{\overline{f}_{\text{cu}} - f_{\text{cu,k}}}{\sigma}$ 将强度概率分布曲线转换为标准正态分布曲线。如图 4-17 所示，曲线下的总面积为概率的总和，等于 100%，阴影部分即混凝土的强度保证率。所以，强度保证率计算方法如下：

先计算概率度 t，即

$$t = \dfrac{\overline{f}_{\text{cu}} - f_{\text{cu,k}}}{\sigma} = \dfrac{\overline{f}_{\text{cu}} - f_{\text{cu,k}}}{c_v \cdot \overline{f}_{\text{cu}}} \tag{4-13}$$

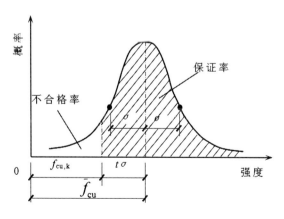

图 4-17　强度标准正态分布曲线

由概率度 t，再根据标准正态分布曲线方程 $P(t)=\int_{t}^{+\infty}\Phi(t)\mathrm{d}t=\frac{1}{\sqrt{2\pi}}\int_{t}^{+\infty}e^{-\frac{t^2}{2}}\mathrm{d}t$，可求得概率度 t 与强度保证率 $P(\%)$ 的关系，如表 4-16 所示。

表 4-16　不同 t 值的保证率 P

t	0.00	-0.50	-0.84	-1.00	-1.20	-1.28	-1.40	-1.60
$P/\%$	50.0	69.2	80.0	84.1	88.5	90.0	91.9	94.5
t	-1.645	-1.70	-1.81	-1.88	-2.00	-2.05	-2.33	-3.00
$P/\%$	95.0	95.5	96.5	97.0	97.7	99.0	99.4	99.87

工程中 $P(\%)$ 值可根据统计周期内混凝土试件强度不低于要求等级标准值的组数 N_0 与试件总数 $N(N \geqslant 25)$ 之比求得，即：

$$P = \frac{N_0}{N} \times 100\% \tag{4-14}$$

我国在《混凝土强度检验评定标准》中规定，根据统计周期内混凝土强度标准差 σ 值和保证率 $P(\%)$，可将混凝土生产单位的生产管理水平划分为优良、一般及差三个等级，如表 4-17 所示[11]。

表 4-17　混凝土生产管理水平

评定指标	生产管理水平 混凝土强度等级 生产单位	优良		一般		差	
		<C20	≥C20	<C20	≥C20	<C20	≥C20
混凝土强度标准差 σ/MPa	商品混凝土厂和预制混凝土构件厂	≤3.0	≤3.5	≤4.0	≤5.0	>5.0	>5.0
	集中搅拌混凝土的施工现场	≤3.5	≤4.0	≤4.5	≤5.5	>4.5	>5.5
强度等于和高于要求强度等级的百分率 $P/\%$	商品混凝土厂和预制混凝土构件厂及集中搅拌混凝土的施工现场	≥95		>85		≤85	

4.5.3　混凝土质量评定的数理统计方法

4.5.3.1　统计法

混凝土强度进行分批检验评定。一个验收批的混凝土应由强度等级相同、龄期相同以及生产工艺条件和配合比基本相同的混凝土组成。

当混凝土的生产条件在较长时间内能保持一致，且同一品种混凝土的强度变异性能保持稳定时，即标准差已知时，应由连续的三组试件组成一个验收批。其强度应同时满足下列要求：

$$\overline{f}_{cu} \geqslant f_{cu,k} + 0.7\sigma_0 \tag{4-15}$$

$$f_{cu,min} \geqslant f_{cu,k} - 0.7\sigma_0 \tag{4-16}$$

当混凝土强度等级不高于 C20 时,其强度的最小值还应满足下式要求:

$$f_{cu,min} \geqslant 0.85 f_{cu,k} \tag{4-17}$$

当混凝土强度等级高于 C20 时,其强度的最小值还应满足下式要求:

$$f_{cu,min} \geqslant 0.90 f_{cu,k} \tag{4-18}$$

式中　$\overline{f}_{cu}$ ——统一验收批混凝土立方体抗压强度的平均值,MPa;

$f_{cu,k}$ ——混凝土立方体抗压强度标准值,MPa;

$f_{cu,min}$ ——统一验收批混凝土立方体抗压强度的最小值,MPa;

σ_0 ——验收批混凝土立方体抗压强度的标准差,MPa。

验收批混凝土立方体抗压强度的标准差 σ_0,应根据前一个检验期内(不超过 3 个月)同一品种混凝土试件的强度数据,按下式计算:

$$\sigma_0 = \frac{0.59}{m} \sum_{i=1}^{m} \Delta f_{cu,i} \tag{4-19}$$

式中　$\Delta f_{cu,i}$ ——第 i 批试件立方体抗压强度最大值与最小值之差,MPa;

m ——用以确定验收批混凝土立方体强度标准差的数据总组数($m \geqslant 15$)。

注:上述检验期不应超过两个月,且该期间内强度数据的总批数不得少于 15。

当混凝土的生产条件在较长时间内不能保持一致且混凝土强度变异不能保持稳定时,或在前一个检验期内的同一品种混凝土没有足够的数据用以确定验收批混凝土立方体抗压强度的标准差时,应由不少于 10 组的试件组成一个验收批,其强度应同时满足下列公式的要求:

$$\overline{f}_{cu} - \lambda_1 S_{f_{cu}} \geqslant 0.9 f_{cu,k}, \quad f_{cu,min} \geqslant \lambda_2 f_{cu,k} \tag{4-20}$$

式中　$S_{f_{cu}}$ ——同一批验收混凝土立方体抗压强度的标准差,MPa。当 $S_{f_{cu}}$ 的计算值小于 0.06 $f_{cu,k}$ 时,取 $S_{f_{cu,k}} = 0.06 S_{f_{cu}}$;

λ_1、λ_2 ——合格判定系数,按表 4-18 取用。

表 4-18　混凝土强度的合格判定系数

试件组数	10～14	15～24	≥25
λ_1	1.70	1.65	1.60
λ_2	0.90	0.85	0.85

混凝土立方体抗压强度的标准差 $S_{f_{cu}}$ 可按下列公式计算:

$$S_{f_{cu}} = \sqrt{\frac{\sum_{i=1}^{n} f_{cu,i}^2 - n\overline{f}_{cu}^2}{n-1}} \tag{4-21}$$

式中　$f_{cu,i}$ ——第 i 组混凝土试件的立方体抗压强度值,MPa;

n ——验收批混凝土试件组数。

4.5.3.2　非统计法

对试件数量有限,不具备按统计法评定混凝土强度条件的工程可采用非统计法评定混凝土强度,其强度应同时满足下列要求:

$$\overline{f}_{cu} \geqslant 1.15\,f_{cu,k},$$
$$f_{cu,min} \geqslant 0.95 f_{cu,k} \tag{4-22}$$

4.5.3.3　判别及处理

若按上述方法检验,发现不满足合格条件时,则该批混凝土强度判为不合格。对不合格批混凝土制成的结构或构件,应进行鉴定,对不合格的结构或构件必须及时处理。

当对混凝土试件强度的代表性有怀疑时,可采用从结构或构件中钻取试样的方法或采用非破损检验方法,按有关标准的规定对结构或构件中混凝土的强度进行推定。

4.6　普通混凝土配合比设计

4.6.1　概述

在某种意义上,混凝土材料学是一门试验的科学,要想配制出品质优异的混凝土,必须具备先进的、科学的设计理念,加上丰富的工程实践经验,通过实验室试验完成。但对于初学者来说首先必须掌握混凝土的标准设计与配制方法。混凝土配合比设计就是根据工程要求、结构形式和施工条件来确定各组成材料数量之间的比例关系。

普通混凝土配合比设计就是确定混凝土中各组成材料的质量比。配合比有两种表示方法,一是以 1m³ 混凝土中各材料的质量表示,如水泥 300kg、粉煤灰 60kg、砂 660kg、石子 1 200kg、水 180kg;另一种是以各材料相互间的质量比来表示,以水泥质量为 1,按水泥、矿物掺合料(如粉煤灰)、砂子、石子和水的顺序排列,将上例换算成质量比为 1∶0.20∶2.20∶4.00∶0.60[12]。

4.6.2　配合比设计的基本要求、基本参数和符号含义

混凝土配合比设计必须满足以下四项基本要求:

(1)满足结构设计的混凝土强度等级要求。

(2)满足施工对混凝土拌合物和易性的要求。

(3)满足工程使用环境对混凝土耐久性的要求。

(4)符合经济原则,即节约水泥以降低混凝土成本。

混凝土配合比设计的三个基本参数是水胶比($\frac{W}{B}$)、砂率(S_p)和单位用水量(W)。

常用符号含义如下:B 表示胶凝材料(binder),C 表示水泥(cement),F 表示矿物掺合料(mineral admixture),S 表示砂(sand),G 表示石子(gravel),W 表示水(water)[13]。

4.6.3 混凝土配制强度的确定

根据混凝土强度保证率的概念可知,若按设计强度来配制混凝土(即混凝土强度的平均值为设计强度),则由表 4-16 可知,混凝土强度保证率 P 只有 50%,显然不安全。为使混凝土强度有足够的保证率,必须使配制强度高于设计强度。根据我国《普通混凝土配合比设计规程》(JGJ 55—2011)的规定:

(1)当混凝土的设计强度等级小于 C60 时,配制强度应按下式计算:

$$f_{cu,o} \geqslant f_{cu,k} + 1.645\sigma \tag{4-23}$$

式中 $f_{cu,o}$——混凝土配制强度,MPa;

$f_{cu,k}$——混凝土立方体抗压强度标准值,这里取设计混凝土强度等级值,MPa;

σ——混凝土强度标准差,MPa。

(2)当设计强度等级大于或等于 C60 时,配制强度应按下式计算:

$$f_{cu,o} \geqslant 1.15 f_{cu,k} \tag{4-24}$$

(3)混凝土强度标准差应按照下列规定确定:

①当具有近 1~3 个月的同一品种、同一强度等级混凝土的强度资料时,其混凝土强度标准差 σ 应按下式计算:

$$\sigma = \sqrt{\frac{\sum\limits_{i=1}^{n} f_{cu,i}^2 - nm f_{cu}^2}{n-1}} \tag{4-25}$$

式中 $f_{cu,i}$——第 i 组的试件强度,MPa;

$m_{f_{cu}}$——n 组试件的强度平均值,MPa;

n——试件组数,n 值应大于或者等于 30。

对于强度等级不大于 C30 的混凝土:当 σ 计算值不小于 3.0MPa 时,应按照计算结果取值;当 σ 计算值小于 3.0MPa 时,σ 应取 3.0MPa。对于强度等级大于 C30 且不大于 C60 的混凝土:当 σ 计算值不小于 4.0MPa 时,应按照计算结果取值;当 σ 计算值小于 4.0MPa 时,σ 应取 4.0MPa。

②当没有近期的同一品种、同一强度等级混凝土强度资料时,其强度标准差 σ 可按表 4-19 取值[14]。

表 4-19 标准差 σ 值(MPa)

混凝土强度标准值	≤C20	C25~C45	C50~C55
σ	4.0	5.0	6.0

4.6.4 普通混凝土配合比设计步骤

普通混凝土配合比设计分三步进行。

第一步,计算初步配合比。

第二步,对初步配合比进行试配、调整,包括:和易性调整——确定混凝土的基准配合比;强度调整——确定混凝土的实验室配合比。

第三步,计算混凝土施工配合比[15]。

4.6.4.1 计算初步配合比

普通混凝土初步配合比设计依据《普通混凝土配合比设计规程》(JGJ 55—2011)进行,如表4-20所示,用该表确定的是1m³混凝土各材料的用量(kg)。计算时要注意各表的"说明"和"注"。

表4-20 普通混凝土初步配合比设计

序号	步骤	方法	说明
1	确定配制强度($f_{cu,o}$)	当 $f_{cu,k} <$ C60 时: $f_{cu,o} = f_{cu,k} + t\sigma$ 或 $f_{cu,o} = \dfrac{f_{cu,k}}{1 - tC_v}$ 当 $f_{cu,k} \geqslant$ C60 时: $f_{cu,o} \geqslant 1.15 f_{cu,k}$	$f_{cu,k}$——混凝土设计强度等级(MPa) t——概率度,它与强度保证率 $P(\%)$ 相对应,可查表4-14。JGJ 55—2011规定 $P(\%)=95\%$,$t=1.645$ σ——混凝土强度标准差(MPa)。可根据混凝土生产单位的历史资料,用式(4-11)统计计算;无历史资料时,按表4-19选取 C_v——混凝土强度变异系数。根据混凝土生产单位的施工管理水平来确定,一般为 $0.13 \sim 0.18$
2	确定水胶比 $\left(\dfrac{W}{B}\right)$	$\dfrac{W}{B} = \dfrac{\alpha_a f_b}{f_{cu,o} + \alpha_a \alpha_b f_b}$	碎石混凝土:$\alpha_a = 0.53$,$\alpha_b = 0.20$ 卵石混凝土:$\alpha_a = 0.49$,$\alpha_b = 0.13$ f_b——胶凝材料28d胶砂抗压强度(MPa),可实测;若无实测值,可用式(4-7)计算。计算出 W/B 后查表4-21进行耐久性鉴定
3	确定用水量(W_0)	当混凝土水胶比在 $0.40 \sim 0.80$ 范围时,查表4-22。当混凝土水胶比小于 0.40 时,可通过试验确定。	
4	计算胶凝材料用量(B_0)	$B_0 = \dfrac{W_0}{W/B}$	计算 B_0 后查表4-23进行耐久性鉴定
5	计算矿物物掺合料用量(F_0)	$F_0 = B_0 \beta_f$	β_f——矿物掺合料掺量(%),结合表4-24和表4-25确定
6	计算水泥用量(C_0)	$C_0 = B_0 - F_0$	
7	确定砂率(S_p)	查表4-26	

续表

序号	步骤	方法	说明
8	计算砂、石用量 (S_0、G_0)	(1) 体积法（绝对体积法）：即假定混凝土拌合物的体积等于其各组成材料的绝对体积及其所含少量空气体积之和。$$\begin{cases} \dfrac{C_0}{\rho_c}+\dfrac{F_0}{\rho_f}+\dfrac{S_0}{\rho_s}+\dfrac{G_0}{\rho_g}+\dfrac{W_0}{\rho_w}+ \\ 10\alpha=1\,000(L) \\ \dfrac{S_0}{S_0+G_0}\times100\%=S_p \end{cases}$$	ρ_c 为水泥密度，可实测或取 $2.9\sim3.1$ g/cm³；ρ_f 为矿物掺合料密度；ρ_s、ρ_g 分别为砂、石的表观密度；ρ_w 为水的密度，可取 1g/cm³；α 为混凝土含气量百分数，不掺引气型外加剂时，α 可取 1；掺引气型外加剂时，$\alpha=2\sim4$ ρ_c、ρ_f、ρ_s、ρ_g、ρ_w 的单位均为 g/cm³
		(2) 质量法（假定体积密度法）：$$\begin{cases} C_0+F_0+S_0+G_0+W_0=\rho_{oc} \\ \dfrac{S_0}{S_0+G_0}\times100\%=S_p \end{cases}$$	ρ_{oc} 为每立方米混凝土的假定质量 ρ_{oc} 的参考值： C15～C20，$\rho_{oc}=2\,350$kg/m³ C25～C40，$\rho_{oc}=2\,400$kg/m³ C45～C80，$\rho_{oc}=2\,450$kg/m³

表 4-21　结构混凝土的耐久性基本要求

环境条件	最大水胶比	最低强度等级	最大氯离子含量(%)	最大碱含量(kg/m³)
室内干燥环境；无侵蚀性静水浸没环境	0.60	C20	0.30	不限制
室内潮湿环境；非严寒和非寒冷地区的露天环境；非严寒和非寒冷地区与无侵蚀性的水或土壤直接接触的环境；严寒和寒冷地区的冰冻线以下与无侵蚀性的水或土壤直接接触的环境	0.55	C25	0.20	0.30
干湿交替环境；水位频繁变动环境；严寒和寒冷地区的露天环境；严寒和寒冷地区冰冻线以上与无侵蚀性的水或土壤直接接触的环境	0.50 (0.55)a	C30 (C25)a	0.15	
严寒和寒冷地区冬季水位变动区环境；受除冰盐影响环境；海风环境	0.45 (0.50)a	C35 (C30)a	0.15	
盐渍土环境；受除冰盐作用环境；海岸环境	0.40	C40	0.10	

注：a 处于严寒和寒冷地区环境中的混凝土应使用引气剂，并可采用括号中的有关参数。

表 4-22　混凝土单位用水量选用表(kg/m³)(JGJ 55—2011)

混凝土类型	项目	指标	卵石最大粒径(mm)				碎石最大粒径(mm)			
			10	20	31.5	40	16	20	31.5	40
塑性混凝土	坍落度(mm)	10～30	190	170	160	150	200	185	175	165
		35～50	200	180	170	160	210	195	185	175
		55～70	210	190	180	170	220	205	195	185
		75～90	215	195	185	175	230	215	205	195
干硬性混凝土	维勃稠度(s)	16～20	175	160	—	145	180	170	—	155
		11～15	180	165	—	150	185	175	—	160
		5～10	185	170	—	155	190	180	—	165

注:①塑性混凝土的用水量系采用中砂时的取值。采用细砂时,1m³ 混凝土用水量可增加 5～10kg;采用粗砂则可减少 5～10kg;

②塑性混凝土掺用矿物掺合料和外加剂时,用水量应相应调整;

③掺外加剂时,每立方米流动性或大流动性混凝土的用水量(W_0)可按公式 $W_0 = W'_0(1-\beta)$ 计算。式中 W'_0 是指未掺外加剂时推定的满足实际坍落度要求的每立方米混凝土用水量(kg/m³),以本表塑性混凝土中 90mm 坍落度的用水量为基础,按每增大 20mm 坍落度相应增加 5kg/m³ 用水量来计算,当坍落度增大到 180mm 以上时,随坍落度相应增加的用水量减少。式中 β 为外加剂的减水率(%)。

表 4-23　混凝土的最小胶凝材料用量(kg/m³)(JGJ 55—2011)

最大水胶比	素混凝土	钢筋混凝土	预应力混凝土
0.60	250	280	300
0.55	280	300	300
0.50	320		
≤0.45	330		

注:C15 及其以下强度等级的混凝土不受本表最小胶凝材料用量限制。

表 4-24　钢筋混凝土中矿物掺合料最大掺量(%)(JGJ 55—2011)

矿物掺合料种类	水胶比	最大掺量(%)			
		采用硅酸盐水泥时		采用普通硅酸盐水泥时	
		钢筋混凝土	预应力混凝土	钢筋混凝土	预应力混凝土
粉煤灰	≤0.40	45	35	35	30
	>0.40	40	25	30	20
粒化高炉矿渣粉	≤0.40	65	55	55	45
	>0.40	55	45	45	35
钢渣粉	—	30	20	20	10

续表

矿物掺合料种类	水胶比	最大掺量(%)			
		采用硅酸盐水泥时		采用普通硅酸盐水泥时	
		钢筋混凝土	预应力混凝土	钢筋混凝土	预应力混凝土
磷渣粉	—	30	20	20	10
硅灰	—	10	10	10	10
复合掺合料	≤0.40	65	55	55	45
	>0.40	55	45	45	35

注:①采用其他通用硅酸盐水泥时,宜将水泥混合材掺量 20% 以上的混合材量计入矿物掺合料;

②复合掺合料各组分的掺量不宜超过单掺时的最大掺量;

③在混合使用两种或两种以上矿物掺合料时,矿物掺合料总掺量应符合表中复合掺合料的规定;

④对基础大体积混凝土,粉煤灰、粒化高炉矿渣粉和复合掺合料的最大掺量可增加 5%;

⑤采用掺量大于 30% 的 C 类粉煤灰的混凝土应以实际使用的水泥和粉煤灰掺量进行安定性检验。

表 4-25 粉煤灰影响系数和粒化高炉矿渣粉影响系数

种类　掺量	粉煤灰影响系数(γ_f)	粒化高炉矿渣粉影响系数 γ_s
0	1.00	1.00
10	0.85～0.95	1.00
20	0.75～0.85	0.95～1.00
30	0.65～0.75	0.90～1.00
40	0.55～0.65	0.80～0.90
50	—	0.70～0.85

注:①采用Ⅰ级、Ⅱ级粉煤灰宜取上限值;

②采用 S75 级粒化高炉矿渣粉宜取下限值,采用 S95 级粒化高炉矿渣粉宜取上限值,采用 S105 粒化高炉矿渣粉可取上限值加 0.05;

③当超出表中的掺量时,粉煤灰和粒化高炉矿渣粉影响系数应经试验确定。

表 4-26 混凝土砂率选用表(%)(JGJ 55—2011)

水胶比(W/C)	卵石最大粒径(mm)			碎石最大粒径(mm)		
	10	20	40	16	20	40
0.40	26～32	25～31	24～30	30～35	29～34	27～32
0.50	30～35	29～34	28～33	33～38	32～37	30～35
0.60	33～38	32～37	31～36	36～41	35～40	33～38
0.70	36～41	35～40	34～39	39～44	38～43	36～41

注:①本表数值系中砂的选用砂率,对细砂或粗砂,可相应地减小或增大砂率;

②采用人工砂配制混凝土时,砂率可适当增大;

③只用一个单粒级粗骨料配制混凝土时,砂率应适当增大;

④本表适用于坍落度 10～60mm 的混凝土。对于坍落度大于 60mm 的混凝土,应在上表的基础上,按坍落度每增大 20mm,砂率增大 1% 的幅度予以调整。坍落度小于 10mm 的混凝土,其砂率应经试验确定。

4.6.4.2 混凝土配合比调整

按表 4-20 计算的混凝土初步配合比,还不能用于工程施工,须采用工程中实际使用的材料进行试配,经调整和易性和检验强度后方可用于施工。

1)和易性调整——确定基准配合比

(1)按初步配合比试配,测定混凝土拌合物的和易性,若不符合设计要求,进行调整。

根据《普通混凝土配合比设计规程》(JGJ 55—2011)规定,当粗骨料最大公称粒径≤31.5mm 和等于 40mm 时,试配时最小搅拌量分别为 20L 和 25L。

混凝土拌合物的和易性调整的方法如下:

实测坍落度小于设计要求时,保持水胶比不变,增加胶凝材料浆体,每增大 10mm 坍落度,约需增加胶凝材料浆体 5%~8%;实测坍落度大于设计要求时,保持砂率不变,增加骨料,每减少 10mm 坍落度,约增加骨料 5%~10%;粘聚性、保水性不良时,单独加砂,即增大砂率。

(2)测定和易性满足设计要求的混凝土拌合物的体积密度 $\rho_{oc实测}$ 。

(3)计算混凝土基准配合比(结果为 1m³ 混凝土各材料用量,kg)。

$$C_拌 = \frac{C_拌}{C_拌 + F_拌 + S_拌 + G_拌 + W_拌} \times \rho_{oc实测} \qquad (4\text{-}26)$$

$$F_拌 = \frac{F_拌}{C_拌 + F_拌 + S_拌 + G_拌 + W_拌} \times \rho_{oc实测} \qquad (4\text{-}27)$$

$$S_拌 = \frac{S_拌}{C_拌 + F_拌 + S_拌 + G_拌 + W_拌} \times \rho_{oc实测} \qquad (4\text{-}28)$$

$$G_拌 = \frac{G_拌}{C_拌 + F_拌 + S_拌 + G_拌 + W_拌} \times \rho_{oc实测} \qquad (4\text{-}29)$$

$$W_拌 = \frac{W_拌}{C_拌 + F_拌 + S_拌 + G_拌 + W_拌} \times \rho_{oc实测} \qquad (4\text{-}30)$$

式中　$C_拌$、$F_拌$、$S_拌$、$G_拌$、$W_拌$——试拌的混凝土拌合物和易性合格后,水泥、矿物掺合料、砂子、石子和水的实际拌合用量;

　　　　$C_基$、$F_基$、$S_基$、$G_基$、$W_基$——混凝土基准配合比中,水泥、矿物掺合料、砂子、石子和水的用量。

2)强度复核——确定实验室配合比

基准配合比能否满足强度要求尚未知,须进行强度检验,按下列方法进行调整。

(1)调整水胶比。检验强度时至少用三个不同的配合比,其中一个是基准配合比,另外两个配合比的水胶比较基准配合比分别增加和减少 0.05,用水量与基准配合比相同,砂率可分别增加或减少 1%。

测定每个配合比的和易性及体积密度,并以此结果代表这一配合比的混凝土拌合物的性能,每个配合比按标准方法至少应制作 1 组试件,标准养护至 28d 或设计规定龄期时试压。

注:每个配合比亦可同时制作两组试块,其中 1 组供快速检验或较早龄期时试压,以便提前定出混凝土配合比,供施工使用,另 1 组标准养护 28d 试压。

(2)确定达到配制强度时各材料的用量。根据混凝土强度试验结果,绘制强度和胶水比线性关系图或插值法确定略大于配制强度对应的胶水比。最后按下列原则确定 1m³ 混凝土各材料用量。

用水量(W_q)——在基准配合比的基础上,用水量和外加剂用量应根据确定的水胶比作调整。

胶凝材料用量(B_q)——用 W_q 乘以选定的胶水比计算确定。

矿物掺合料用量(F_q)——用 B_q 乘以掺合料掺量(%)计算确定。

水泥用量(C_q)——用 $B_q - F_q$ 计算确定。

砂、石用量(S_q、G_q)——应根据用水量和胶凝材料用量进行调整。

(3)确定实验室配合比。上述配合比还应进行混凝土体积密度校正。根据其混凝土拌合物的实测体积密度 $\rho_{oc实测}$ 和计算体积密度 $\rho_{oc计算}$,计算校正系数(δ)。$\rho_{oc计算}$ 和 δ 计算方法如下:

$$\rho_{oc计算} = C_q + F_q + S_q + G_q + W_q \tag{4-31}$$

$$\delta = \frac{\rho_{oc实测}}{\rho_{oc计算}} \tag{4-32}$$

当混凝土拌合物体积密度实测值与计算值之差的绝对值不超过计算值的 2% 时,其调整的配合比可维持不变;当两者之差超过 2% 时,应将配合比中每项材料用量均乘以校正系数 δ。

4.6.4.3　确定混凝土施工配合比

上述混凝土实验室配合比是以干燥材料为基准计算得到的,而施工工地的砂石一般含有一定的水分,且含水率经常变化。为保证混凝土质量,应根据施工现场的骨料含水率对配合比进行修正,换算为施工配合比。否则将使混凝土实际用水量增大、骨料用量减少,从而导致混凝土的水胶比增大,引起混凝土强度、体积稳定性和耐久性等一系列技术性能降低。设工地砂子含水率为 a%,石子含水率为 b%,则施工配合比如下:

$$C_施 = C_实 \tag{4-33}$$

$$F_施 = F_实 \tag{4-34}$$

$$S_施 = S_实(1 + a\%) \tag{4-35}$$

$$G_施 = G_实(1 + b\%) \tag{4-36}$$

$$W_施 = W_实 - S_实 \times a\% - G_实 \times b\% \tag{4-37}$$

式中　$C_施$、$F_施$、$S_施$、$G_施$、$W_施$——混凝土施工配合比中,水泥、矿物掺合料、砂子、石子和水的用量。

骨料的含水状态有干燥状态、气干状态、饱和面干状态和湿润状态四种情况,如图 4-18 所示。干燥状态指骨料含水率等于或接近于零时的含水状态;气干状态指骨料在空气中风干,含水率与大气湿度相平衡时的含水状态;饱和面干状态指骨料表面干燥而内部孔隙含水达饱和时的含水状态;湿润状态指不仅骨料内部孔隙充满水,而且表面还附有一层表面水时的含水状态。

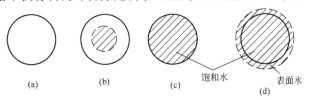

图 4-18　骨料的含水状态
(a)干燥状态　(b)气干状态　(c)饱和面干状态　(d)湿润状态

饱和面干骨料既不从混凝土中吸取水分,也不向混凝土拌合物中释放水分,在配合比设计时,如果以饱和面干骨料为基准,则不会影响混凝土的用水量和骨料用量,因此一些大型水利工程、道路工程常以饱和面干骨料为基准。因坚固骨料的饱和面干吸率一般在 1% 以下,因而在建筑工程中混凝土配合比设计时,以干燥状态骨料为基准,这种方法使混凝土实际水胶比有所降低,有利于保证混凝土的强度。

细骨料的自然堆积体积会随含水率的变化而增大或缩小。气干状态的砂随着其含水率的增大,砂子颗粒表面吸附了一层水膜,水膜推挤砂粒分开而引起砂子的自然堆积体积增大,产生所谓的"容胀"现象(粗骨料因颗粒较大,不存在容胀现象)。当含水率达到 5%～7% 时,砂子的自然堆积体积增至最大,膨胀率达 25%～30%。如果含水率继续增大。砂子的自然堆积体积将不断减小。含水率达到 20% 左右时,湿砂体积与干砂体积相近,当砂子处于含水饱和状态,湿砂体积比干砂体积减小 10% 左右。因此,在混凝土施工时,砂子的计量应采用质量法,不能用体积法,以免引起混凝土用砂量的不足[16]。

4.6.5 混凝土配合比设计实例 1

某工程结构采用"T"型梁,最小截面尺寸为 100mm,钢筋最小净距为 40mm。要求混凝土的设计强度等级为 C30,采用机械搅拌机械振捣,坍落度为 35～50mm,,采用的材料规格如下:

水泥:普通水泥,强度等级 42.5,实测 28d 胶砂抗压强度 47.9MPa,密度 3.10g/cm³。

矿物掺合料:S95 粒化高炉矿渣粉,密度 2.85g/cm³。

砂子:河中砂,级配合格,表观密度为 2630kg/m³。

石子:碎石,粒径 5～20mm,级配合格,表观密度为 2710kg/m³。

水:自来水。

试确定该混凝土的配合比。

解:依题意知,应首先判断原材料是否符合要求。用 42.5 级水泥配制 C30 混凝土是合适的。根据《混凝土结构工程施工质量验收规范》GB 50204—2002 的规定,混凝土粗骨料的最大粒径不得超过截面最小尺寸的 1/4,同时不得大于钢筋最小净距的 3/4,以此为依据进行判断:

$100\text{mm} \times 1/4 = 25\text{mm} > 20\text{mm}$

$40\text{mm} \times 3/4 = 30\text{mm} > 20\text{mm}$

因此,选用粒径 5～20mm 的碎石符合要求。

4.6.5.1 计算初步配合比

1)确定混凝土配制强度($f_{cu,o}$)

题中无混凝土强度历史资料,因此按表 4-17 选取 σ , $\sigma = 5.0$MPa。根据 JGJ 55—2011 规定,取 $P(\%) = 95\%$,相应的 t 值为 1.645。

$$f_{cu,o} = f_{cu,k} + t\sigma = 30 + 1.645 \times 5.0 = 38.23\text{MPa}$$

2)确定水胶比($\dfrac{W}{B}$)

(1)确定胶凝材料 28d 胶砂抗压强度值 f_b 。水泥 28d 胶砂抗压强度值 $f_{ce} = 47.9$MPa 。对于 C30 混凝土,其水胶比大于 0.40,查表 4-24 可知,水胶比大于 0.40 时,用普通水泥配制的钢筋混凝土,其粒化高炉矿渣粉最大掺量为 45%。查表 4-25,确定 S95 粒化高炉矿渣粉掺量为 30%,影响系数 γ_s 取 1.00。那么,胶凝材料 28d 胶砂抗压强度值 f_b 如下:

$$f_b = \gamma_s f_{ce} = 1.00 \times 47.9 = 47.9 MPa$$

(2)计算水胶比($\dfrac{W}{B}$)。

$$\frac{W}{B} = \frac{\alpha_a f_b}{f_{cu,o} + \alpha_a \alpha_b f_b} = \frac{0.53 \times 47.9}{38.23 + 0.53 \times 0.20 \times 47.9} = 0.59$$

"T"型梁处于干燥环境,查表 4-19 知,最大水胶比为 0.60,因此水胶比 0.59 符合耐久性要求。

3)确定单位用水量(W_0)

根据结构构件截面尺寸的大小、配筋的疏密和施工捣实的方法来确定,混凝土拌合物的坍落度取 35~50mm。

查表 4-20,对于最大粒径为 20mm 的碎石配制的混凝土,当所需坍落度为 35~50mm 时,$1m^3$ 混凝土的用水量选用 $W_0 = 195kg$。

4)计算胶凝材料用量(B_0)

$$B_0 = \frac{W_0}{W/B} = \frac{195}{0.59} = 331 \text{ kg}$$

查表 4-23,最大水胶比为 0.60 时对应的钢筋混凝土最小胶凝材料用量为 280kg,因此 $B_0 = 331kg$ 符合耐久性要求。

5)计算粒化高炉矿渣粉用量(F_0)

粒化高炉矿渣粉掺量 β_f 为 30%,则

$$F_0 = B_0 \beta_f = 331 \times 30\% = 99kg$$

6)计算水泥用量(C_0)

$$C_0 = B_0 - F_0 = 331 - 99 = 232kg$$

7)确定砂率(S_p)

查表 4-26,对于最大粒径为 20mm 碎石配制的混凝土,当水胶比为 0.59 时,其砂率值可选取 $S_p = 36\%$。

线性内插法:查表 4-26,当水胶比为 0.50 时,砂率宜为 32%~37%,取中值 34.5%;

水胶比为 0.60 时,砂率宜为 35%~40%,取中值 37.5%。按线性内插法当水胶比为 0.59 时,砂率应为:

$$S_p = 34.5 + 0.9(37.5 - 34.5) = 37.2(\%),取 37\%。$$

8)计算砂、石用量(S_0、G_0)

(1)体积法。

$$\begin{cases} \dfrac{232}{3.10} + \dfrac{99}{2.85} + \dfrac{S_0}{2.63} + \dfrac{G_0}{2.71} + \dfrac{195}{1.00} + 10 \times 1 = 1\ 000 \\[3mm] \dfrac{S_0}{S_0 + G_0} \times 100\% = 36\% \end{cases}$$

解此联立方程得,$S_0 = 661kg$,$G_0 = 1\ 175kg$。

（2）重量法。

$$\begin{cases} 232+99+S_0+G_0+195=2\,400 \\ \dfrac{S_0}{S_0+G_0}\times100\%=36\% \end{cases}$$

解此联立方程得，$S_0=675\text{kg}$，$G_0=1\,200\text{kg}$。

由上面的计算可知，用体积法和重量法计算，结果有一定的差别，这种差别在工程上是允许的。在配合比计算时，可任选一种方法进行设计，无须同时用两种方法计算。用重量法设计时，计算快捷简便，但结果欠准确；用体积法设计时，计算略显复杂，但结果相对准确。

9）列出混凝土初步配合比（用体积法的结果）

1m^3 混凝土各材料用量为：

水泥 232kg，粒化高炉矿渣粉 99kg，砂子 661kg，碎石 1 175kg，水 195kg。

质量比为：

水泥：矿渣粉：砂：石：水＝1：0.43：2.85：5.06：0.84，$\dfrac{W}{B}=0.59$。

4.6.5.2　确定基准配合比

按照初步配合比计算出 20L 混凝土拌合物所需材料的用量（用体积法的结果）。

水泥 $232\times0.020=4.64\text{kg}$，矿渣粉 $99\times0.020=1.98\text{kg}$，砂子 $661\times0.020=13.22\text{kg}$，

石子 $1\,175\times0.020=23.50\text{kg}$，水 $195\times0.020=3.90\text{kg}$

搅拌均匀后测定试拌混凝土拌合物的坍落度为 60mm，不满足设计要求（35～50mm），须进行调整。砂率保持不变，将砂子、石子各增加 5%，即砂子增加 0.66kg，石子 1.18kg。搅拌均匀后重测坍落度为 50mm，符合设计要求。然后测定混凝土拌合物表观密度为 2 390kg/m^3。

和易性合格后，水泥、矿渣粉、砂子、石子、水的拌合用量为 $C_{拌}=4.64\text{kg}$，$F_{拌}=1.98\text{kg}$，$S_{拌}=13.88\text{kg}$，$G_{拌}=24.68\text{kg}$，$W_{拌}=3.90\text{kg}$。

基准配合比如下（结果为 1m^3 混凝土各材料用量）：

$$\begin{aligned} 水泥\ C_{拌} &= \frac{C_{拌}}{C_{拌}+F_{拌}+S_{拌}+G_{拌}+W_{拌}}\times\rho_{\text{oc实测}} \\ &= \frac{4.64}{4.64+1.98+13.88+24.68+3.90}\times2\,390=\frac{2\,390}{49.08}\times4.64 \\ &= 48.70\times4.64=226\text{kg} \end{aligned}$$

$$矿渣粉\ F_{基}=48.70\times1.98=96\text{kg}$$
$$砂子\ S_{基}=48.70\times13.88=676\text{kg}$$
$$石子\ G_{基}=48.70\times24.68=1202\text{kg}$$
$$水\ W_{基}=48.70\times3.90=190\text{kg}$$

该混凝土的基准配合比为 1：0.42：2.99：5.32：0.84，$\dfrac{W}{B}=0.59$。

4.6.5.3　确定实验室配合比

配制 3 个不同的配合比，其中一个是基准配合比，另外两个配合比的水胶比较基准配合比

分别增加和减少 0.05，水与基准配合比相同。考虑到基准配合比拌合物的和易性良好，因此不调整砂率，砂子和石子的用量均采用基准配合比用量。测定每个配合比拌合物的坍落度和实测表观密度 $\rho_{oc实测}$。之后将每个配合比制作 1 组标准试件，试件经标准养护 28d，测定抗压强度 f_{cu}。表 4-27 是三个配合比的相关数据。

表 4-27　确定实验室配合比的相关数据

配合比	水胶比	胶水比	材料用量（kg/m³）					坍落度（mm）	$\rho_{oc实测}$（kg/m³）	f_{cu}（MPa）
			水泥	矿渣粉	砂子	石子	水			
1	0.59	1.69	226	96	676	1202	190	50	2390	37.3
2	0.54	1.85	246	106	676	1202	190	45	2405	40.6
3	0.64	1.56	208	89	676	1202	190	55	2380	32.4

由表 4-27 的三组数据，绘制 $f_{cu}\text{-}\dfrac{B}{W}$ 关系曲线，如图 4-19 所示。从图中可找出与配制强度 38.23MPa 相对应的胶水比为 1.75（水胶比为 0.57）。也可以用表 4-27 的三组数据进行线性回归，得回归方程 $f_{cu}=-10.8+28.0\dfrac{B}{W}$（相关系数 0.985），将配制强度值 38.23MPa 代入该方程，计算出其对应的胶水比 1.75。

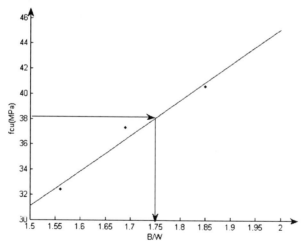

图 4-19　$f_{cu}\text{-}\dfrac{B}{W}$ 关系曲线

符合强度要求的配合比为：

水 $W_q=190\text{kg}$，胶凝材料 $B_q=1.75\times190=333\text{kg}$，矿渣粉 $F_q=100\text{kg}$，水泥 $C_q=233\text{kg}$，砂子 $S_q=676\text{kg}$，石子 $G_q=1\,202\text{kg}$。

测定该配合比混凝土拌合物的表观密度 $\rho_{oc实测}$ 为 $2\,390\text{kg/m}^3$，其计算表观密度 $\rho_{oc计算}=190+233+100+676+1\,202=2\,401\text{kg/m}^3$。因此表观密度校正系数 $\delta=2\,390/2\,401=0.995$。

所以实验室配合比为：

水泥 $C_实=233\times0.995=232\text{kg}$，矿渣粉 $F_实=100\times0.995=100\text{kg}$，砂子 $S_实=676\times$

0.995＝673kg。

石子 $G_\text{实}$＝1 202×0.995＝1 196kg，水 $W_\text{实}$＝190×0.995＝189kg。

4.6.5.4　计算施工配合比

若施工现场砂子含水率为 3％，石子含水率为 1％，则施工配合比为：

水泥 $C_\text{施}$＝232kg，矿渣粉 $F_\text{施}$＝100kg，砂子 $S_\text{施}$＝673(1＋3％)＝693kg。

石子 $G_\text{施}$＝1 196(1＋1％)＝1 208kg，水 $W_\text{施}$＝189－673×3％－1 196×1％＝157kg。

4.6.6　混凝土配合化设计案例 2

某工程现浇大体积钢筋混凝土基础，混凝土设计强度等级为 C30，施工采用机拌机捣，混凝土坍落度要求为 35～50mm，并根据施工单位历史资料统计，混凝土强度离散系数 C_v＝0.14，所用材料如下：

水泥：矿渣水泥，该水泥中粒化高炉矿渣混合材料占水泥质量的 30％，强度等级 42.5，水泥强度富余系数 1.13，密度 2.90g/cm³；

粉煤灰：Ⅱ级 C 类粉煤灰，密度 2.23g/cm³；

砂子：河中砂，级配合格，表观密度为 2 640kg/m³；

石子：卵石，粒径 5～31.5mm，级配合格，表观密度为 2 650kg/m³；

外加剂：NNO 引气型高效减水剂，引气量 1％，适宜掺量为 0.5％；

水：自来水。

试求：(1)混凝土初步配合比；

(2)求掺减水剂混凝土的配合比(混凝土掺加 NNO 减水剂的目的是为了既要使混凝土拌合物和易性有所改善，又要能节约一些胶凝材料，故决定减水 15％，减胶凝材料 10％)。

4.6.6.1　求混凝土初步配合比

1)确定混凝土配制强度($f_\text{cu,o}$)

$$f_\text{cu,o} = \frac{f_\text{cu,k}}{1 - tC_\text{v}} = \frac{30}{1 - 1.645 \times 0.14} = 39.0$$

C_v 值和 σ 值均是反映施工管理水平的指标，当 C_v 已知时，就不能再用混凝土强度标准差 σ 值来计算配制强度。

2)确定水胶比(W/B)

(1)确定胶凝材料 28d 胶砂抗压强度 f_b。查表 4-26 可知，当水胶比大于 0.40 时，用普通水泥配制的大体积钢筋混凝土基础上复合掺合料最大掺量为 45％＋5％＝50％，且粉煤灰的掺量不宜超过 30％。结合表 4-25，粉煤灰掺量 β_f 定为 20％，粉煤灰影响系数 γ_f 为 0.85。外掺的粉煤灰和矿渣水泥中掺量 20％以上的粒化高炉矿渣(30％－20％＝10％)之和为 30％，没有超过规定的复合掺合料的最大掺量(50％)。

水泥 28d 胶砂抗压强度 $f_\text{ce} = \gamma_\text{c} f_\text{ce,g} = 1.13 \times 42.5 = 48.0$MPa

胶凝材料 28d 胶砂抗压强度 $f_\text{b} = \gamma_\text{f} f_\text{ce} = 0.85 \times 48.0 = 40.8$MPa

（2）计算水胶比（$\frac{W}{B}$）。

$$\frac{W}{B} = \frac{\alpha_a f_b}{f_{cu,o} + \alpha_a \alpha_b f_b} = \frac{0.49 \times 40.8}{39.0 + 0.49 \times 0.13 \times 40.8} = 0.48$$

混凝土基础处于室内潮湿环境，最大水胶比为 0.55，因此水胶比 0.48 符合耐久性要求。

3）确定单位用水量（W_0）

查表 4-22，对于采用最大粒径为 31.5mm 的卵石混凝土，当所需坍落度为 35～50mm 时，$1m^3$ 混凝土的用水量选用 $W_0 = 170kg$。

4）计算胶凝材料用量（B_0）

$$B_0 = \frac{W_0}{W/B} = \frac{170}{0.48} = 354$$

查表 4-23，最大水胶比为 0.50 时对应的钢筋混凝土最小胶凝材料用量为 320kg，因此 $B_0 = 354kg$ 符合耐久性要求。

5）计算粉煤灰用量（F_0）

$$F_0 = B_0 \beta_f = 354 \times 20\% = 71kg$$

6）计算水泥用量（C_0）

$$C_0 = B_0 - F_0 = 354 - 71 = 283kg$$

7）确定砂率（S_p）

查表 4-26，对于最大粒径为 31.5mm 卵石配制的混凝土，当水胶比为 0.48 时，其砂率值可选取 $S_p = 31\%$。

线性内插法：查表 4-25，当水胶比为 0.40 时，砂率宜为 24%～30%，取中值 27%；

水胶比为 0.50 时，砂率宜为 28%～33%，取中值 30.5%。按线性内插法当水胶比为 0.48 时，砂率应为：$S_p = 27 + 0.8(30.5 - 27) = 29.8(\%)$，取 30%。

8）计算砂、石用量（S_0、G_0）

用体积法计算，即

$$\begin{cases} \dfrac{283}{2.90} + \dfrac{71}{2.23} + \dfrac{S_0}{2.64} + \dfrac{G_0}{2.65} + \dfrac{170}{1.00} + 10 \times 1 = 1\,000 \\[2mm] \dfrac{S_0}{S_0 + G_0} \times 100\% - 31\% \end{cases}$$

解此联立方程得，$S_0 = 567kg$，$G_0 = 1\,262kg$。

4.6.6.2　计算掺减水剂混凝土的配合比

设 $1m^3$ 掺减水剂混凝土中胶凝材料、粉煤灰、水泥、砂子、卵石、水和减水剂的用量分别为 B、F、C、S、G、W、J，则各材料用量如下所示。

胶凝材料：$B = 354 \times (1 - 10\%) = 319kg$

粉煤灰：$F = 71 \times (1 - 10\%) = 64kg$

水泥：$C = 283 \times (1 - 10\%) = 255kg$

水：$W = 170 \times (1 - 15\%) = 145kg$

砂、石：用体积法计算，因减水剂 NNO 引气量为 1%，α 取 2。

$$\begin{cases} \dfrac{255}{2.90} + \dfrac{64}{2.23} + \dfrac{S}{2.64} + \dfrac{G}{2.65} + \dfrac{145}{1.00} + 10 \times 2 = 1\,000 \\ \dfrac{S}{S+G} \times 100\% = 31\% \end{cases}$$

解此联立方程得，$S=589\mathrm{kg}$，$G=1\,311\mathrm{kg}$。

减水剂 NNO：$J=319\times0.5\%=1.6\mathrm{kg}$。

$1\mathrm{m}^3$ 混凝土各材料用量为，水泥 255kg，粉煤灰 64kg，砂子 589kg，卵石 1 311kg，水 145kg，NNO 1.6kg。以重量比表示为，水泥：粉煤灰：砂子：卵石：水：NNO=1：0.25：2.31：5.14：0.59：0.006。

下面说明掺减水剂混凝土配合设计的方法：

第一步，不考虑掺减水剂，计算初步配合比（称为基准混凝土的配合比），设基准混凝土的配合比中胶凝材料用量、水的用量分别为 B_0 和 W_0。

第二步，根据减水剂的性能和设计要求，对 B_0 和 W_0 进行修正，修正后的用量分别用 B_1 和 W_1 表示。设减水剂在维持与基准混凝土相同坍落度的情况下，减水率 $x\%$；在维持与基准混凝土强度相同的情况下，节约胶凝材料 $y\%$。那么：

$$W_1 = W_0 \cdot (1-x\%) \tag{4-38}$$
$$B_1 = B_0 \cdot (1-y\%) \tag{4-39}$$

当掺减水剂只是为了提高混凝土拌合物的流动性时，$x\%=0$，$y\%=0$。

当掺减水剂只是为了提高混凝土强度时，B_1 采用基准混凝土的水泥用量，W_1 可根据减水剂减水率来确定，此时 $x\%>0\%$，$y\%=0$。

当掺减水剂主要为了节约水泥时，可适当扣减用水量和水泥用量。此时 $x\%>0\%$，$y\%>0\%$，且要求 $x\%>y\%$，以使修正后的配合比，其水胶比小于基准混凝土的水胶比，这样便于保证掺减水剂混凝土强度不低于基准混凝土强度。

第三步，用体积法或质量法重新计算砂、石用量。计算时，砂率在基准混凝土砂率基础上进行调整。当掺减水剂只是为了提高混凝土拌合物的流动性时，适当增大砂率，以保证粘聚性和保水性。当掺减水剂只是为了提高混凝土强度时，砂率适当减小。当掺减水剂主要为了节约水泥时，砂率可不变。另外，用体积法计算时，含气量 α 取值由减水剂引气效果来决定。若减水剂能引气，α 大于基准混凝土的取值；若减水剂不引气，α 维持基准混凝土的取值不变。

4.7　其他种类混凝土及其新进展

4.7.1　纤维增强混凝土

纤维增强混凝土以混凝土为基材，外掺纤维材料配制而成。通过适当搅拌把短纤维均匀分散在拌合物中，提高混凝土抗拉强度、抗弯强度、冲击韧性等力学性能，从而降低其脆性，是一种新型的多相复合材料。近年来，纤维增强混凝土技术取得了较大的突破，成功开发了几种新型的纤维增强混凝土,如密实增强混凝土(CRC)、注浆纤维混凝土(SIFCON)、活性粉末混凝土(RPC)。这些新型混凝土的断裂韧性得到了很大的提高。

纤维按其变形性能,可分为高弹性模量纤维(如钢纤维、碳纤维等)和低弹性模量纤维(如聚丙烯纤维、尼龙纤维等)。几种纤维性能比较如表 4-28 所示。常用的纤维有钢纤维、玻璃纤维和合成纤维等。

表 4-28 几种纤维性能的比较

品种	密度(g/cm³)	强度(MPa)	弹模(GPa)	伸长率(%)
钢纤维	7.86	1 770	200	1.8
碳纤维	1.78	3 400	240	1.4
玻璃纤维	2.60	3 500	72	4.8
聚丙烯纤维	0.90	600	6	20.0
芳伦纤维	1.44	2 900	60	3.6
聚乙烯纤维	0.97	3 000	95	5.5

注:高弹模的聚乙烯纤维为国内新产品。

纤维增强混凝土因所用纤维不同,其性能也不一样。采用高弹性模量纤维时,由于纤维约束开裂能力大,故可全面提高混凝土的抗拉、抗弯、抗冲击强度和韧性。如用钢纤维制成的混凝土,必须是钢纤维被拔出才有可能发生破坏,因此其韧性显著增大。采用弹性模量低的合成纤维时,对混凝土强度的影响较小,但可显著改善韧性和抗冲击性。

对于纤维增强混凝土,纤维的体积含量、纤维的几何形状以及纤维的分布情况,对其性能有着重要影响。以短钢纤维为例:为了兼顾构件性能要求及便于搅拌和保证混凝土拌合物的均匀性,通常的掺量在 0.5%～2%(体积比)范围内,考虑到经济性,尤以 1.0%～1.5%范围内较多,长径比以 40～100 为宜,尽可能选用直径细、形状非圆形的变截面钢纤维,其效果最佳。

不同种类的纤维混凝土,它们的主要使用范围示于表 4-29 中。纤维混凝土目前已应用于飞机跑道、隧道衬砌、路面及桥面、水工建筑、铁路轨枕、压力管道等领域中。随着纤维混凝土的深入研究,纤维混凝土在建筑工程中必将得到广泛的应用[17]。

表 4-29 纤维混凝土的使用范围

使用范围	纤维种类	使用范围	纤维种类
桥梁和屋顶的跨空结构	钢纤维	矿井和隧道结构	玻璃纤维
主要公路和街道的路面以及机场跑道	钢纤维	加固山坡	玻璃纤维
新型桥梁结构	碳纤维束	厂房地板	钢纤维、玻璃纤维
重建和新建的堤坝、板、道路路面和管子	玻璃纤维、钢纤维	混凝土结构加固修补	碳纤维

4.7.2 聚合物混凝土

聚合物混凝土是一种由有机、无机材料复合的新型混凝土。按其组成和制作工艺一般可分为三种。

4.7.2.1 聚合物胶结混凝土(PC)

它是一种完全不用水泥,而以合成树脂作胶结材料所制成的混凝土,又称为树脂混凝土。

用树脂作黏结剂,不但黏结剂本身的强度比较高,而且与骨料之间的黏结力也被显著提高。故树脂混凝土的破坏,不像水泥混凝土那样发生于黏结剂与骨料的界面处,而主要是由于骨料本身遭到破坏所致。因此,在很多情况下,树脂混凝土的强度取决于骨料强度。

树脂混凝土具有很多优点,例如可以在很大范围内调节硬化时间;硬化后强度高,特别是早强效果显著,通常 1d 龄期的抗压强度达 50~100MPa,抗拉强度达 10MPa 以上;抗渗性高,几乎不透水;耐磨性、抗冲击性及耐蚀性高;掺入彩色填料后可具有美丽的色彩。因此,树脂混凝土是一种多用途材料。其不足之处是硬化初期收缩大,可达 0.2%~0.4%;徐变亦较大;易燃;在高温下热稳定性差,当温度为 100℃时,其强度仅为常温下的 1/5~1/3。目前树脂混凝土成本还比较高,只能用于特殊要求的工程。

4.7.2.2 聚合物浸渍混凝土(PIC)

这是一种将已硬化的普通混凝土放在有机单体里浸渍,然后用加热或辐射的方法使混凝土孔隙内的单体产生聚合作用,使混凝土和聚合物结合成一体的新型混凝土。按其浸渍方法的不同,分为完全浸渍和部分浸渍两种。

所用浸渍液有各种聚合物单体和液态树脂,如甲基丙烯酸甲酯(MMA)、苯乙烯(S)、丙烯腈(AN)等。目前使用较广泛的是 MMA 和 S。

为了保证质量,聚合物浸渍混凝土应控制浸渍前的干燥情况、真空程度、浸渍压力及浸渍时间。干燥的目的是为浸渍液体让出空间,同时也可避免凝固后水分所引起的不良影响。浸渍前施加真空可加快浸渍液的渗透速度及浸渍深度。控制浸渍时间则有利于提高浸渍效果,而在高压下浸渍则能增加总的浸渍率。

这种混凝土由于聚合物填充了混凝土的内部孔隙和微裂缝,形成连续的空间网络,并与硬化水泥混凝土结构相互穿插,使聚合物浸渍混凝土具有极其密实的结构,因此具有高强、耐蚀、抗渗、耐磨等优良物理力学性能。

浸渍混凝土目前主要用于路面、桥面、输送液体的管道、隧道支撑系统及水下结构等。

4.7.2.3 聚合物水泥混凝土(PCC)

聚合物水泥混凝土是用聚合物乳液拌和水泥,并掺入砂或其他骨料而制成的。这种混凝土的特点是:黏结剂由聚合物分散体和水泥两种活性组分构成。在硬化过程中,聚合物与水泥之间不发生化学作用,而是在水泥水化形成水泥石的同时,聚合物在混凝土内脱水固化形成薄膜,填充水泥水化物和骨料之间的孔隙,从而改善了硬化水泥浆与骨料及各水泥颗粒之间的黏结力。

拌制聚合物水泥混凝土可用普通水泥,也可采用高铝水泥和快硬水泥等。采用快硬水泥的效果比普通水泥好。聚合物可采用橡胶乳胶、各种树脂胶和水溶性聚合物等。聚合物与水泥的比例对混凝土的性能影响较大,通常聚合物的掺用量约为水泥质量的 5%~30%。

聚合物水泥混凝土的特点是:抗拉、抗折强度及延伸能力高,抗冻性、耐蚀性和耐磨性高。

因此它主要用于路面工程、机场跑道及防水层等。

4.7.3　泵送混凝土

将搅拌好的混凝土,采用混凝土输送泵沿管道输送和浇筑,称为泵送混凝土。由于施工工艺上的要求,所采用的施工设备和混凝土配合比都与普通施工方法不同。

采用混凝土泵输送混凝土拌合物,可一次连续完成垂直和水平输送,而且可以进行浇筑,因而生产率高,节约劳动力,特别适用于工地狭窄和有障碍的施工现场,以及大体积混凝土结构物和高层建筑。

4.7.3.1　泵送混凝土的可泵性

泵送混凝土是拌合料在压力下沿管道内进行垂直和水平的输送,它的输送条件与传统的输送有很大的不同。因此对拌合料性能的要求与传统的要求相比,既有相同点也有不同的特点。按传统方法设计的有良好工作性(流动性和粘聚性)的新拌混凝土,在泵送时却不一定有良好的可泵性,有时发生泵压陡升和阻泵现象。在泵送过程中,拌合料与管壁产生摩擦,在拌合料经过管道弯头处遇到阻力,拌合料必须克服摩擦阻力和弯头阻力方能顺利地流动。因此,要求拌合物的可泵性要好。

基于目前的研究水平,新拌混凝土的可泵性可用坍落度和压力泌水值双指标来评价。压力泌水值是在一定的压力下,一定量的拌合料在一定的时间内泌出水的总量,以总泌水量(mL)或单位混凝土泌水量(kg/m^3)表示。压力泌水值太大,泌水较多,阻力大,泵压不稳定,可能堵泵;但是如果压力泌水值太小,拌合物黏稠,结构黏度过大,阻力大,也不易泵送。因此压力泌水值有一个合适的范围。实际施工现场测试表明,对于高层建筑坍落度大于 160mm 的拌合料,压力泌水值在 70～110mL(40～70kg/m^3 混凝土)较为合适。对于坍落度 100～160mm 的拌合料,合适的泌水量范围相应还小一些。

4.7.3.2　坍落度损失

混凝土拌合料从加水搅拌到浇筑要经历一段时间,在这段时间内拌合料逐渐变稠,流动性(坍落度)逐渐降低,这就是所谓的"坍落度损失"。如果这段时间过长,环境气温又过高,坍落度损失可能很大,则将会给泵送、振捣等施工过程带来很大困难,或者造成振捣不密实,甚至出现蜂窝状缺陷。坍落度损失的原因是:①水分蒸发;②水泥早期开始水化,特别是 C_3A 水化形成水化硫铝酸钙需要消耗一部分水;③新形成的少量水化生成物表面吸附一些水。在正常情况下,从加水搅拌开始最初 0.5h 内水化物很少,坍落度降低也只有 2～3cm,随后坍落度以一定速率降低。如果从搅拌到浇筑或泵送时间间隔不长,环境气温不高(低于 30℃),坍落度的正常损失问题还不大,只需略提高预拌混凝土的初始坍落度以补偿运输过程中的坍落度损失。如果从搅拌到浇筑的时间间隔过长,气温又过高,或者出现混凝土早期不正常的稠化凝结,则必须采取措施解决过快的坍落度损失问题。

当坍落度损失成为施工中的问题时,可采取下列措施以减缓坍落度损失:

(1)在炎热季节降低骨料温度和拌和水温;在干燥条件下,防止水分过快蒸发。

(2)在混凝土设计时,考虑掺加粉煤灰等矿物掺合料。

（3）在采用高效减水剂的同时，掺加缓凝剂或引气剂或两者都掺。两者都有延缓坍落度损失的作用，缓凝剂作用比引气剂更显著[18]。

4.7.3.3　泵送混凝土对原材料的要求

1）水泥

泵送混凝土要求混凝土具有一定的保水性。矿渣水泥由于保水性差，泌水大，一般不宜配制泵送混凝土，但其可以通过降低坍落度、适当提高砂率，以及掺加优质粉煤灰等措施而被使用。普通水泥和硅酸盐水泥通常优先被选用配制泵送混凝土。对于大体积混凝土工程，可加入缓凝型引气剂和矿物细掺料来减少水泥用量，降低水泥水化。

泵送混凝土的水泥和矿物掺合料的总量不宜小于 $300kg/m^3$。

2）骨料

骨料的形状、种类、粒径和级配对泵送混凝土的性能有较大的影响。

（1）粗骨料。由于三个石子在同一断面处相遇最容易引起管道阻塞，故碎石的最大粒径与输送管内径之比宜小于或等于 1：3，卵石则宜小于 1：2.5。

泵送混凝土对粗骨料的颗粒级配要求较高，以满足混凝土和易性的要求。

（2）细骨料。实践证明，在骨料级配中，细度模数为 2.3～3.2，粒径在 0.30mm 以下的细骨料所占比例非常重要，其比例不应小于 15%，最好能达到 20%，这对改善混凝土的泵送性非常重要。

3）矿物掺合料-粉煤灰

由于粉煤灰的多孔表面可吸附较多的水，故可减少混凝土的压力泌水，提高可泵性。掺入Ⅱ级以上的粉煤灰可降低混凝土拌合料的屈服剪切应力从而提高流动性与可泵性。此外，加入粉煤灰，还有一定的缓凝作用，降低混凝土的水化热，提高混凝土的抗裂性，有利于大体积混凝土的施工。

4.7.3.4　泵送混凝土配合比设计基本原则

（1）应满足泵送混凝土的和易性、匀质性、强度及耐久性等质量要求。

（2）根据材料的质量、泵的种类、输送管的直径、压送距离、气候条件、浇筑部位及浇筑方法等，经过试验确定配合比。试验包括混凝土的试配和试送。

（3）掺减水性以降低水胶比，适当提高砂率（一般在 35%～45% 之间），改善混凝土可泵性[19]。

4.7.4　高强混凝土

高强混凝土是指强度等级≥C60 的混凝土，C100 及以上的称为超高强混凝土。

与普通混凝土相比，高强混凝土除了具有高的抗压强度外，还有其他一系列优良性质。例如，早期强度、弹性模量以及密实性、耐久性、抗渗性、抗冻性等，都会随着混凝土的抗压强度提高而有所改善，而徐变则随之减小。高强混凝土的拉压比较小，约为 1/16～1/20，而普通混凝土的拉压比则为 1/10～1/13。因此，混凝土强度愈高，性质愈脆，延塑性愈小。故采用强度大于 80MPa 的高强混凝土时，结构设计上应采取相应的技术措施，以保证构件具有足够的延塑性。高强混凝土已广泛应用于预应力混凝土结构、混凝土轨枕、接触网支柱、钢管混凝土结构、管桩、高层建筑及大跨度桥梁结构中,技术经济效益显著。

混凝土高强化的主要技术途径有:胶凝材料本身高强化,选择合适的骨料,强化界面过渡区。这些技术途径可通过采取合理选择原材料、合理选择混凝土配合比设计参数及合理的施工工艺等措施来实现。

4.7.4.1　原材料基本要求

1)水泥

应选用硅酸盐水泥或普通硅酸盐水泥,其强度等级不宜低于 42.5 级。

2)细骨料

细度模数宜大于 2.6,含泥量不应超过 2%,泥块含量不应大于 0.5%。

3)粗骨料

最大粒径需随着混凝土配制强度的提高而减小,且一般不宜超过 25mm;颗粒级配良好;针片状颗粒含量不应大于 5.0%,含泥量不应超过 0.5%,泥块含量不应大于 0.2%。

4)外加剂

宜选用高效减水剂或缓凝高效减水剂。

5)矿物掺合料

在混凝土中掺入硅灰、磨细矿渣或优质粉煤灰等矿物掺合料,既可减少每立方米混凝土水泥用量,强化水泥石与骨料界面,又可改善水化产物的品质且减少孔隙和细化孔径。

4.7.4.2　配合比设计要点

高强混凝土配合比设计的方法和步骤与普通混凝土相同。但配合比设计中的主要参数确定应注意以下几点。

(1)水胶比:高强混凝土的水胶比一般为 0.25～0.30。

(2)胶结材料用量:水泥用量不宜超过 $550kg/m^3$,胶凝材料总量不宜超过 $600kg/m^3$。

(3)砂率:一般为 37%～42%。砂率对拌合物和易性及硬化混凝土的弹性模量有较大影响,其合理砂率值可通过试验确定。

(4)高强混凝土设计配合比确定后,尚应用该配合比进行不少于六次重复试验进行验证,其平均强度不低于配制强度[20]。

4.7.5　高性能混凝土

高性能混凝土(HPC)是一种新型的高技术混凝土,是在大幅度提高普通混凝土性能的基础上,以耐久性为主要设计指标,针对不同用途和要求,采用现代技术制作的、低水胶比的混凝土。

高性能混凝土是以耐久性和可持续发展为基本要求,并适应工业化生产与施工的新型混凝土。高性能混凝土应具有的技术特征是高抗渗性(高耐久性的关键性能)、高体积稳定性(低干缩、低徐变、低温度应变率和高弹性模量)、适当高的抗压强度、良好的施工性(高流动性、高粘聚性、达到自密实)。高性能混凝土在节能、节料、工程经济、劳动保护及环境保护等方面都具有重大意义,是国内外土木建筑界研究的热点,它是水泥基材料的主要发展方向,被称为"21世纪的混凝土"。据报道,建筑业消耗世界资源近40%,建筑物的寿命延长一倍,资源能源的消耗和环境污染将减轻一半。因此大力推广高性能混凝土对于我国基础设施建设意义重大。

高性能混凝土是1990年美国首次提出的新概念。虽然到目前为止,各国对高性能混凝土的要求和确定的含义不完全相同,但大家都认为高性能混凝土应具有的技术特征是:高耐久性;高体积稳定性(低干缩、低徐变、低温度变形和高弹性模量);适当的高抗压强度(早期强度高,后期强度不倒缩);良好的工作性(高流动性、高粘聚性、自密实性)[21]。

4.7.5.1 高性能混凝土的特性

1)自密实性

用水量较低,流动性好,抗离析性高,从而具有较优异的填充性和自密实性。

2)体积稳定性

体积稳定性较高,具有高弹性模量、低收缩与徐变、低温度变形。普通强度混凝土的弹性模量为 20~25GPa,而高性能混凝土可达 40~45GPa。90d 龄期的干缩值可低于 0.04%。

3)强度

目前 28d 平均抗压强度介于 120MPa 的高性能混凝土已在工程中得到应用。高性能混凝土抗拉强度与抗压强度之比较高强混凝土有明显增加。高性能混凝土的早期强度发展较快,而后期强度的增长率却低于普通强度混凝土。

4)水化热

由于高性能混凝土的水胶比较低,会较早地终止水化反应,因此水化热总量相应地降低。

5)收缩和徐变

高性能混凝土的总收缩量与其强度成反比,强度越高总收缩量越小。但早期收缩率随着早期强度的提高而增大。相对湿度和环境温度仍然是影响高性能混凝土收缩性能的两个重要因素。高性能混凝土的徐变变形显著地低于普通混凝土。

6)耐久性

高性能混凝土除通常的抗冻性、抗渗性明显高于普通混凝土外,Cl-渗透率明显低于普通混凝土,抗化学腐蚀性能显著优于普通强度混凝土。

7)耐火性

由于高性能混凝土的高密实度使自由水不易很快地从毛细孔中排出,在高温作用下,会产生爆裂、剥落。为克服这一缺陷,可在混凝土中掺入有机纤维,在高温条件下混凝土中的纤维会熔化挥发,形成释放蒸汽的通道,达到改善耐高温性能的目的。

4.7.5.2 混凝土达到高性能的技术途径

高性能混凝土制作的主要技术途径是采用优质的化学外加剂和矿物掺合料。前者可改善工作性,生产低水胶比的混凝土,控制混凝土的坍落度损失,提高混凝土的致密性和抗渗性;后者可参与水化,起到胶凝材料的作用,改善界面的微观结构,堵塞砼内部孔隙,提高耐久性。

1)采用优质原材料

(1)水泥可采用硅酸盐水泥或普通水泥。

（2）细骨料可采用河砂或人工砂，粗骨料一般用表面粗糙、强度高的碎石。

（3）掺加适量优质的活性磨细矿物掺合料，如硅灰、磨细矿渣和优质粉煤灰等。

（4）掺入与水泥相容性好的优质高效减水剂，并有适当的引气性与抗坍落度损失能力。

2）确定合理的配合比

（1）采用较低的水胶比（通常要控制在 0.38 以下，目前最低已达到 0.22～0.25）。

（2）每立方米混凝土用水量 120～160kg；胶凝材料总量 500～600kg，掺合料一般取代水泥 10%～30%；高效减水剂掺量 0.8%～1.5%；砂率 34%～44%，粗骨料体积含量 0.4m³ 左右，最大粒径 10～25mm。

3）采用合理的施工工艺

泵送施工（拌合物坍落度一般为 180～220mm），高频振动，或采用自密实混凝土。

案例：国家大剧院 C100 高性能混凝土

原材料：42.5P·O；中砂（Mx=2.8）；碎石 Dm=25mm；掺合料及高效减水剂。配合比：水胶比 0.26，水泥 450、掺合料 150、砂 614、石 1092（kg/m³）；坍落度 T=250～260mm，扩展度 600～620mm，F500 冻融循环，质量损失为 0，相对动弹性模量损失为 6.9%～7.6%，平均抗压强度为 117.9MPa，均方差 6.75。高性能混凝土的应用取得了圆满成功[22]。

4.7.6　绿色混凝土

随着社会生产力和经济的高速发展，材料生产和使用过程中资源过度开发和废弃及其造成的环境污染和生态破坏，与地球资源、地球环境容量的有限性以及地球生态系统的安全性之间出现了尖锐的矛盾，对社会经济的可持续发展和人类自身的生存构成严重的障碍和威胁。因此，认识资源、环境与材料的关系，开展绿色材料及其相关理论的研究，从而实现材料科学与技术的可持续发展，是历史发展的必然，也是材料科学的进步。在这样的背景条件下，具有环境协调性和自适应性的绿色混凝土应运而生。

绿色的含义可概括为：①节约资源、能源；②不破坏环境，更应有利于环境；③可持续发展，既要满足当代人的需求，又不危害后代人满足其需求的能力。绿色混凝土的环境协调性是指对资源和能源消耗少、对环境污染小和循环再生利用率高，自适应性是指具有满意的使用性能，能够改善环境，具有感知、调节和修复等机敏特性。

绿色混凝土的特点是：①降低水泥用量，大量利用工业废料；②比传统混凝土材料有更良好的力学性能和耐久性；③具有与自然环境的协调性，减轻对环境的负荷，实现非再生性资源的可循环使用，节省能源，以及有害物质的"零排放"；④能够为人类提供温和、舒适、便捷和安全的生存环境[23]。

与普通混凝土相比，绿色混凝土的优越性主要表现在：①降低混凝土制造时的环境负荷；②降低混凝土使用过程中的环境负荷；③保护生态，美化环境；④提高居住环境的舒适度和安全性。

绿色混凝土作为绿色建材的一个重要分支，自 20 世纪 90 年代以来，国内外科技工作者开展了广泛深入的研究。其涉及的研究范围包括：绿色高性能混凝土、再生混凝土及砂浆、环保型混凝土和机敏混凝土[24]。

4.7.6.1 绿色高性能混凝土

绿色高性能混凝土是在高性能混凝土的基础上,进一步加大绿色化程度的混凝土,其主要特征包括:①更多地节约熟料水泥,减少环境污染;②更多地掺加以工业废渣为主的活性细掺料;③更大地发挥高性能优势,减少水泥和混凝土的用量。如大掺量活性掺合料混凝土、大流动性免振捣自密实高性能混凝土、高耐久性及超高耐久性混凝土等均属此列。

水泥是混凝土的主要胶凝材料,而水泥工业不仅要消耗大量的矿物资源与能源,而且会造成环境污染严重,产生大量粉尘,还排放有害气体,如 CO_2、NO 和 SO_2 及其他有毒物质。其中 CO_2 的大量排放将导致地球温室效应加剧。通常情况下,每生产 1t 水泥熟料约排放 1t CO_2。我国是水泥生产大国,2012 年水泥产量达到 20.8 亿吨,约占世界水泥总产量的 60%。水泥产量高速增长的背后是人类生存环境的恶化。如何在既满足混凝土质量和数量的同时,又降低混凝土中的水泥用量,达到节能降耗、减少污染和温室气体排放的效果,是摆在人们面前的一个严峻而又有挑战性的课题。在长期的研究和工程实践中,人们发现,许多工业废渣如粉煤灰、粒化高炉矿渣、煤矸石、硅灰等活性矿物掺合料可作为廉价的辅助胶凝材料,代替部分水泥,并且赋予混凝土许多优良的性能,可以制备性能更优越的混凝土。因此,大量利用工业废渣作混凝土的活性掺合料是实现混凝土绿色化的一个重要途径。

另外,提高混凝土的强度、工作性和耐久性可以减小建筑结构的体积,减少混凝土用量,降低环境噪音,延长建筑结构物的使用寿命,进一步节约维修和重建费用,减少对自然资源无节制的消耗,也是混凝土绿色化的途径之一。

4.7.6.2 再生混凝土及再生砂浆

再生混凝土及再生砂浆,是指用废混凝土、废砖块、废砂浆等代替部分以致全部天然骨料而制成的混凝土或砂浆。

混凝土和砂浆在制备过程中要消耗大量砂石,若以每吨水泥生产混凝土和砂浆时消耗6~8t砂石材料计,我国每年将生产砂石材料(120~160)亿吨。目前全球已面临优质砂石材料短缺的问题,我国许多城市更是面临砂石资源枯竭而不得不远距离运送砂石材料的严峻问题。同时,近几年我国在快速城市化建设过程中产生了大量建筑垃圾。据统计,每万 m^2 拆除的旧建筑将产生 7000~12 000t 建筑垃圾,每万 m^2 建筑的施工过程中也会产生 500~600t 建筑垃圾。中国建筑垃圾的年排放量已超过 4 亿 t,建筑垃圾已占城市垃圾总量的 30%~40%,垃圾围城现象已到了触目惊心的地步!大量建筑垃圾的产生、露天堆放或填埋,带来一系列自然资源、能源、环境保护和可持续发展的问题。目前工业发达国家经过长期的努力,已基本实现了建筑垃圾的资源化,如日本已达到 98%,欧盟超过了 90%,而中国尚不足 5%,资源化水平极低。因此,实现建筑垃圾的资源化(其中主要是再生骨料的循环利用)对保护环境、节约资源与能源意义十分重大,也是我国目前迫切需要解决的问题。

4.7.6.3 环保型混凝土

环保型混凝土是指能够改善、美化环境,对人类与自然的协调具有积极作用的混凝土材料。这类混凝土的研究和开发刚起步,它标志着人类在处理混凝土材料与环境的关系过程中采取了更加积极、主动的态度。目前所研究和开发的品种主要有透水、排水性混凝土,绿化植被混凝土、净水混凝土和光催化混凝土等。

为了使混凝土与自然环境相协调,通过混凝土材料的性能、形状或构造等的设计,使其具有降低环境负荷的能力。例如通过控制混凝土的空隙特性和空隙率,可使混凝土具有不同的性能,如良好的透水性、吸音性能、蓄热性能、吸附气体性能等。多孔混凝土即是一例。它由粗骨料和水泥浆结合而成,又称"无砂混凝土",其空隙率一般为 5%~35%,具有良好的透水性和透气性,能够提供生物的繁殖生长空间、净化和保护地下水资源以及吸收环境噪声等。通过对混凝土性能和材料的适当设计,使混凝土能与植物和谐共生,这类混凝土包括植物适应型生态混凝土、海洋生物适应型生态混凝土和淡水生物适应型混凝土,以及净化水质生态混凝土等。如用于工程生态护坡的绿化植被混凝土是由粗骨料、水泥加水拌制而成,再辅以泥土、肥料和保水材料,使其适合植物生长。

将光催化技术应用于水泥混凝土材料中而制成的光催化混凝土则可以起到净化城市大气的作用。随着经济的发展,城市大气污染日益严重,汽车和工业排放的氮氧化物和硫化物等已经形成公害。水泥混凝土材料作为最大宗的人造材料,给人类带来了文明,同时也使得人类逐渐远离绿色自然环境。通过在建筑物表面使用掺有 TiO_2 的混凝土,可以通过光催化作用,使污染物氧化成碳酸、硝酸和硫酸等随雨水排掉,从而净化环境。

4.7.6.4　机敏混凝土

机敏混凝土是指具有感知、调节和修复等功能的混凝土。它是通过在传统的混凝土组分中复合特殊的功能组分而制备的具有本征机敏特性的混凝土。机敏混凝土是信息科学与材料科学相结合的产物,其目标不仅仅是将混凝土作为优良力学性能的建筑材料,而且更注重混凝土与自然的融合和适应性,它为智能混凝土的研究和发展奠定了基础。目前开发的机敏混凝土主要有自感知混凝土、自调节混凝土、自诊断混凝土及自修复混凝土等。

4.7.7　智能混凝土

智能化是现代社会的发展方向。随着现代电子信息技术和材料科学的飞速发展,也促使现代建筑向智能化方向发展,混凝土材料作为各项建筑的基础,其智能化的研究和开发成为人们关注的热点。目前智能混凝土尚处于研制、开发阶段,还没有成熟的技术[25]。

实现混凝土智能化的基本途径是以机敏混凝土为基础,即在混凝土中加入智能组分,如将传感器、驱动器和微处理器等置入混凝土中,使之具有特殊功能的智能效果。目前国内外智能混凝土的研制开发主要集中在以下几个方面:

4.7.7.1　自感知混凝土

自感知混凝土对诸如热、电和磁等外部信号具有监测、感知和反馈的能力,是未来智能建筑的必需组件。它与其他土木工程材料具有很好的兼容性,在材料处理过程中能够抵制外部相对复杂的温度变化,能反映激励过程的信息等。它可以在非破损情况下感知并获得被测结构物全部的物理、力学参数,如:温度、变形、应力应变场等。

4.7.7.2　交通导航混凝土

在智能化交通系统中,汽车行驶将由电脑控制。通过对高速公路上的标记识别,电脑可以确定汽车的行驶线路、速度等参数。如在混凝土中掺入碳纤维等材料可使混凝土具有反射电磁波的功能,采用这种混凝土作为车道两侧的导航标记,即可实现高速公路的自动导航[26]。

4.7.7.3　自调节混凝土

自调节混凝土对由于外力、温度、电场或磁场等变化具有产生形状、刚度、湿度或其他机械特性响应的能力。如在建筑物遭受台风、地震等自然灾害期间能够调整承载能力和减缓结构振动。对于那些对其室内湿度有严格要求的建筑物,如各类展览馆、博物馆及美术馆等,为实现稳定的湿度控制,往往需要许多湿度传感器、控制系统及复杂的布线等,其成本和使用维持的费用都较高。在混凝土中掺入沸石粉可制成能自动调节环境湿度的混凝土,这种调湿混凝土已成功用于多家美术馆的室内墙壁,取得良好的效果。

另外,2010年上海世博会时,意大利场馆采用了加入玻璃质地成分的透明混凝土材料,该混凝土可以增加馆内光线,同时还可以调节馆内温度,节约能源。光线通过不同玻璃质地的透明混凝土照射进来,营造出梦幻的色彩效果。利用机敏混凝土的热电效应,可以实时监测建筑物内外的温度变化,并实现对建筑物内部的温度控制。因此,这种绿色环保型的智能建筑发展前景广阔[27]。

4.7.7.4　损伤自诊断混凝土

损伤自诊断混凝土的出现是与碳纤维的发展紧密相连的。碳纤维是一种高强、高弹模、质轻、耐高温、耐腐蚀、导电性及导热性好的纤维材料。将其掺入混凝土中,由于碳纤维对交流阻抗的敏感,通过交流阻抗谱可计算出碳纤维混凝土的导电率,从而可利用碳纤维的导电性探测混凝土在受力时内部微结构的变化。混凝土将具有自动感知内部应力、应变和损伤程度的功能。混凝土本身成为传感器,实现对构件或结构变形、断裂的自动监测。

4.7.7.5　自修复混凝土

自修复混凝土是模仿生物组织对受创伤部位能分泌某种物质,从而使其愈合的机理,在混凝土中掺入内含黏结剂的空心胶囊、空心玻璃纤维或液芯光纤等,一旦混凝土在外力作用下产生开裂,内部的部分空心胶囊、空心玻璃纤维或液芯光纤等就会破裂而释放黏结剂,黏结剂流向开裂处,使之重新黏结起来,起到损伤自愈合的效果。这种混凝土又称为仿生自愈合混凝土[28]。

参考文献

[1]王作文.房屋建筑学[M].北京:化学工业出版社,2011.

[2]王作文.土木工程施工[M].北京:中国水利水电出版社,2011.

[3]王作文.建筑工程施工与组织[M].西安:西安交通大学,2014.

[4]王鹏禹,缪昌文.混凝土原材料及配合比[M].北京:中国水利水电出版社,2016.

［5］赵德莲，翟玉娟.影响混凝土强度的主要因素及质量控制［J］.科技资讯，2009(01).

［6］陈改新.混凝土耐久性的研究、应用和发展趋势［J］.中国水利水电科学研究院学报，2009(02).

［7］黄智山，王大超.混凝土的耐久性［J］.混凝土，2004(06).

［8］陈肇元.混凝土结构的耐久性设计方法［J］.建筑技术，2003(05).

［9］陈国忠.提高混凝土耐久性的措施［J］.河南水利与南水北调，2010(10).

［10］蒲元强.关于混凝土的质量控制与强度评定［J］.福建建材，2012(05).

［11］李漫江.论混凝土质量的控制和评定［J］.中华建设，2010(05).

［12］毋少娜.普通混凝土的配合比设计［J］.建筑技术开发，2016(07).

［13］苗国峰.普通混凝土配合比设计［J］.山西建筑，2007(16).

［14］吴育德，唐淑健.水泥混凝土的施工质量控制及抗压强度评定［J］.黑龙江交通科技，2005(04).

［15］王继宗，梁晓颖，梁宾桥.混凝土配合比设计方法的研究进展［J］.河北建筑科技学院学报，2003(02).

［16］傅沛兴.现代混凝土特点与配合比设计方法［J］.建筑材料学报，2010(06).

［17］何松华，赵碧华，刘永胜.纤维混凝土技术的研究新进展［J］.商品混凝土，2009(03).

［18］赵春.泵送混凝土技术［J］.山西建筑，2013(02).

［19］余成行，师卫科.泵送混凝土技术与超高泵送混凝土技术［J］.商品混凝土，2011(10).

［20］施海军.高强度混凝土施工质量控制措施研究［J］.建材与装饰，2016(35).

［21］王天雄.高强度与高性能混凝土有关问题的论述［J］.西北水电，2004(04).

［22］李继业，姜金名，葛兆生.特殊性能新型混凝土技术［M］.北京:化学工业出版社，2007.

［23］刘传忠.绿色混凝土的发展及应用［J］.国外建材科技，2008(01).

［24］韩建国，阎培渝.绿色混凝土的研究和应用现状及发展趋势［J］.混凝土世界，2016(06).

［25］李彦军，商建，尚伯忠.智能混凝土的研究［J］.山西建筑，2009(05).

［26］吴泽进，施养杭.智能混凝土的研究与应用评述［J］.混凝土，2009(11).

［27］隋莉莉，刘铁军，娄鹏.混凝土技术的新进展——多功能智能混凝土［J］.水利水电技术，2006(12).

［28］李惠，欧进萍.智能混凝土与结构［J］.工程力学，2007(S2).

第 5 章　建筑钢材

建筑钢材是指用于工程建设的各种钢材,包括钢结构用的各种型钢、钢板,钢筋混凝土用的各种钢筋、钢丝和钢绞线。钢材有一系列优良的技术性能,如强度高、品质均匀,良好的塑性和韧性,具有一定的弹性和塑性变形能力,能承受冲击、振动荷载;钢材的可加工性好,可以进行各种机械加工,还可以通过焊接、铆接和切割等多种方式连接,装配施工方便。因此,建筑钢材是最重要的建筑结构材料之一,广泛应用于各种土木工程中。钢材的缺点是易锈蚀、维护费用大、耐火性差。本章主要对钢的冶炼、钢的分类、建筑钢材的主要技术性能、钢材的冷加工和热处理、钢的组织和化学成分对钢材性能的影响、建筑钢材的标准与选用,以及钢材的防锈和防火进行阐释与探讨。

5.1　钢的冶炼

钢与铁的成分都是铁和碳。两者区别在于含碳量不同。含碳量大于 2% 的为生铁,小于 2% 为钢。

钢是由生铁冶炼而成的。生铁是由铁矿石、焦炭和少量石灰石等在高温的作用下进行还原反应和其他的化学反应,铁矿石中的氧化铁形成金属铁,然后再吸收碳而形成的。原料中的杂质则和石灰石等化合成熔渣。

生铁含有较多的碳和硫、磷、硅、锰等杂质,性质硬而脆,塑性很差,抗拉强度很低,使用受到很大的限制,大部分作为炼钢原料及制造铸件。炼钢的目的是通过冶炼降低生铁中的碳、降低有害杂质含量,再根据对钢性能的要求加入适量的合金元素,以显著改善其技术性能,使其成为具有高强度、韧性或其他特殊性能的钢。

钢的冶炼方法主要有氧气转炉法、电炉法和平炉法三种,如表 5-1 所示。目前,氧气转炉法已成现代炼钢的主要方法,而平炉法已基本被淘汰。

表 5-1　炼钢方法的特点及应用

炉种	原料	特点	生产钢种
氧气转炉	铁水、废钢	冶炼速度快、生产效率高、钢质好	碳素钢、低合金钢
电炉	废钢	容积小、耗电大、控制严格、钢质好	合金钢、优质碳素钢
平炉	生铁、废钢	容量大、冶炼时间长、钢质较好、成本高	碳素钢、低合金钢

在铸锭冷却过程中,由于钢内某些元素在铁的液相中的溶解度大于固相,这些元素便会向凝固较迟的钢锭中心集中,导致这些化学成分在钢中分布不均匀,这种现象称为化学偏析,其中以磷、硫的偏析最为严重。偏析会严重降低钢的质量。

5.2　钢的分类

5.2.1　按化学成分分类

5.2.1.1　碳素钢

碳素钢含碳量为 $0.02\%\sim2.06\%$,按含碳量又分为:低碳钢(含碳量小于 0.25%)、中碳钢(含碳量为 $0.25\%\sim0.60\%$)、高碳钢(含碳量大于 0.6%)。

5.2.1.2　合金钢

合金钢可分为低合金钢(合金元素总量小于 5%)、中合金钢(合金元素总量为 $5\%\sim10\%$)、高合金钢(合金元素总量大于 10%)。

5.2.2　按钢的品质分类

按照钢的品质(即有害成分含量)可分为普通钢、优质钢、高级优质钢、特级优质钢。磷的含量 $\leqslant0.045\%$,硫含量 $\leqslant0.050\%$ 为普通钢;磷的含量 $\leqslant0.035\%$,硫含量 $\leqslant0.035\%$ 为优质钢;磷的含量 $\leqslant0.025\%$,硫含量 $\leqslant0.025\%$ 为高级优质钢;磷的含量 $\leqslant0.025\%$,硫含量 $\leqslant0.015\%$ 为特级优质钢。

5.2.3　按脱氧方法分类

5.2.3.1　沸腾钢

炼钢时仅加入锰铁进行脱氧,脱氧不完全,钢液凝固时有大量的 CO 气体冒出,在液面出现"沸腾"现象,故称为沸腾钢,代号为"F"。这种钢组织不够致密,杂质多,硫、磷等杂质偏析较严重,冲击韧性和可焊性差。由于其成本低,产量高,可以用于一般的建筑结构。

5.2.3.2　镇静钢

炼钢时采用锰铁、硅铁和铝锭等作为脱氧剂,脱氧充分,铸锭时钢液平静地充满锭模并冷却凝固,故称为镇静钢,代号"Z"。其质量均匀,结构致密,可焊性好,抗蚀性强,但成本高,适用于预应力混凝土、承受冲击荷载等重要结构工程。

5.2.3.3　特殊镇静钢

比镇静钢脱氧程度更充分彻底的钢,其质量最好,代号为"TZ"。适用于特别重要的结构。

5.2.4　按用途分类

分为结构钢、工具钢和特殊钢。结构钢是主要用于工程结构构件及机械零件的钢，一般为低碳钢和中碳钢。工具钢是主要用于各种工具、量具及模具的钢，一般为高碳钢。特殊钢是具有特殊物理、化学及力学性能的钢，如不锈钢、耐热钢、磁性钢等，一般为合金钢。

建筑上常用的是普通碳素结构钢和普通低合金结构钢[1]。

5.3　建筑钢材的主要技术性能

5.3.1　建筑钢材的主要力学性能

5.3.1.1　抗拉性能

在外力作用下，材料抵抗变形和断裂的能力称为强度。抗拉性能是钢材最重要的技术性质，建筑钢材的抗拉性能可以通过低碳钢（软钢）的拉伸试验进行测定，如图 5-1 所示，将低碳钢加工成规定的标准试件，在试验机上进行拉伸，钢材受拉时，在产生应力的同时相应地产生应变。应力和应变的关系反映出低碳钢的主要力学特征。通过拉伸试验可以揭示出低碳钢在静载作用下常见的力学行为，即弹性变形、塑性变形、断裂；还可以确定材料的基本力学指标，如屈服强度、抗拉强度，断后伸长率和断面收缩率等。

低碳钢的应力-应变关系如图 5-2 所示，低碳钢从受拉到拉断，分为四个阶段：弹性阶段、屈服阶段、强化阶段和颈缩阶段。

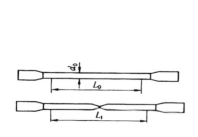

图 5-1　低碳钢拉伸试验试样

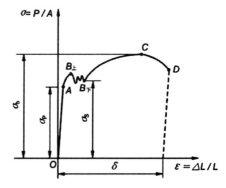

图 5-2　低碳钢受拉应力-应变

1）弹性阶段（OA 段）

在 OA 阶段，应力与应变成比例地增长，如卸去荷载，试件将恢复原状，材料表现为弹性，弹性阶段所产生的变形为弹性变形。在此阶段中，应力与应变之比为常数，称为弹性模量，即 $E = \sigma/\varepsilon$。弹性模量反映了材料受力时抵抗弹性变形的能力，即材料的刚度。弹性模量是钢材在静荷载作用下计算结构变形的一个重要指标。弹性阶段最大应力称为弹性极限 σ_p。土木工程常用的低碳钢弹性模量一般在 $200\sim210\mathrm{GPa}$，σ_p 在 $180\sim218\mathrm{MPa}$。

2）屈服阶段（AB 段）

当应力超过弹性极限后，即应力达到 B 点后继续加载，应变急剧增加，应力先是下降，然后做微小的波动，在应力-应变曲线上出现一个小的波动平台，这种应力基本保持不变，而应变显著增加的现象称为屈服。这一阶段的最大、最小应力分别称为屈服上限和屈服下限。由于屈服下限的数值较为稳定，因此以它作为材料抗力的指标，定义为屈服点或屈服强度，用 σ_s 表示。σ_s 是衡量材料强度的重要指标。常用低碳钢的屈服极限 σ_s 约为 $195\sim300\mathrm{Mpa}$。

钢材受力达屈服点后，变形即迅速发展，尽管尚未破坏但已不能满足使用要求，故工程设计中一般以屈服点作为钢材强度取值依据。

有些钢材如高碳钢无明显的屈服现象，通常以发生微量的塑性变形（0.2%）时的应力作为该钢材的屈服强度，称为条件屈服强度（$\sigma_{0.2}$）。高碳钢拉伸时的应力-应变曲线如图 5-3 所示。

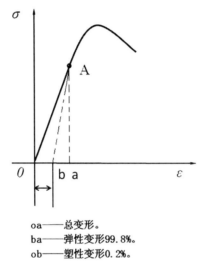

oa——总变形。
ba——弹性变形99.8%。
ob——塑性变形0.2%。

图 5-3　高碳钢拉伸时的应力-应变曲线

3）强化阶段（BC 段）

当荷载超过屈服点以后，由于试件内部组织结构发生变化，抵抗变形能力又重新提高，应力-应变曲线又开始上升，要使它继续变形必须增加拉力，这一阶段称为强化阶段。对应于最高点 C 的应力值称为强度极限或抗拉强度 σ_b，是材料所能承受的最大应力，是衡量材料强度的重要指标。常用低碳钢的 σ_b 一般为 $370\sim500\mathrm{MPa}$。

抗拉强度不能直接利用，但屈服强度与抗拉强的比值（即屈强比 $\sigma_\mathrm{s}/\sigma_\mathrm{b}$）在设计中有着重要意义。工程上使用的钢材，不仅希望具有高的屈服强度，还希望具有一定的屈强比。屈强比越小，钢材在受力超过屈服点工作时的可靠性越大，安全储备越大，材料愈安全。但如果屈强比过小，则钢材有效利用率太低，造成浪费。既要保证安全又要经济，因此工程上常用碳素钢的屈强比为 $0.58\sim0.63$，合金钢的屈强比为 $0.65\sim0.75$。

4）颈缩阶段（CD 段）

当钢材继续受力达到最高点后，应力超过 σ_b，钢材内部遭到严重破坏，试件的截面开始在薄弱处显著缩小,此现象为"颈缩现象"。由于试件断面急剧缩小,塑性变形迅速增加,钢材承载力也就随着下降,最后试件断裂。

塑性是钢材的一个重要的性能指标。钢材的塑性通常用拉伸试验时的伸长率或断面收缩率来表示。把拉断的试件在断口处拼合起来,可测得拉断后的试件长度 L_1 和断口处的最小截面积 A_1。L_1 减去原标距长 L_0 就是塑性变形值,此值与原长 L_0 的比率称为伸长率 δ。伸长率按式(5-1)式计算。

$$\delta = \frac{L_1 - L_0}{L_0} \times 100\% \tag{5-1}$$

式中　δ—断面收缩率;

　　　L_0—试件原始长度,mm;

　　　L_1—试件拉断后长度,mm。

伸长率 δ 是衡量钢材塑性的指标,它的数值越大,表示钢材塑性越好。良好的塑性,可将结构上的应力重新进行分布,从而避免结构过早破坏。δ_5 和 δ_{10} 分别表示 $L_0 = 5d_0$ 和 $L_0 = 10d_0$ 时的伸长率。对同一种钢材 $\delta_5 > \delta_{10}$。这是因为钢材中各段在拉伸的过程中伸长量是不均匀的,颈缩处的伸长率较大,因此当原始标距 L_0 与直径 d_0 之比愈大,则颈缩处伸长值在整个伸长值中的比重愈小,因而计算得的伸长率就愈小。某些钢材的伸长率是采用定标距试件测定的,如标距 $L_0 = 100$mm 或 200mm,则伸长率用 δ_{100} 或 δ_{200} 表示。

普通碳素钢 Q235A 的伸长率 δ_5 可达 26% 以上,在钢材中是塑性相当好的材料。工程中常把常温下静载伸长率大于 5% 的材料称为塑性材料,金属材料中低碳钢是典型的塑性材料。

伸长率反映钢材塑性的大小,在工程中具有重要意义,是评定钢材质量的重要指标。伸长率较大的钢材,钢质较软,强度较低,但塑性好,加工性能好,应力重分布能力强,结构安全性大,但塑性过大对实际使用有影响。塑性过小,钢材质硬脆,受到突然超荷载作用时,构件易断裂。

断面收缩率按式(5-2)计算:

$$\Psi = \frac{A_0 - A_1}{A_0} \times 100\% \tag{5-2}$$

式中　Ψ——断面收缩率;

　　　A_0——试件原始截面积,mm^2;

　　　A_1——试件拉断后颈缩处的最小截面积,mm^2。

伸长率和断面收缩率都表示钢材断裂前塑性变形的能力。伸长率越大或断面收缩率越大,说明钢材塑性越大。钢材塑性大,不仅便于进行各种加工,而且能保证钢材在建筑上的安全使用。

5.3.1.2　冲击韧性

冲击韧性是指钢材抵抗冲击荷载的能力。钢材的冲击韧性通过标准试件的弯曲冲击韧性试验确定的。如图 5-4 所示,将有缺口的标准试件放在冲击试验机的支座上,用摆锤打断试件,测得试件单位面积上所消耗的功,以试件单位面积上所消耗的功,作为冲击韧性指标,用冲击韧性值 α_k 表示,α_k 按下式计算:

$$\alpha_k = \frac{mg(H-h)}{A} \qquad (5-3)$$

式中　α_k——冲击韧性，J/cm^2；

　　　m——摆锤质量，kg；

　　　g——重力加速度，数值为 9.81m/s；

　　　H,h——摆锤冲击前后的高度，m；

　　　A——试件槽口处最小横截面积，cm。

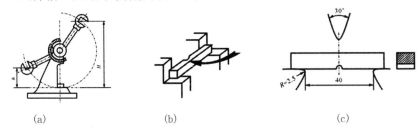

图 5-4　钢材冲击韧性试验

(a)试验机　(b)试件放置及重锤冲击试件　(c)试件缺口

　　α_k 值愈大，表明钢材在断裂时所吸收的能量越多，则冲击韧性越好。影响钢材 α_k 的主要因素有化学成分及轧制质量、环境温度、钢材的时效等。

　　当钢中碳、氧、硫、磷含量高以及存在非金属夹杂物和焊接微裂纹时都会使冲击韧性降低。

　　钢材的冲击韧性随着环境温度的降低而下降，其规律是开始下降缓慢，当达到一定温度范围时，突然下降而呈脆性，这种由韧性状态过渡到脆性状态的性能称为冷脆性。与之对应的温度称为脆性临界（转变）温度，如图 5-5 所示。因此，在负温下使用的结构，应当选用脆性转变温度低于使用温度的钢材。

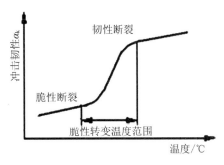

图 5-5　钢的脆性转变温度

　　冷加工时效处理也会使钢材的冲击韧性下降。随时间的延长，钢材表现出强度和硬度提高而塑性和韧性降低的现象称为时效。完成时效的过程可达数十年，但钢材如经过冷加工或使用中受震动和反复荷载作用，时效可迅速发展。因时效作用导致钢材性能改变程度的大小叫时效敏感性。时效敏感性大的钢材，经过时效后，其冲击韧性的降低越显著。为了保证结构安全，对于承受动荷载的重要结构，应当选用时效敏感性小的钢材。

5.3.1.3　耐疲劳性

　　钢材在受交变荷载反复作用时，在应力远小于抗拉强度时突然发生脆性断裂破坏的现象，称为疲劳破坏。所谓交变荷载即荷载随时间作周期变化，引起材料应力随时间作周期性变化。

钢材的疲劳破坏的原因主要是钢材中存在疲劳裂缝源，如构件表面粗糙、有加工的损伤或刻痕、构件内部存在夹杂物或焊接裂缝等缺陷。当应力作用方式、大小或方向等交替变更时，裂缝两面的材料时而紧压或张开，形成了断口光滑的疲劳裂缝扩展区。随着裂缝向深处发展，在疲劳破坏的最后阶段，裂纹尖端由于应力集中而引起剩余截面的脆性断裂，形成在低应力状态下突然发生的脆性破坏，危害极大，往往造成灾难性的事故。从断口可明显分辨出疲劳裂纹扩展区和残留部分的瞬时断裂区。

在一定条件下，钢材疲劳破坏的应力值随应力循环次数的增加而降低。钢材在无穷次交变荷载作用下而不至引起断裂的最大循环应力值，称为疲劳强度极限。钢材的疲劳强度与很多因素有关，如组织结构、表面状态、合金成分、夹杂物和应力集中、受腐蚀程度等几种情况。一般来说，钢材的抗拉强度高，其疲劳极限也较高。对于承受交变应力作用的钢构件，应根据钢材质量及使用条件合理设计，以保证构件足够的安全度及寿命。在设计承受反复荷载且须进行疲劳验算的结构时，应当了解所用钢材的疲劳强度。

5.3.1.4 硬度

硬度是衡量材料抵抗另一硬物压入，表面产生局部变形的能力。硬度可以用来判断钢材的软硬程度，同时间接反映钢材的强度和耐磨性能。测定钢材硬度的方法有布氏法、洛氏法和维氏法。建筑钢材常用布氏硬度表示，其代号为 HB。

布氏硬度试验如图 5-6 所示，按规定选择一个直径为 D（mm）的淬过火的钢球或合金球，以一定荷载 P（N）将其压入试件表面，持续至规定时间（10～15s）后卸去荷载，测定试件表面压痕的直径 d（mm），根据计算或查表确定单位面积上所承受的平均应力值，其值作为硬度指标，称为布氏硬度，根据《金属材料布氏硬度实验》（GB/T 231—2009）的规定，布氏硬度的符号为 HBW，其实验范围的上限为 650HBW，试验力的选择应保证压痕直径在 $0.24D$～$0.6D$ 之间。布氏硬度法比较准确，但压痕较大，不宜用于成品检验。布氏硬度值越大表示钢材越硬。布氏硬度可按式（5-4）表示：

$$布氏硬度 = 常数 \times \frac{试验力}{压痕表面积} = 0.102 \times \frac{2F}{\pi D(D - \sqrt{D^2 - d^2})} \tag{5-4}$$

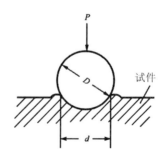

图 5-6 布氏硬度试验

材料的硬度是材料的弹性、塑性及强度等性能的综合反映。实验证明，碳素钢的 HB 值与其抗拉强度 σ_b 之间存在较好的相关关系，当 HB<175 时，$\sigma_b \approx 3.6$HB；当 HB>175 时，$\sigma_b \approx$

3.5HB。根据这些关系,可以在钢结构原位上测出钢材的 HB 值,来估算钢材的抗拉强度。

5.3.2　建筑钢材的工艺性能

钢材的工艺性能指钢材承受各种冷热加工的能力。包括:铸造性、切削加工行、焊接性、冲压性、顶锻性、冷弯性、热处理工艺性能等。对土木工程用钢材而言,其中仅涉及冷弯和焊接性能。

5.3.2.1　冷弯性能

冷弯性能是指钢材在常温下承受弯曲变形的能力,是反映钢材缺陷和塑性的一种重要工艺性能。建筑工程中常须对钢材进行冷弯加工,冷弯试验就是模拟钢材弯曲加工而确定的。

钢材的冷弯性能通过冷弯试验以试验时的弯曲角度和弯心直径为指标表示。钢材冷弯试验是通过直径(或厚度)为 a 的试件,采用标准规定的弯心直径 d($d=na$,n 为整数),弯曲到规定的角度(180 或 90)时,检查弯曲处有无裂纹、断裂及起层等现象,若无则认为冷弯性能合格。冷弯试验如图 5-7 所示,钢材冷弯时的弯曲角度愈大,弯心直径愈小,则表示其冷弯性能愈好。

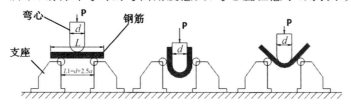

图 5-7　冷弯试验

冷弯试验能反映试件弯曲处的塑性变形,有助于暴露钢材的某些缺陷,如是否存在内部组织部均匀、内应力和夹杂物等缺陷;而在拉伸试验中,这些缺陷常由于均匀的塑性变形导致应力重新分布而被掩饰,故在工程中,冷弯试验还被用作对钢材焊接质量进行严格检验的一种手段。

5.3.2.2　焊接性能

土木工程中钢材间连接 90% 以上采用焊接方式。焊接是指在高温或高压条件下,使材料接缝部分迅速呈熔融或半熔融状态,将两块或两块以上的被焊接材料连接成一个整体的操作方法,是钢材的主要连接形式。钢材的焊接性能是指在一定的焊接工艺条件下,在焊缝及其附近过热区不产生裂纹及硬脆倾向,焊接后钢材的力学性能,特别是强度不低于原有钢材的强度。

影响钢材焊接质量的主要因素是钢材的化学成分、冶炼质量、冷加工、焊接工艺及焊条材料等。其中化学成分对钢材的焊接影响很大。随着钢材的碳、硫、磷和气体杂质元素含量的增大以及加入过多的合金元素,钢材的可焊性降低。钢材的含碳量超过 0.25% 时,可焊性明显降低;硫含量较多时,会使焊口处产生热裂纹,严重降低焊接质量。由于焊接件在使用过程中的主要力学性能是强度、塑性、韧性和耐疲劳性,因此,对焊接件质量影响最大的焊接缺陷是裂纹、缺口和由于硬化而引起的塑性和冲击韧性的降低。

钢材的焊接须执行有关规定,钢材焊接后必须取样进行焊接质量检验,一般包括拉伸试验和冷弯试验,要求试验时试件的断裂不能发生在焊接处[2]。

5.4 钢材的冷加工和热处理

5.4.1 冷加工时效及其应用

将钢材于常温下进行冷拉、冷拔、冷轧等处理,使之产生一定的塑性变形,强度和硬度明显提高,塑性和韧性有所降低,这个过程称为钢材的冷加工强化。通过冷加工产生塑性变形,不但改变钢材的形状和尺寸,而且还能改变钢的晶体结构,从而改变钢的性能。图 5-8 为钢材加工及冷拉强化 $\sigma\delta$ 图。

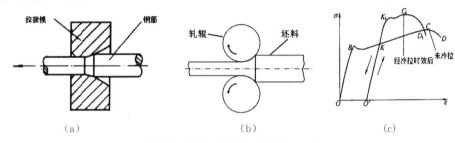

（a）　　　　　　　　　（b）　　　　　　　　　（c）

图 5-8　钢材加工及冷拉强化 $\sigma\delta$ 图
（a）钢筋冷拔　（b）钢材冷轧　（c）热轧钢冷拉前后 $\sigma\delta$ 图

5.4.1.1 冷拉

将热轧钢筋用拉伸设备在常温下将其拉至应力超过屈服点,但远小于抗拉强度时即卸荷,使之产生一定的塑性变形称为冷拉。钢筋冷拉前后应力、应变变化如图 5-8（c）所示。图中 $OBCD$ 为未经过冷拉的钢筋的 $\sigma\delta$ 曲线,若将钢筋冷拉至应力－应变曲线的强化阶段内任一点 K 处,然后缓慢卸去荷载,钢筋的应力-应变曲线则沿 KO' 恢复部分变形（弹性变形部分）,保留 OO' 残余变形。立即再拉伸至钢筋拉断,其应力-应变曲线为 $O'KCD$,屈服点将升高至 K 点,说明钢筋经过冷拉,其屈服点提高而抗拉强度基本不变,塑性和韧性相应降低。

若钢筋冷拉后经过时效处理再将钢筋拉断,则钢筋的 $\sigma\delta$ 曲线为 $O'K_1C_1D_1$,屈服点将升高至 K_1 点,以后的应力-应变曲线 $K_1C_1D_1$ 比原来曲线 KCD 短。这表明钢筋经冷拉时效后,屈服强度进一步提高,抗拉强度也明显提高,塑性和韧性则进一步降低。

钢筋经冷拉后,一般屈服点可提高 20%～30%,钢筋长度增加 4%～10%,因此冷拉也是节约钢材的一种措施(一般为 10%～20%)。冷拉还兼有调直和除锈的作用。钢筋混凝土施工中常利用这一原理,对钢筋或低碳钢盘条按一定制度进行冷拉加工,以提高屈服强度而节省钢材。

5.4.1.2 冷拔

将直径为 6～8mm 的光圆钢筋通过硬质合金拔丝模孔强行拉拔,使其径向挤压缩小而纵向伸长。钢筋在冷拔过程中,不仅受拉,同时还受到挤压作用。一般而言经过一次或多次冷拔后,钢筋的屈服强度可提高 40%～60%,但塑性大大降低,已失去软钢的塑性和韧性,具有硬钢的性质。

5.4.1.3　冷轧

将圆钢在轧钢机上轧成断面形状规则的钢筋,可以提高其强度及与混凝土的握裹力。钢筋在冷轧时,纵向与横向同时产生变形,因而能较好地保持其塑性和内部结构的均匀性。

4.钢材的时效处理

将经过冷加工后的钢材,在常温下存放 15～20d,或加热至 100～200℃并保持 2h 左右,其屈服强度、抗拉强度及硬度进一步提高,塑性和韧性继续有所降低,这个过程称为时效处理。前者称为自然时效,后者称为人工时效。通常对强度较低的钢筋可采用自然时效,强度较高的钢筋则需采用人工时效。由于时效过程中内应力的消减,故弹性模量可基本恢复。

建筑工程中对大量使用的钢筋,往往是冷加工和时效同时采用,以提高钢材强度,节省钢材。但应注意钢材塑性、韧性等性质的变化。

产生冷加工强化的原因是:钢材经冷加工产生塑性变形后,塑性变形区域内的晶粒产生相对滑移,导致滑移面下的晶粒破碎,晶格歪扭畸变,滑移面变得凹凸不平,对晶粒进一步滑移起阻碍作用,亦即提高了抵抗外力的能力,故屈服强度得以提高。同时,冷加工强化后的钢材,由于塑性变形后滑移面减少,从而使其塑性降低,脆性增大,且变形中产生的内应力,使钢的弹性模量降低。

时效硬化原理是:由于溶于铁素体中的过饱和的氮和氧原子,随着时间的增长慢慢地以 Fe_4N 和 FeO 从铁素体中析出,形成渗碳体分布于晶体的滑移面或晶界面上,阻碍晶粒的滑移,增加抵抗塑性变形的能力,从而使钢材的强度和硬度增加、塑性和冲击韧性降低。

5.4.2　钢材的热处理

热处理是将钢材在固态范围内按一定的温度条件,进行加热、保温和冷却处理,以改变其组织,得到所需要的性能的一种工艺。热处理包括淬火、回火、退火和正火。土木工程所用钢材一般只是生产厂进行热处理并以热处理状态供应,施工现场有时须对焊接件进行热处理。

5.4.2.1　淬火和回火

淬火和回火是两道相连的处理过程。淬火是指将钢材加热至基本组织改变温度以上(一般为 900℃以上),保温使基本组织转变为奥氏体,然后投入水或矿物油中急冷,使晶粒细化,碳的固溶量增加,强度和硬度增加,塑性和韧性明显下降。淬火的目的是得到高强度、高硬度的组织,但钢材的塑性和韧性显著降低。

淬火结束后,随后进行回火,是指将比较硬脆、存在内应力的钢,再加热至基本组织改变温度以下(150～650℃),保温后按一定制度冷却至室温的热处理方法。其目的是:促进不稳定组织转变为需要的组织;消除淬火产生的内应力,降低脆性,改善机械性能等。回火后的钢材,内应力消除,硬度降低,塑性和韧性得到改善。

5.4.2.2 退火和正火

退火是指将钢材加热至基本组织转变温度以下或以上,适当保温后缓慢冷却,以消除内应力,减少缺陷和晶格畸变,使钢的塑性和韧性得到改善的处理。基本组织转变温度以下为低温退火,基本组织转变温度以上为完全退火(800～850℃)。通过退火可以减少加工中产生的缺陷、减轻晶格畸变、消除内应力,从而达到改变组织并改善性能的目的。

正火是退火的一种特例,两者仅冷却速度不同,正火是指将钢件加热至基本组织改变温度以上,然后在空气中冷却,使晶格细化,钢的强度提高而塑性有所降低。其主要目的是细化晶粒,消除组织缺陷等。与退火相比,正火后钢的硬度、强度提高,而塑性减小。

对于含碳量高的高强度钢筋和焊接时形成硬脆组织的焊件,适合以退火方式来消除内应力和降低脆性,保证焊接质量。

5.5 钢的组织和化学成分对钢材性能的影响

5.5.1 钢的组织对钢材性能的影响

钢材是晶体材料,由无数微细晶粒所构成,碳与铁结合的方式不同,可形成不同的晶体组织,使钢材的性能产生显著差异。

铁从液态冷却变为固态时,其晶体结构要发生两次转变,即在 1 390℃以上形成体心立方晶体(称 δ-Fe);温度由 1 390℃降至 910℃时,则转变为面心立方晶体(称 γ-Fe);继续降至 910℃以下时,又转变成体心立方晶体(称 α-Fe)。钢是以铁为主的 Fe-C 合金,在钢水冷却过程中,其 Fe 和 C 有以下三种结合形式:

(1)固溶体:铁(Fe)中固溶着微量的碳(C)。

(2)化合物:铁和碳结合成化合物 FeC。

(3)机械混合物:固溶体和化合物的混合物。

以上三种形式的 Fe-C 合金,在一定条件下能形成具有一定形态的聚合体,称为钢的组织,在显微镜下能观察到它们的微观形貌图像,故也称显微组织。钢的基本晶体组织及其性能如表 5-2 所示。

表 5-2 钢的基本晶体组织及其性能

组织名称	含碳量	结构特征	性能
铁素体	≤0.02	C 溶于 α-Fe 中的固溶体	强度、硬度低;塑性、韧性好
奥氏体	0.8	C 溶于 γ-Fe 中的固溶体	强度、硬度不高;塑性大
渗碳体	6.67	化合物 FeC	抗拉强度低,塑性差,性硬脆,耐磨
珠光体	0.8	铁素体和渗碳体的机械混合物	强度和硬度较高;塑性和韧性较好

建筑钢材的含碳量均<0.8%,其基本组织是由铁素体和珠光体组成,因此既有较高的强度,同时塑性、韧性也较好,从而能满足工程所需的技术性能。

5.5.2　钢的化学成分对钢材性能的影响

钢材中除了主要的化学成分(铁)、碳(C)以外,还含有少量的硅(Si)、锰(Mn)、磷(P)、硫(S)、氧(O)、氮(N)、钛(Ti)、钒(V)等元素,它们含量虽少,但是对钢材的性能有很大的影响。

这些成分可分为两类:一类是能改善优化钢材的性能的元素,称为有益元素,主要有 Si、Mn、Ti、V、Nb 等;另一类能劣化钢材的性能,属钢材中的有害元素,主要有氧、硫、氮、磷等[3]。

5.5.2.1　碳

碳是决定钢材性能的主要元素。当含碳量在 0.8% 以下时,随着含碳量的增加,钢的强度和硬度提高,塑性和韧性下降。但当含碳量大于 1.0% 时,由于钢材变脆,强度反而下降,如图 5-9 所示。另外,随着含碳量的增加,钢材的可焊性、耐大气锈蚀性下降,冷脆性和时效敏感性增大。

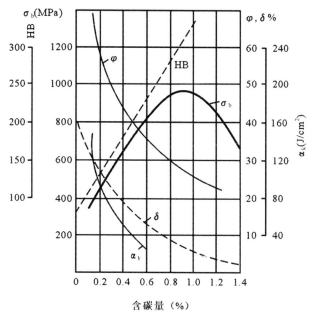

图 5-9　含碳量对热轧碳素钢性质的影响

σ_b—抗拉强度　α_k—冲击韧性　HB—硬度　δ—伸长率　φ—面积缩减率

建筑钢材的含碳量不可过高,一般工程所用的碳素钢为低碳钢,即含碳量小于 0.20%;在用途允许时,可用碳的质量分数较高的钢,最高可达 0.6%。工程所用的低合金钢,其含碳量小于 0.50%。

5.5.2.2　其他各化学成分

其他各化学成分对钢性能的影响如表 5-3 所示。

表 5-3　各化学成分对钢性能的影响

对钢性能 影响利弊	元素	对钢性能的影响	含量范围
有益元素	硅（Si）	硅是作为脱氧剂而存在于钢中，是钢中有益的主要合金元素。硅含量较低（小于 1.0%）时，随着硅含量的增加，能提高钢材的强度、抗疲劳性、耐腐蚀性及抗氧化性，而对塑性和韧性无明显影响，但对可焊性和冷加工性能有所影响	碳素钢的硅含量小于 0.3%；低合金钢的硅含量小于 1.8%
	锰（Mn）	锰是炼钢时用来脱氧去硫而存在于钢中的，是钢中有益的主要合金元素。锰具有很强的脱氧去硫能力，能消除或减轻氧、硫所引起的热脆性。随着锰含量的增加，大大改善钢材的热加工性能，同时能提高钢材的强度、硬度及耐磨性。当锰含量小于 1.0% 时，对钢材的塑性和韧性无明显影响	一般低合金钢的锰含量为 1.0%～2.0%
	钛（Ti）	钛是常用的微量合金元素，是强脱氧剂。随着钛含量的增加，能显著提高强度，改善韧性、可焊性，但稍降低塑性	—
	钒（V）	钒是常用的微量合金元素，是弱脱氧剂。钒加入钢中可减弱碳和氮的不利影响。随着钒含量的增加，有效地提高强度，但有时也会增加焊接淬硬倾向	—
有害元素	磷（P）	磷是钢中很有害的元素。随着磷含量的增加，钢材的强度、屈强比、硬度提高，而塑性和韧性显著降低。特别是温度愈低，对塑性和韧性的影响愈大，显著加大钢材的冷脆性。磷也使钢材的可焊性显著降低。但磷可提高钢材的耐磨性和耐蚀性，故在低合金钢中可配合其他元素作为合金元素使用	一般磷含量要小于 0.045%
	硫（S）	硫是钢中很有害的元素。随着硫含量的增加，加大钢材的热脆性，降低钢材的各种机械性能，也使钢材的可焊性、冲击韧性、耐疲劳性和抗腐蚀性等均降低	一般硫含量要小于 0.045%
	氧（O）	氧是钢中的有害元素。随着氧含量的增加，钢材的强度有所降低，塑性特别是韧性显著降低，可焊性变差。氧的存在会造成钢材的热脆性	一般氧含量要小于 0.03%
	氮（N）	氮对钢材性能的影响与碳、磷相似。随着氮含量的增加，可使钢材的强度提高，但塑性特别是韧性显著降低，可焊性变差，冷脆性加剧。氮在铝、铌、钒等元素的配合下可以减少其不利影响，改善钢材性能，可作为低合金钢的合金元素使用	一般氮含量要小于 0.008%

5.6 建筑钢材的标准与选用

5.6.1 土木工程常用钢材品种

土木工程中所用钢筋、型钢的钢种主要为碳素结构钢、低合金高强度结构钢、优质碳素结构钢等。

5.6.1.1 碳素结构钢

1)牌号及其表示方法

国家标准《碳素结构钢》(GB/T700—2006)规定,碳素结构钢的牌号由代表屈服强度的字母、屈服强度值、质量等级符号、脱氧程度符号等四个部分按顺序组成,如图 5-10 所示。

图 5-10 碳素结构钢的牌号

汉语拼音 Q——代表屈服强度;

屈服强度值——195、215、235 和 275(MPa);

质量等级——按硫、磷杂质含量由多到少,划分为 A、B、C、D 四级(其中:A 级不要求冲击韧性;B 级要求 20℃冲击韧性;C 级要求 0℃冲击韧性;D 级要求－20℃冲击韧性);

脱氧程度——F(沸腾钢),Z(镇静钢),TZ(特殊镇静钢)。Z 和 TZ 可省略。

例如:Q235AF 表示屈服强度为 235MPa 的 A 级沸腾钢;Q235B 表示屈服强度为 235MPa 的 B 级镇静钢。

碳素结构钢的牌号划分及化学成分如表 5-4 所示。

表 5-4 碳素结构钢的牌号及化学成分(GB/T700—2006)

牌号	等级	厚度(或直径)/mm	脱氧方法	化学成分(质量分数)/%,不大于				
				C	Si	Mn	P	S
Q195	—	—	F、Z	0.12	0.3	0.5	0.035	0.04
Q215	A	—	F、Z	0.15	0.35	1.2	0.045	0.05
	B							0.045

续表

牌号	等级	厚度（或直径）/mm	脱氧方法	化学成分（质量分数）/%，不大于				
				C	Si	Mn	P	S
Q235	A	—	F、Z	0.22	0.35	1.4	0.045	0.05
	B			0.2				0.045
	C		Z	0.17			0.04	0.04
	D		TZ				0.035	0.035
Q275	A	—	F、Z	0.24	0.35	1.5	0.045	0.05
	B	≤40	Z	0.21			0.04	0.045
		>40	Z	0.22				
	C	—	Z	0.2			0.04	0.04
	D		TZ				0.035	0.035

注：经需方同意，Q235B 的碳含量可不大于 0.22%。

2）碳素结构钢的主要技术性能

根据国家标准《碳素结构钢》（GB/T700—2006）的规定，碳素结构钢的强度、冲击韧性等指标应符合表 5-5 的规定，冷弯性能应符合表 5-6 的要求。

表 5-5　碳素结构钢的力学性能要求（GB/T700—2006）

牌号	等级	屈服强度[a]R_{eH}/(N/mm²)，不小于						抗拉强度[b]Rm/(N/mm²)	断后伸长率 A/%，不小于					冲击试验（V 型缺口）	
		厚度（或直径）/mm							厚度（或直径）/mm					度/℃	冲击吸收功（纵向）/不小于
		≤16	>16~40	>40~60	>60~100	>100~150	>150~200		≤40	>40~60	>60~100	>100~150	>150~200		
Q195	—	195	185	—	—	—	—	315~450	33	—	—	—	—	—	—
Q215	A	215	205	195	185	175	165	335~450	31	30	29	27	26	—	—
	B													20	27
Q235	A	235	225	215	215	195	185	370~500	26	25	24	22	21	—	—
	B													20	27
	C													0	
	D													−20	
Q275	A	275	265	255	245	225	215	410~540	22	21	20	18	17	—	—
	B													20	27
	C													0	
	D													−20	
a　Q195 的屈服强度值仅供参考，不作交货条件															
b　厚度大于 100mm 的钢材，抗拉强度下限允许降低 20N/mm²，宽带钢（包括剪切钢板）抗拉强度上限不作交货条件															
c　厚度小于 25mm 的 Q235B 级钢材，如供方能保证冲击吸收功值合格，经需方同意，可不做检验															

表 5-6　碳素结构钢的冷弯性能(GB/T700—2006)

牌号	试样方向	冷弯试验 180°　B＝2a²	
		钢材厚度(或直径)ᵇ/mm	
		≤60	>60～100
		弯心直径 d	
Q195	纵	0	—
	横	0.5a	
Q215	纵	0.5a	1.5a
	横	a	2a
Q235	纵	a	2a
	横	1.5a	2.5a
Q275	纵	1.5a	2.5a
	横	2a	3a
a　B 为试样宽度,a 为试样厚度(或直径)			
b　钢材厚度(或直径)大于 100mm 时,弯曲试验由双方协商确定			

从表 5-4、表 5-5 和表 5-6 可以看出,碳素结构钢随着牌号的增大,其含碳量和含锰量增加,强度和硬度提高,而塑性和韧性降低,冷弯性能逐渐变差。

3)碳素结构钢的特性与应用

Q195、Q215:强度低,但塑性、韧性、冷弯性与可焊性好,易于冷加工,常用作轧制薄板、盘条、管坯及螺栓等。

Q235:既有较高的强度,又有良好的塑性韧性与可焊性,综合性能好,能满足一般钢结构和钢筋混凝土结构的要求,最常用。其中 Q235A 适用于只承受静荷载作用的结构,Q235B 适用于承受动荷载的普通焊接结构,Q235C 适用于承受动荷载的重要焊接结构,Q235D 适用于低温下承受动荷载的重要焊接结构。

Q275:强度、硬度高,但塑性、韧性与可焊性差,不易冷加工。不宜用于建筑结构,主要用于制造机械零件和工具等。

受动荷载作用的结构、焊接结构及低温下工作的结构,不能选用 A、B 质量等级钢及沸腾钢。

土木工程结构选用碳素结构钢,应综合考虑结构的工作环境条件、承受荷载类型、承受荷载方式、连接方式等。

5.6.1.2　优质碳素结构钢

根据国家标准《优质碳素结构钢》(GB/T 699—1999)的规定,优质碳素结构钢共有 32 个牌号,除 3 个牌号是沸腾钢外,其余都是镇静钢。分为低含锰量(0.25％～0.50％)、普通含锰量(0.35％～0.80％)和较高含锰量(0.70％～1.20％)三组,其表示方法为:平均含碳量的万分数-含锰量标注-脱氧程度。普通锰含量的不写"Mn",较高锰含量的,在两位数字后加注"Mn";沸腾钢加注"F",例如:"15F"表示平均碳含量为 0.15％、普通含锰量沸腾钢;"45Mn"表示平均碳含量为 0.45％、较高含锰量镇静钢。

优质碳素结构钢有害杂质硫、磷的含量控制严格,质量稳定,综合性能好,但成本较高。其力学性能主要取决于含碳量,含碳量高则强度高,但塑性和韧性降低。在土木工程中,30～45号钢主要用于重要结构的钢铸件及高强螺栓;45 号钢用于预应力混凝土锚具;65～80 号钢用于生产预应力混凝土用钢丝和钢绞线。

5.6.1.3　低合金高强度结构钢

低合金高强度结构钢是在碳素结构钢的基础上,加入总量小于 5％的合金元素制成的结构钢。所加合金元素主要有锰(Mn)、硅(Si)、钒(V)、钛(Ti)、铌(Nb)、铬(Cr)、镍(Ni)及稀土元素等。与碳素结构钢相比,由于合金元素的细晶强化和固溶强化等作用,使其既具有较高的强度,又有良好的塑性、低温冲击韧性、耐锈蚀性及可焊性等,具有较好的综合技术性能。

1)牌号及其表示方法

根据国家标准《低合金高强度结构钢》(GB/T1591—2008)规定,共有八个牌号,即 Q345、Q390、Q420、Q460、Q500、Q550、Q620、Q690。每个牌号又根据其所含硫、磷等有害杂质的含量,分为 A、B、C、D、E 五个等级。(其中:A 级不要求冲击韧性;B 级要求 20℃冲击韧性;C 级要求 0℃冲击韧性;D 级要求−20℃冲击韧性;E 级要求−40℃冲击韧性。)

低合金高强度结构钢的牌号是由屈服强度字母 Q、屈服强度值、质量等级符号(A、B、C、D、E)三个部分组成。低合金钢均为镇静钢。

例如,Q390C 表示屈服点为 390MPa 的 C 级低合金高强度结构钢。

2)技术性能及应用

按照国家标准《低合金高强度结构钢》(GB/T 1591—2008)规定,低合金高强度结构钢的力学性能如表 5-7 所示。

低合金高强度结构钢常用牌号是 Q345、Q390 等。与碳素结构钢相比,低合金高强度结构钢的强度更高,在相同使用条件下,可节省用钢 20％～30％,对减轻结构自重有利。同时低合金高强度结构钢还具有良好的塑性、韧性、可焊性、耐磨性、耐蚀性、耐低温性等性能,有利于提高钢材的服役性能,延长结构的使用寿命。

低合金高强度结构钢主要用于轧制各种型钢、钢板、钢管及钢筋,广泛用于钢结构和钢筋混凝土结构中,特别适用于各种重型结构、高层结构、大跨度结构及桥梁工程等。

表 5-7　低合金高强度结构钢的力学性能

序号	质量等级	以下公称厚度(直径,边长)下屈服强度(R_{eL})/MPa								以下公称厚度(直径,边长)抗拉强度(R_m)/MPa							断后伸长率(A)/% 公称厚度(直径,边长)					
		≤16mm	>16~40	>40~63	>63~80	>80~100	>100~150	>150~200	>200~250	≤40	>40~63	>63~80	>80~100	>100~150	>150~250	>250~400	≤40	>40~63	>63~100	>100~150	>150~250	>250~400
Q345	A B C D E	≥345	≥335	≥325	≥315	≥305	≥285	≥275	≥265 / ≥265	470~630	470~630	470~630	470~630	450~600	450~600	450~600	≥20 / ≥21	≥19 / ≥20	≥19 / ≥20	≥18 / ≥19	≥17 / ≥18	≥17
Q390	A B C D E	≥390	≥370	≥350	≥330	≥330	≥310	—	—	490~650	490~650	490~650	490~650	470~620	—	—	≥20	≥19	≥19	≥18	—	—
Q420	A B C D E	≥420	≥400	≥380	≥360	≥360	≥340	—	—	520~680	520~680	520~680	520~680	500~650	—	—	≥19	≥18	≥18	≥18	—	—
Q460	C D E	≥460	≥440	≥420	≥400	≥400	≥380	—	—	550~720	550~720	550~720	550~720	530~700	—	—	≥17	≥16	≥16	≥16	—	—
Q500	C D E	≥500	≥480	≥470	≥450	≥440	—	—	—	610~770	600~760	590~750	540~730	—	—	—	≥17	≥17	≥17	—	—	—
Q550	C D E	≥550	≥530	≥520	≥500	≥490	—	—	—	670~830	620~810	600~790	590~780	—	—	—	≥16	≥16	≥16	—	—	—
Q620	C D E	≥620	≥600	≥590	≥570	—	—	—	—	710~880	690~880	670~860	—	—	—	—	≥15	≥15	≥15	—	—	—
Q690	C D E	≥690	≥670	≥660	≥640	—	—	—	—	770~940	750~920	730~900	—	—	—	—	≥14	≥14	≥14	—	—	—

a 当屈服不明显时,可测量 R_m 代替下屈服强度

b 宽度不小于 600 mm 扁平材,拉伸试验取横向;宽度小于 600 mm 的扁平材、型材及棒材取纵向试样;断后伸长率最小值相应提高 1%(绝对值)

c 厚度>250 mm~400 mm 的数值适用于扁平材

5.6.1.4　合金结构钢

1)合金结构钢的牌号及其表示方法

根据国家标准《合金结构钢》(GB/T 3077—2011)规定,合金结构钢共有 80 个牌号。

合金结构钢的牌号是由两位数字、合金元素、合金元素平均含量、质量等级符号等四部分组成。两位数字表示平均含碳量的万分数;当含硅量的上限≤0.45%或含锰量的上限≤0.9%时,不加注 Si 或 Mn,其他合金元素无论含量多少均加注合金元素符号;合金元素平均含量小于 1.5%时不加注,合金元素平均含量为 1.50%～2.49%或 2.50%～3.49%或 3.50%～4.49%时,在合金元素符号后面加注 2 或 3 或 4;优质钢不加注,高级优质钢加注"A",特级优质钢加注"E"。例如 20Mn2 钢,表示平均含碳量为 0.20%、含硅量上限≤0.45%、平均含锰量为 0.15%～2.49%的优质合金结构钢。

2)合金结构钢的性能及应用

合金结构钢的分类与优质碳素结构钢的分类相同。合金结构钢的特点是均含有 Si 和 Mn,生产过程中对硫、磷等有害杂质控制严格,并且均为镇静钢,因此质量稳定。

合金结构钢与碳素结构钢相比,具有较高的强度和较好的综合性能,即具有良好的塑性、韧性、可焊性、耐低温性、耐锈蚀性、耐磨性、耐疲劳性等性能,有利于节省用钢,有利于提高钢材的服役性能,延长结构的使用寿命。

合金结构钢主要用于轧制各种型钢、钢板、钢管及钢筋,特别是用于各种重型结构、大跨度结构、高层结构等,其技术经济效果更为显著。

5.6.2 钢筋混凝土结构用钢

钢筋混凝土结构用钢,主要由碳素结构钢和低合金结构钢轧制而成,主要品种有热轧钢筋、冷加工钢筋、热处理钢筋、预应力混凝土用钢丝和钢绞线等。

5.6.2.1 热轧钢筋

钢筋混凝土用热轧钢筋,根据其表面形状分为光圆钢筋和带肋钢筋两类。带肋钢筋有月牙肋钢筋和等高肋钢筋等,如图 5-11 所示。

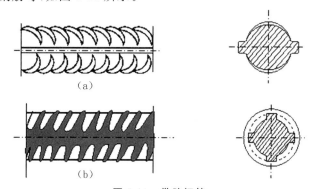

图 5-11　带肋钢筋

(a)月牙肋钢筋　(b)等高肋钢筋

1)热轧钢筋的牌号与技术要求

根据国家标准《钢筋混凝土用热轧光圆钢筋》(GB1499.1—2008)、《钢筋混凝土用热轧带肋钢筋》(GB1499.2—2007)的规定,热轧光圆钢筋分为 HPB235、HPB300 两个牌号;热轧带肋钢筋分为普通热轧钢筋和细晶粒热轧钢筋两个类别,各分为三个牌号。牌号中的数值表示热轧钢筋的屈服强度。热轧钢筋的牌号及其含义如表 5-8 所示;热轧钢筋的力学性能和工艺性能的要求如表 5-9 所示。

表 5-8　热轧钢筋牌号及其含义

类别	牌号	英文字母含义
热轧光圆钢筋	HPB235、HPB300	HPB——热轧光圆钢筋的英文(Hot rolled Plain Bars)缩写
普通热轧钢筋	HRB335、HRB400、HRB500	HRB——热轧带肋钢筋的英文(Hot rolled Rib-bed Bars)缩写
细晶粒热轧钢筋	HRBF335、HRBF400、HRBF500	HRBF——在热轧带肋钢筋的英文缩写后加"细"的英文(Fine)首位字母

表 5-9　热轧钢筋的力学性能和工艺性能要求

表面形状	钢筋牌号	公称直径 a(mm)	屈服强度 σ_s(MPa)	抗拉强度 σ_b(MPa)	断后伸长率 δ(%)	最大力总伸长率 δ_{gt}(%)	冷弯试验(180°) 弯心直径(d)
			不小于				
光圆钢筋	HPB235	6～22	235	370	25	10	$d=a$
	HPB300	6～22	300	420	25	10	
带肋钢筋	HRB335 HRBF335	6～25 28～40 >40～50	335	455	17	7.5	$d=3a$ $d=4a$ $d=5a$
	HRB400 HRBF400	6～25 28～40 >40～50	400	540	16	7.5	$d=4a$ $d=5a$ $d=6a$
	HRB500 HRBF500	6～25 28～40 >40～50	500	630	15	7.5	$d=6a$ $d=7a$ $d=8a$

2)热轧钢筋的应用

热轧光圆钢筋是由碳素结构钢轧制而成,其强度较低,但塑性及焊接性能好,伸长率高,便于弯折成形和进行各种冷加工,广泛用于普通钢筋混凝土构件中,作为中、小型钢筋混凝土结构的主要受力钢筋和各种钢筋混凝土结构的箍筋等。

热轧带肋钢筋采用低合金钢热轧而成,因表面带肋,加强了钢筋与混凝土之间的握裹力,其中 HRB335、HRBF335、HRB400 和 HRBF400 钢筋的强度较高,塑性和焊接性能较好,广泛用于大、中型钢筋混凝土结构的受力钢筋,经过冷拉后可用作预应力钢筋;HRB500 和 HRBF500 钢筋强度高,但塑性和焊接性能较差,适宜作预应力钢筋。

5.6.2.2　冷轧带肋钢筋

冷轧带肋钢筋是以热轧光圆钢筋为母材,经冷轧成的表面带有沿着长度方向均匀分布的两面或三面月牙肋的钢筋。

现行国家标准《冷轧带肋钢筋》(GB13788—2008)的规定,冷轧带肋钢筋的牌号由 CRB 和钢筋的抗拉强度最小值组成,分为 CRB550、CRB650、CRB800、CRB970 四个牌号,其中 C、R、B 分别表示冷轧(Cold rolled)、带肋(Ribbed)、钢筋(Bars)的英文首位字母。CRB550 为普通混凝土用钢筋,其他牌号为预应力混凝土用钢筋。CRB550 的公称直径范围为 4mm～12mm,其他牌号钢筋为 4mm、5mm、6mm。

冷轧带肋钢筋的力学性能和工艺性能要求如表 5-10 所示。

表 5-10 冷轧带肋钢筋的力学性能和工艺性能

牌号	屈服强度 $\sigma_{0.2}$(MPa) 不小于	抗拉强度 σ_b(MPa) 不小于	伸长率(%)不小于		冷弯(180°)弯心直径(D)(d 为钢筋公称直径)	反复弯曲次数	初始应力松弛($\sigma_{com}=0.7\sigma_b$)	
			δ_{10}	δ_{100}			1000h 不大于(%)	10h 不大于(%)
CRB550	500	550	8.0	—	$D=3d$	—	—	—
CRB650	585	650	—	4.0	—	3	8	5
CRB800	720	800	—	4.0	—	3	8	5
CRB970	875	970	—	4.0	—	3	8	5

冷轧带肋钢筋是采用冷加工方法强化的典型产品,冷轧后钢筋的握裹力提高,与冷拉、冷拔钢筋相比,强度相近,但克服了它们握裹力小的缺点。因此,可广泛用于中、小预应力混凝土结构构件和普通钢筋混凝土结构构件,也可用于焊接钢筋网。CRB550 为普通钢筋混凝土用钢筋,其他牌号为预应力混凝土用钢筋。

5.6.2.3 预应力混凝土用热处理钢筋

预应力混凝土用热处理钢筋是由热轧螺纹钢筋经淬火和回火等调质处理制成的螺纹钢筋,代号为 RB150。按螺纹外形可分为有纵肋和无纵肋两种。

根据《预应力混凝土用热处理钢筋》(GB4463—1984),热处理钢筋的设计强度取标准强度的 0.8,先张法和后张法预应力的张拉控制应力分别为标准强度的 0.7 和 0.65。

预应力混凝土用热处理钢筋具有高强度、高韧性和高握裹力等优点,主要用于预应力混凝土轨枕,用以代替高强度钢丝,其配筋根数少,制作方便,锚固性能好,建立的预应力稳定。还用于预应力梁、板结构及吊车梁等,使用效果好。

5.6.2.4 预应力混凝土用钢丝和钢绞线

1)预应力混凝土用钢丝

预应力混凝土用钢丝是高碳钢盘条经淬火、酸洗、冷拔等工艺加工而成的高强度钢丝。

根据国家标准《预应力混凝土用钢丝》(GB/T5223—2002)规定:钢丝按加工状态分为冷拉钢丝(代号为 WCD)和消除应力钢丝两类,消除应力钢丝按松弛性能又分为低松弛钢丝(代号为 WLR)和普通松弛钢丝(代号为 WNR)两种;钢丝按外形分为光圆钢丝(代号为 P)、螺旋肋钢丝(代号为 H)和刻痕钢丝(代号为 I)三种。

预应力混凝土用钢丝具有强度高、柔性好、松弛率低、抗腐蚀性强、质量稳定、安全可靠等特点,可适用于大型构件等,节省钢材,施工方便,安全可靠,但成本较高,主要用于大跨度屋架及薄腹梁、大跨度吊车梁、桥梁等的预应力结构。

2)预应力混凝土用钢绞线

预应力混凝土用钢绞线是由若干根一定直径的冷拉光圆钢丝或刻痕钢丝捻制,再进行连续的稳定化处理而制成。根据《预应力混凝土用钢绞线》(GB/T5224—2003),根据捻制结构(钢丝的股数),将其分为五类,其代号为:1×2、1×3、1×3I、1×7、1×7C。

预应力钢绞线具有强度高、柔韧性好、无接头、质量稳定和施工方便等特点,使用时按要求的长度切割,多使用于大跨度、重荷载的预应力混凝土结构。

5.6.3　钢结构用钢

钢结构用钢材主要是热轧成型的钢板和型钢等;薄壁轻型钢结构中主要采用薄壁型钢、圆钢和小角钢;钢材所用的母材主要是普通碳素结构钢和低合金高强度结构钢。

5.6.3.1　热轧型钢

热轧型钢主要采用碳素结构钢 Q235-A,低合金高强度结构钢 Q345 和 Q390 热轧成型。常用的热轧型钢有角钢、工字钢、槽钢、T 型钢、H 型钢、Z 型钢等。碳素结构钢 Q235-A 制成的热轧型钢,强度适中,塑性和可焊性较好,冶炼容易,成本低,适用于土木工程中的各种钢结构。低合金高强度结构钢 Q345 和 Q390 制成的热轧型钢,性能较前者好,适用于大跨度、承受动荷载的钢结构。如图 5-13 所示为各种规格的热轧型钢截面示意图。

(a)等边角钢　(b)不等边角　(c)工字钢　(d)槽型钢　(e)H 型钢　(f)T 型钢　(g)钢管

图 5-12　热轧型钢截面示意图

(a)等边角钢　(b)不等边角　(c)工字钢　(d)槽型钢　(e)H 型钢　(f)T 型钢　(g)钢管

5.6.3.2　冷弯薄壁型钢

冷弯薄壁型钢是用薄钢板经模压或弯曲而制成,主要有角钢、槽钢、方形、矩形等截面型式,壁厚一般为 1.5～5mm。用于轻型钢结构。

5.6.3.3　钢板

钢板分为热轧钢板和冷轧钢板两类。土木工程用钢板主要是碳素结构钢,某些重型结构、大跨度桥梁等也采用低合金钢。

按厚度热轧钢板又可分为厚板(厚度大于 4mm)和薄板(厚度为 0.35～4mm)两种,冷轧钢板只有薄板(厚度为 0.2～4mm)。一般厚板叮用于型钢的连接,组成钢结构承力构件;薄板可用作屋面或墙面等的维护结构,或作为涂层钢板及薄壁型钢的原材料。

5.6.3.4　钢管

钢管按有无缝分为两大类:一类是无缝钢管,无缝钢管为中空截面、周边没有接缝的长条钢材;另一类是焊缝钢管,是用钢板或钢带经过卷曲成型后焊接制成的钢管。按照钢管的形状可以分为方形管、矩形管、八角形、六角形、五角形等异形钢管。钢管主要用在网架结构、脚手架、机械支架中。

土木工程中钢筋混凝土用钢材和钢结构用钢材,主要根据结构的重要性、承受荷载类型(动荷载或静荷载)、承受荷载方式(直接或间接等)、连接方法(焊接或铆接)、温度条件(正温或负温)等,综合考虑钢种或钢牌号、质量等级和脱氧程度等进行选用,以保证结构的安全[4]。

5.7 钢材的防锈和防火

5.7.1 钢材的防锈

钢材在使用过程中由于环境原因往往存在腐蚀现象,由于环境介质的作用,其中的铁与介质产生化学反应,逐步被破坏,导致钢材腐蚀,又称为锈蚀。钢材的腐蚀不仅使钢材有效截面积减小,还会产生局部锈坑,引起应力集中;腐蚀会显著降低钢材的强度、塑性、韧性等力学性能。尤其在冲击荷载、循环交变荷载作用下,将产生锈蚀疲劳现象,使钢材的疲劳强度大为降低,甚至出现脆性断裂。

5.7.1.1 钢材腐蚀的主要原因

1)化学腐蚀

化学腐蚀指钢材与周围的介质(如 O_2、CO_2、SO_2 和水等)直接发生化学作用,生成疏松的氧化物而引起的腐蚀。一般情况下是钢材表面 FeO 保护膜被氧化成黑色的 Fe_3O_4 所致。在常温干燥时,钢材表面形成 FeO 保护膜,可防止钢材进一步锈蚀。因此,在干燥环境中化学腐蚀的速度缓慢,但在温度高和湿度较大时腐蚀速度大大加快。

2)电化学腐蚀

钢材由不同的晶体组织构成,并含有杂质,由于这些成分的电极电位不同,当有电解质溶液(如水)存在时,就会在钢材表面形成许多微小的局部原电池。整个电化学腐蚀过程如下:

阳极区:$Fe = Fe^{2+} + 2e$

阴极区:$2H_2O + 2e + 1/2O_2 = 2OH^- + H_2O$

溶液区:$Fe^{2+} + 2OH^- = Fe(OH)_2$

$Fe(OH)_2 + O_2 + 2H_2O = 4Fe(OH)_3$

水是弱电解质溶液,而溶有 CO_2 的水则成为有效的电解质溶液,从而加速电化学腐蚀的过程。

电化学腐蚀的特点在于,腐蚀历程可分为两个相对独立的并可同时进行的阳极(发生氧化反应)和阴极(发生还原反应)过程。特征为受蚀区域是金属表面的阳极,腐蚀产物常常产生在阳极与阴极之间,不能覆盖被蚀区域,通常起不到保护作用。

电化学腐蚀和化学腐蚀的显著区别是电化学腐蚀过程中有电流产生。钢材在酸碱盐溶液及海水中发生的腐蚀、地下管线的土壤腐蚀、在大气中的腐蚀、与其他金属接触处的腐蚀,均属于电化学腐蚀,电化学腐蚀是钢材腐蚀的主要形式。

3)应力腐蚀

钢材在应力状态下腐蚀加快的现象,称为应力腐蚀。钢筋冷弯处、预应力钢筋等都会因应力存在而加速腐蚀[5]。

5.7.1.2　防止钢材锈蚀的措施

钢材的腐蚀既有材料本身的原因(内因),又有环境作用的因素(外因),因此要防止或减少钢材的腐蚀可以从改变钢材本身的易腐蚀性、隔离环境中的侵蚀性介质或改变钢材表面的电化学过程三方面入手。

1)采用耐候钢

耐候钢即耐大气腐蚀钢。耐候钢是在碳素钢和低合金钢中加入少量铜、铬、镍、钼等合金元素而制成。这种钢在大气作用下,能在表面形成一种致密的防腐保护层,起到耐腐蚀作用,同时保持钢材良好的焊接性能,可以显著提高钢材本身的耐腐蚀能力。

2)金属覆盖

用耐腐蚀性好的金属,以电镀或喷镀的方法覆盖在钢材表面,提高钢材的耐腐蚀能力。常用的方法有:镀锌(如白铁皮)、镀锡(如马口铁)、镀铜和镀铬等。根据防腐的作用原理可分为阴极覆盖和阳极覆盖。阴极覆盖采用电位比钢材高的金属覆盖,如镀锡。所覆盖金属膜仅为机械地保护钢材,当保护膜破裂后,反而会加速钢材在电解质中的腐蚀。阳极覆盖采用电位比钢材低的金属覆盖,如镀锌,所覆金属膜因电化学作用而保护钢材。

3)非金属覆盖

在钢材表面用非金属材料作为保护膜,与环境介质隔离,以避免或减缓腐蚀。如喷涂涂料、搪瓷和塑料等。

涂料通常分为底漆、中间漆和面漆。底漆要求有比较好的附着力和防锈能力,中间漆为防锈漆,面漆要求有较好的牢度和耐候性,以保护底漆不受损伤或风化。一般应用为两道底漆(或一道底漆和一道中间漆)与两道面漆,要求高时可增加一道中间漆或面漆。使用防锈涂料时,应注意钢构件表面的除锈以及底漆、中间漆和面漆的匹配。

常用底漆有:红丹底漆、环氧富锌漆、铁红环氧低漆等。中间漆有:红丹防锈漆、铁红防锈漆等。面漆有:灰铅漆、醇酸磁漆和酚醛磁漆等。薄壁型钢及薄钢板制品可采用热浸镀锌或镀锌后加涂塑料复合层[6]。

5.7.1.3　混凝土中钢筋的防锈

在正常的混凝土为碱性环境,其 pH 约为 12,这时在钢材表面能形成碱性氧化膜,称之为钝化膜,对钢筋起一定的保护作用。若混凝土碳化后,由于碱度降低会失去对钢筋的保护作用。此外,混凝土中氯离子达到一定浓度,也会严重破坏表面的钝化膜。

为防止钢筋锈蚀,应保证混凝土的密实度以及钢筋外侧混凝土保护层的厚度,在二氧化碳浓度高的工业区采用硅酸盐水泥或普通硅酸盐水泥,限制含氯盐外加剂掺量并使用混凝土用钢筋防锈剂(如亚硝酸钠)。预应力混凝土应禁止使用含氯盐的骨料和外加剂。对于加气混凝土等可以用在钢筋表面涂环氧树脂或镀锌等方法来防锈。

实际工程中因根据具体情况采用上述一种或几种方法进行综合保护,这样可获得更好钢材防腐效果[7]。

5.7.2　钢材的防火

钢材是不燃性材料,但并不说明钢材能抵抗火灾。耐火试验与火灾案例调查表明:以失去支持能力为标准,无保护层时钢柱和屋架的耐火极限只有 0.25h,而裸露钢梁的耐火极限仅为 0.15h。温度在 200℃ 以内,可以认为钢材的性能基本不变;当温度超过 300℃ 以后,钢材的弹性模量、屈服点和极限强度均开始显著降低;到达 600℃ 时,弹性模量、屈服点和极限强度均接近于零,已失去承载力。所以,没有防火保护层的钢结构是不耐火的。

在钢结构或钢筋混凝土结构遇到火灾时,应考虑高温透过保护层后对钢筋或型钢金相组织及力学性能的影响。尤其在预应力结构中,还必须考虑钢筋在高温条件下的预应力损失造成的整个结构物应力体系的变化。

钢材防火的防护措施主要有涂敷防火涂料、采用不燃性板材和实心包裹法等。

5.7.2.1　防火涂料

防火涂料按受热时的变化分为膨胀型(薄型)和非膨胀型(厚型)两种。

膨胀型防火涂料的涂层厚度一般为 2～7mm,附着力较强,有一定的装饰效果。由于其内含膨胀组分,遇火后会膨胀增厚 5～10 倍,形成多孔结构,从而起到良好的隔热防火作用,根据准备层厚度可使构件的耐火极限达到 0.5～1.5h。

非膨胀型防火涂料的涂层厚度一般为 8～50mm,呈粒状面,密度小、强度低,喷涂后需再用装饰面层隔护,耐火极限可达 0.5～3.0h。为使防火涂料牢固地包裹钢构件,可在涂层内埋设钢丝网,并使钢丝网与钢构件表面的净距离保持在 6mm 左右。

5.7.2.2　采用不燃性板材

常用的不燃性板材有石膏板、硅酸钙板、蛭石板、珍珠岩板、矿棉板、岩棉板等,可通过黏结剂或钢钉、钢箍等固定在钢构件上。

5.7.2.3　实心包裹法

一般将钢结构浇注在混凝土中。

参考文献

[1]杨杨,钱晓倩.土木工程材料[M].武汉:武汉大学出版社,2014.

[2]刘海军.谈建筑钢材的性质[J].民营科技,2012(02).

[3]张连忠.造成建筑钢材脆性破坏的因素及改进措施[J].山西财经大学学报,2014(S1).

[4]但泽义.建筑结构钢材的选用[J].钢铁技术,2004(06).

[5]杨艳菊.浅析建筑钢材的锈蚀及防止措施[J].中国新技术新产品,2012(07).

[6]刘冰.建筑钢材的腐蚀问题与防护对策[J].中华建设,2014(04).

[7]毕海.试谈建筑钢材的锈蚀与防止[J].今日科苑,2010(02).

第6章 水泥钢筋混凝土的应用及探讨

近些年来,我国建筑工程的数量在不断增加,随着建筑设计与建筑施工水平的不断提高,人们对建筑结构的要求也不断地提升。建筑结构设计是建筑设计中的最重要组成部分,建筑结构的稳定性与强度关系到整座建筑的使用年限与安全性。钢筋混凝土结构凭借其坚固、耐用在建筑工程中被普遍的使用。本章主要对大体积混凝土的裂缝问题、纤维复合材料加固混凝土构件耐久性设计,以及水泥混凝土路面单位用水量计算经验公式质疑进行阐述与探讨。

6.1 大体积混凝土的裂缝问题

6.1.1 大体积混凝土的定义及特点

对于大体积混凝土的定义并没有十分明确的标准,一般将体积与厚度较大的混凝土看作为大体积混凝土。混凝土结构物实体最小几何尺寸不小于1m的大体量混凝土,或预计会因混凝土中胶凝材料水化引起的温度变化和收缩而导致有害裂缝产生的混凝土,称之为大体积混凝土。

大体积混凝土体积较大,厚度较大,表面系数较小,水泥水化热反应较为集中,内部温度升高速度较快,很容易出现内部与外部温差。在温差作用下,大体积混凝土会出现温度裂缝,裂缝容易对整体混凝土结构及其承载力造成严重威胁,难以保证整体混凝土质量。在应用领域上,大体积混凝土应用领域较广,主要在高层建筑基础底板、特殊结构、大型设备基础等领域。大体积混凝土施工工艺较为复杂,且在施工过程中容易出现一些常见的质量问题,严重影响着混凝土施工质量。质量问题的存在,可能是一个因素或多个因素作用的结果,为此,为保证大体积混凝土施工质量,应采取积极有效的质量控制措施。大体积混凝土在施工过程中必须严格地控制施工质量,对于混凝土内部由于水化热作用引起的内外温度的差异要引起足够的重视。并且要合理的控制大体积混凝土由于温度应力产生的裂缝。

6.1.2 大体积混凝土的分类

6.1.2.1 微观裂缝

通常情况下,混凝土的裂缝主要包括粘着裂缝、水泥石裂缝和集料裂缝。大体积混凝土出现的微裂缝主要是前两种形式。如果对大体积混凝土施工过程中的微裂缝控制不严的话,将会对混凝土的基本性质产生重大的影响。微裂缝在混凝土结构上的分布呈现不规则的状态而且并没有贯穿整个的混凝土结构。产生微裂缝的大体积混凝土结构仍然能够承受一定的拉力作用。但是如果裂缝处的拉力过大,就会导致裂缝迅速的扩展,直至贯穿整个混凝土结构。对于大体积混凝土微裂缝的成因,可以认为是在混凝土发生水化和硬化作用的同时,造成了混凝土结构的整个体积发生了不均匀变形,混凝土内部的各种材料之间不均匀变形形成一定的约束应力,导致裂缝的发生。

6.1.2.2 宏观裂缝

裂缝的宽度在 0.05mm 以上的,称之为宏观裂缝,宏观裂缝一般是由微观裂缝发展而来的,大体积混凝土结构的外荷载过大是造成宏观裂缝发生的一个主要原因。混凝土宏观裂缝的形成原因也可能是其他因素的影响。此外在混凝土内外的温差产生的稳定应力大于混凝土的抗拉强度时会产生内部裂缝。混凝土在浇筑完成之后,会经过较长的时间才会降低温度,这导致混凝土内部的温度场变化无常。混凝土水化热导致混凝土的浇筑温度过高,形成一个较高的温度场,在温度降低时就会产生一个较大的应力差,当温度应力大于混凝土的抗拉强度时就会造成贯穿裂缝的出现。

6.1.2.3 早期温度裂缝

混凝土裂缝的产生,多是由于混凝土内部温差过大引起的。在混凝土浇筑作业结束后,早期混凝土内部与外部环境温差超过 25℃ 的话,在温差作用下,大体积混凝土将会产生温度裂缝,温度裂缝主要分为表面裂缝与贯穿性裂缝两种。

1)表面裂缝

大体积混凝土浇筑需要大量水泥,在完成浇筑作业后,其水泥水化热量较大,且因混凝土体积较大,导致水化热在混凝土内部不容易散发,从而导致混凝土温度增加的速度超过混凝土内部温差散发的速度,从而形成较大的内部与外部温差。在温差作用力下,混凝土内部产生压力,混凝土表面产生较大拉应力,加上早期混凝土强度不足,抗拉性能较差,从而出现混凝土裂缝。这种裂缝多分布于混凝土表面,并不会影响到混凝土内部,对混凝土结构的整体性能影响较小。

2)贯穿性裂缝

因混凝土结构内部与外部温差较大,在约束作用下产生裂缝。如大体积混凝土浇筑于桩基后,没有采取有效的措施对混凝土约束力进行降低、缓解或取消等,则混凝土会在约束作用下,混凝土拉应超过了混凝土极限抗拉强度,导致混凝土裂缝的产生,这种裂缝属于贯穿性裂缝,对整体混凝土结构的性能会造成严重影响。

6.1.2.4 深层裂缝

普通钢筋混凝土裂缝宽度不能超过 0.2~0.25mm(主要承载结构允许不超过 0.2mm,二级结构允许不超过 0.25mm),因为在这一限制下,即使有裂纹,也不会到深层。如果超过这个限制就是深层的裂缝。深裂缝的危害是很大的,原本一个整体结构,设计中考虑整个联合受力,现在因为有裂缝,应力改变了原始设计,结构内部应力再分配。原来次要的部分可能变成主要的部分应该注意。

6.1.3　大体积混凝土裂缝出现的原因

6.1.3.1　混凝土自身的体积稳定性

混凝土的体积稳定性是指混凝土在物理和化学作用下抵抗变形的能力。如果大体积混凝土自身的体积稳定性不好就会导致混凝土的抗渗透性能不断的降低,部分呈现溶液性质的物质从表面渗透到混凝土的内部,造成了大体积混凝土的耐久性不断的降低。通常情况下混凝土的体积要经过三个阶段的变化:混凝土在硬化前的体积变化;混凝土在硬化过程中的体积变化;混凝土在硬化后的体积变化。

6.1.3.2　混凝土的徐变

混凝土结构在外部荷载的作用下会产生变形,这种变形除了能够恢复的弹性变形以外,还会产生一部分不可恢复的随时间的延长不断积累的非弹性变形,通常我们把这一部分的变形称之为"徐变变形"。徐变变形的表现形式为混凝土内部的质点发生黏性滑动的现象。在混凝土结构变形不变和混凝土内部的约束力减小的情况下,就产生了应力松弛的现象。徐变变形降低了大体积混凝土结构受温度应力的影响,能够有效地减少温缩裂缝。同时徐变也可以减轻混凝土结构体的应力集中现象,能够减轻基础在不均匀沉降作用下进去的局部的应力峰值。在进行大体积混凝土的浇筑过程中,在保证大体积混凝土的结构强度的前提下,可以尽量地提高大体积混凝土结构物的徐变来达到减轻混凝土结构裂缝的目的。但是过分强调徐变的影响,也有其不利的一面,徐变会造成混凝土结构的变形不断加大,所以对徐变变形的选择要综合的考虑[1]。

6.1.3.3　温度变形

混凝土随着温度的升高(或降低)而体积发生膨胀(或收缩)的现象称为温度变形。在混凝土硬化过程中,由于环境温度环境的变化及混凝土热胀冷缩的性质,在温度下降后混凝土必将产生收缩而产生拉应力。当拉应力超过混凝土的极限抗拉应力时,将产生裂缝。再者由于水泥的水化产生大量的热量,大体积混凝土内部因为散热慢而使其温度迅速升高,产生内外温差导致内部混凝土膨胀,而外部混凝土经散热温度降低而收缩,形成表面裂缝。

混凝土有热胀冷缩的性质。当外部环境或结构由于内部温度变化,混凝土变形将发生。如果变形约束导致混凝土,建筑结构内的应力增大,当应力超过混凝土抗拉强度会产生温度裂缝。在一些大跨度的梁,温度应力可以达到甚至超过活荷载应力。温度裂缝和其他裂缝之间的差异是最重要的特性是随着温度变化和扩张或关闭。由于温度变化的主要因素是:

(1)温差。一年四个季节温度变化,但变化相对较慢,光照的影响主要是引起梁纵向位移,一般通过梁位移或设置伸缩缝,设置柔性墩等措施来缓解纵向位移。当结构的位移受到限制可能导致温度裂缝。我国温差在 1 月和 7 月的平均气温一般考虑为温度变化量。考虑混凝土的蠕变的特点,在年内力之间的温差的计算应考虑混凝土弹性模量换算系数。

（2）阳光。屋面板、梁、墙体一侧受日晒后,表面温度明显高于其他地方,温度梯度分布是非线性的。由于自身的限制,导致当地的混凝土拉应力裂缝将会更大。温度下降和阳光出现是大体积混凝土结构出现温度裂缝最常见的因素之一。

（3）突然冷却。雨和冷空气入侵,日落等可能导致大体积混凝土结构表面温度突然下降,产生的温度梯度,内部温度变化相对较慢。阳光和突然降温时计算内力可以使用设计规范或参考实际住房数据,混凝土弹性模量降低的因素是不考虑折算系数。

（4）水化热。在大体积混凝土浇筑施工中由于水泥水化后释放大量的热量,结构内部温度升高,内外温差太大以致混凝土表面产生裂缝。应该根据实际情况尽量选择水泥水化热低,限制水泥剂量单位和降低入模温度,减少内部和外部之间的温差和缓慢冷却,冷却循环系统可以在必要的时候进行混凝土内部冷却,或者使用薄层连续浇筑技术的加速冷却。

（5）冬天施工或蒸汽养护措施不当。混凝土遭受了突如其来的冷热,内部和外部的温差太大,太容易出现裂缝。

（6）预制 T 梁横隔板之间安装。支座预埋钢板与调平钢板焊接时,若焊接时措施不当,铁件附近混凝土烧伤容易开裂。使用电热拉法张拉预应力,预应力钢的温度可以增加到 400℃,因此混凝土组件很容易裂缝。实验研究表明,高温火烧伤引起的混凝土强度随温度的增加而明显降低。钢筋与混凝土的黏结力下降,混凝土温度 280℃ 抗拉强度下降 60% 后,抗压强度 50%,圆钢筋和混凝土黏结力下降了 70%。被加热,混凝土体内自由水蒸发也会产生急剧收缩裂缝[2]。

6.1.3.4　收缩变形

混凝土由于内部热量是通过表面向外传播,冷却阶段仍然是混凝土中心的分布温度很高,表面温度较低,因此,混凝土表面和中心的一部分冷却程度是不同的,在混凝土内部产生较大的限制,基础和边界条件在混凝土收缩时产生大的外部约束,内部和外部约束的作用,混凝土的收缩拉应力、大体积混凝土随着时间的增长,由于收缩温度和拉应力较大,除了抵消加热时产生的压应力,形成了高强度混凝土应力,结合混凝土硬化,包括大量的多余的水分会逐渐蒸发,水泥干燥凝胶和体积收缩变形,造成基础或结构边界约束和拉应力,导致大体积混凝土裂缝。

混凝土在空气中凝固体积减小现象称为混凝土的干燥收缩。混凝土在没有外力的情况下,自身从浇筑到最终凝固的过程中有外部约束,混凝土会产生拉应力,混凝土开裂。混凝土裂缝的原因主要是塑性收缩、干缩和温度收缩。在硬化初期主要是水泥在凝固结硬过程中的体积变化,后期主要是混凝土内部自由水分蒸发而引起的干缩变形。

由于在浇灌混凝土的过程使用的都是混合好的混凝土,含有的水分较多。在光照和风的作用下,建筑工程中混凝土的水分减少,从而体积收缩,产生形变。但是,由于混凝土本身还有钢筋结构,所以在钢筋的支持下,有一部分混凝土形状不会发生变化。这就导致混凝土拉应力进一步变大,如果超过最大承载力,将会产生收缩裂缝。

在实际工程中,混凝土收缩引起的裂缝是最常见的一种。混凝土的收缩类型中塑性收缩和收水收缩(干缩)的主要原因是混凝土体积变形、收缩和塑性收缩和自收缩和碳化。

发生在施工过程中对混凝土浇筑后 4～5 小时,水泥水化反应激烈,分子链逐渐形成、出现泌水和水分快速蒸发,混凝土失水收缩,总重量下降同时混凝土硬化,称为塑性收缩。塑性收缩引起的数量级很大,可以达到 1% 左右。如果在下降过程中受到钢筋的阻碍,就会沿着钢的方向形成裂缝。在垂直不均匀的构件如 T 梁、箱形梁腹板和底板连接处,因为之前硬化沉降不均匀,出现表面裂缝。减少混凝土的塑性收缩,浇筑时应该控制水灰比,避免过长时间的混合,下料不宜太快,振动密实,适当的垂直截面分层浇筑。

由于混凝土硬化以后,表面水分逐渐的蒸发,湿度逐渐降低,混凝土体积减小,被称为收水收缩(干缩)。

自生收缩是混凝土在硬化过程中,水泥水化反应和水发生反应,这种收缩与湿度和外界无关,并且可以是积极的(即收缩,如普通硅酸盐水泥混凝土),也可以是负的(即扩张,如矿渣水泥混凝土和粉煤灰水泥混凝土)。

碳化收缩:大气中的二氧化碳和水泥水合物收缩变形引起的化学反应。碳化收缩只能发生在约 50% 的湿度,和二氧化碳的浓度的增加速度。碳化速度一般不计算。

混凝土收缩裂缝的特点是大部分是表面裂缝,裂缝宽度较细,纵横交错,裂纹形状,形状没有任何规则。研究表明,混凝土收缩裂缝的主要影响因素有:

(1)水泥品种、标号和剂量。矿渣水泥、快硬水泥、低热水泥混凝土收缩较高,普通水泥、火山灰灰水泥、高铝水泥混凝土收缩很低。其他水泥标号低,单位体积量越大,研磨细度越大,混凝土的收缩大且发生收缩时间长。例如,为了提高混凝土的强度,建筑通常采用的做法就是增加水泥用量,结果收缩应力明显增加。

(2)骨料品种。聚合的石英、长石、石灰石、白云石、花岗石等,吸水率小,低收缩性;砂岩、板岩、角闪岩吸水率较大,高收缩。另外骨料粒径大收缩小,含水量大收缩越大。

(3)水灰比。用水量较大,水灰比越高,混凝土的收缩越大。

(4)添加剂。添加剂的保水性越好,混凝土的收缩越小。

(5)维护方法。良好的维护可以加速混凝土的水化反应,提高混凝土强度。当维护保持湿度较高,温度越低,固化时间越长,混凝土的收缩越小。蒸汽养护混凝土固化收缩小于自然方式。

(6)外部环境。大气湿度小,空气干燥,温度高、风速大,混凝土水分蒸发快,混凝土的收缩越快。

(7)振动模式和时间。机械振动捣固混凝土收缩小于手动方式。振动时间应根据机械性能决定,一般以 5~15s/次为宜。时间太短,振动不密实,形成的混凝土强度不足或不均匀;时间太长,导致分层,粗集料沉入底部、细集料留在高层,强度不均匀,上部容易发生收缩裂缝。对于温度和收缩引起的裂缝,结构加固能明显改善混凝土的抗裂性,特别是薄壁结构(2060cm)的壁厚。结构钢筋应首选在小直径钢筋(从 8mm 到 14mm),小间距安排(@10~@15cm),整个截面结构配筋率不应低于 0.3%,一般可以使用 0.3%~0.5%。

6.1.3.5　荷载作用下变形

在荷载作用下,当构件界面产生拉应力时,会引起拉伸变形;当构件截面产生压应力时,会引起压缩变形。当截面上的拉应力大于混凝土的抗拉强度时,构件就会产生裂缝。对于荷载裂缝的宽度控制程度还应根据荷载裂缝在拟已建工程的实际表现来确定。结构上的问题助长

开裂的往往是楼板过薄,钢筋的混凝土保护层厚度太小,应力集中部位的配筋缺陷以及构造钢筋不足等。出现的原因:

(1)构件实际承受的活荷载通常大于设计规定的标准值;

(2)构件实际的受力状态与设计采用的理想计算图形有差别,工程中的受弯构件在其端部往往相互紧接,受弯后端部外推受阻产生拱效应,降低了弯矩和钢筋内力;

(3)最大裂缝宽度的出现概率本来很低,出现后的后果又不像承载力失效那样严重,可能采用过于保守的裂缝宽度的计算公式。

6.1.3.6 材料的影响

大体积混凝土的开裂主要是由自身的收缩作用产生的拉应力超过其本身的抗拉强度引起的。混凝土的收缩程度会受到水泥的种类、品质和水泥用量的影响。特别要重视水泥的细度,如果水泥的细度过小的话,就会导致水泥混凝土的过早出现开裂。大体积混凝土中的集料的含泥量如果偏高的话,也容易造成混凝土结构的开裂。这主要是因为骨料表面的泥土会影响到水泥和集料之间胶结作用,这会导致大体积水泥混凝土的抗拉强度减小。有研究表明,外掺剂的加入会影响到混凝土的干缩系数。通常情况下,一般的外加剂会降低混凝土的干缩值,混凝土的干缩值在加入外加剂之后初期的干缩值会增大。当混凝土掺入膨胀剂时要特别加强养护的要求。

混凝土主要由水泥、砂、粗骨料、拌和水及外加剂组成。配置混凝土所采用材料质量不合格,可能导致结构出现裂缝。

1)水泥

由于塑性阶段混凝土失水速度大于泌水速度,造成表层混凝土的失水收缩,混凝土受内力与钢筋的约束造成受拉开裂。现今水泥的早强特性及外加剂的掺加使用不适当,使得混凝土较快或者过于缓慢凝结。凝结较快时易造成塑性开裂;当混凝土长时间处于塑性状态,将增加其塑性开裂的可能性,塑性开裂时对钢筋的耐久性,特别是砼碳化导致的钢筋锈蚀有很大危害。

(1)水泥安定性不合格,水泥中游离的氧化钙含量超标。氧化钙在凝结过程中水化很慢,在水泥混凝土凝结后仍然继续起水化作用,可破坏已硬化的水泥石,使混凝土抗拉强度下降。

(2)水泥出厂时强度不足或不合格,水泥受潮或过期,可能使混凝土强度不足,导致混凝土开裂。

(3)当使用含碱量较高的水泥(例如超过 0.6%),同时骨料又使用含有碱活性的,可能导致碱-骨料反应。

2)砂、石骨料的粒径、级配、杂质含量

(1)砂粒径太小,级配不良,孔隙比大,会导致水泥的用量和水的用量加大,影响混凝土的强度,导致混凝土收缩,如果使用超出规定的细沙,后果更严重。沙和砾石的云母含量较高,会削弱水泥和骨料的结合,降低混凝土的强度。

(2)砂含泥量高,不仅水泥用量的增加,拌和水用量也会增加,而且还降低混凝土的强度和抗冻性、抗渗性。因此,对骨料中泥和泥块含量必须严格控制,如表 6-1 所示。

(3)岩石中有机物质和轻物质太多,将推迟水泥的硬化过程,降低混凝土的强度,尤其是在早期强度。砂岩中硫化物与水泥中的铝酸三钙发生化学反应,体积膨胀 2.5 倍。

(4)混合水和外加剂混合使用时水中氯化物含量较高对钢筋腐蚀有较大影响。使用水或苏打水搅拌混凝土,或使用碱性剂,可能影响碱骨料反应。

表 6-1 砂、石中的泥和泥块含量限制(GB/T 14684—2001)

项目		指标		
		Ⅰ 类	Ⅱ 类	Ⅲ 类
含泥量(按质量计算,%)	砂	<1.0	<3.0	<5.0
	石	<0.5	<1.0	<1.5
含泥块量(按质量计算,%)	砂	0	<1.0	<2.0
	石	0	<0.5	<0.7

6.1.3.7 施工控制的影响

在夏季气温较高的情况下,水泥混凝土的流动性、和易性比较差,如果对加水量控制不严格的话,过多的水分加入会降低混凝土的强度,容易形成温缩和干缩裂缝。另外采取不正确的振捣方法也会影响到混凝土的强度,会造成混凝土出现离析现象,表面出现浮浆。这些都很可能导致水泥混凝土在表面出现开裂现象。在大体积混凝土浇筑完成之后,如果不及时地进行保湿养护,使得混凝土表面的水分迅速蒸发,也很容易造成混凝土的干缩发生。

在浇筑混凝土结构、组件生产、起模、运输、存储、安装和吊装过程中,如果用不合理的施工工艺,施工质量低劣容易产生垂直的、水平的、斜向的、横向的、表面的、深入和贯穿的各种裂缝,特别细长薄壁结构更有可能出现。裂缝出现的部位和走向、裂缝宽度,由于不同的原因产生。典型常见的是:

(1)混凝土保护层厚度过厚,或乱踩绑扎好的上层钢筋,使负弯曲力钢筋保护层下增厚,并导致组件的有效高度降低,形成与受力钢筋垂直方向的裂缝。

(2)混凝土振动不致密,不均匀,孔隙,坑,空洞,导致钢铁腐蚀或其他负载裂纹的起源点。

(3)混凝土浇筑过快,混凝土流动性很低,在混凝土硬化之前沉淀不足,硬化后过大,容易在数小时后发生裂纹、塑性收缩裂缝。

(4)混凝土搅拌、运输时间太长,水分蒸发过多,导致混凝土坍落度过低,出现不规则的混凝土收缩裂缝。

(5)混凝土初期养护时快速干燥,混凝土早期养护时,混凝土与大气接触的表面上出现的不规则收缩裂缝。

(6)泵送混凝土施工,以确保混凝土的流动性,增加水和水泥用量,增加了水灰比或其他原因加大水灰比,导致混凝土凝结硬化收缩增加,使混凝土出现不规则裂缝。

(7)分段浇筑混凝土联合部分处理不好,新老混凝土之间容易出现裂缝。如分层浇筑混凝土,混凝土浇筑后因停电,下雨等原因在浇筑混凝土浇筑之前未能初凝,导致层面之间的横向裂纹。使用分段现浇,先将浇混凝土接触面凿毛,清洁不好,新老混凝土之间的黏结力很小,或后浇筑混凝土养护不到位,导致混凝土收缩引起的裂缝。

（8）早期混凝土受冻，使组件表面出现裂纹、剥落或脱模后出现空鼓现象。

（9）施工时模板刚度不足，在浇筑混凝土时，由于模板侧向压力变形的影响，出现变形裂缝。

（10）施工中过早拆除模板的混凝土强度不足，在组件的本身重量或施工荷载作用下产生裂缝。

（11）施工之前建设的支架压实不足，刚度不足，支架不均匀下沉，容易导致混凝土裂缝。

（12）预制装配结构，当组件运输、储存、支撑垫木不在一条垂直线，或支架太长，或运输过程中剧烈颠撞；起重、吊装位置 T 梁和横向刚度较小的组件时，横向无可靠加固措施等，都有可能产生裂缝。

（13）安装顺序不正确，对后果的理解不足，导致裂缝出现。如钢筋混凝土连续梁满堂支架现浇施工时，钢筋混凝土墙式护栏若与主梁同时浇筑，拆架后墙式护栏往往产生裂缝；拆架后再浇筑护栏，则裂缝不易出现。

（14）施工质量控制不好。任何形式的混凝土、水、沙子和砾石，水泥材料计算不准确，导致混凝土强度不足和其他属性（和易性、紧致性）下降，导致结构的裂缝。

（15）在进行分层浇筑混凝土的过程中，如上层与下层混凝土浇筑时间控制不当，时间较长，则会导致混凝土层之间出现泌水层，泌水层的存在，会严重影响混凝土强度，导致混凝土起砂或脱皮等质量问题。且大体积混凝土施工，其混凝土用量较大，多采取泵送的方式进行浇筑，在混凝土表面，也会出现水泥浆较厚的问题，引起泌水现象。

6.1.3.8　地基基础变形引起的裂缝

由于基础垂直不均匀沉降和水平位移，使结构产生附加应力，超出钢筋混凝土结构的抗拉能力，导致出现裂缝。基础不均匀沉降的主要原因是：

（1）地质调查精度不够，和实验数据不准确。在没有完全把握地质情况就进行设计、施工，这是基础的不均匀沉降的主要原因。如丘陵和山区地形，勘探钻孔间距太远，地基岩面波动大，调查报告不能充分反映实际的地质条件。

（2）基础地质差异太大。搭建桥梁在山谷之中，河谷地质和山坡上的地质变化更大，河沟中甚至存在于软弱地基，由于不同压缩性地基土面引起不均匀沉降。

（3）结构荷载差异太大。地质条件相一致的条件下，基本负荷差异太大，部分可能会引起不均匀沉降，例如高填土箱形涵洞中部比两边的荷载要大，中部的沉降就要比两边大，箱涵可能开裂。

（4）结构基础型类型的差异。相同基础上，使用不同的基础如扩大基础和桩基础等，或采用桩基础，但在同一桩基础中使用不同桩长、桩径，或同时使用扩大基础底高差大，也会导致基础不均匀沉降。

（5）施工阶段的基础。在现有的房屋基础附近上建造新房子，如分段建造一半左右的房子，新建房屋荷载或基础处理时引起地基土重新固结，可能会导致更大的现有建筑物基础沉降。

（6）地面冻胀。基础在小于零的情况下含水率较高，因为地基土的冻胀；当温度回升，永久冻土融化和地面沉降。因此所有的冻结和融化基础可以引起不均匀沉降。

（7）房屋基于滑坡、岩溶洞穴或活断层等不良地质，可能引起不均匀沉降。

（8）房屋建造后改变原来的基础条件。大多数的天然地基和人工地基在洪水之后，特别是灌浆土壤、黄黏土、膨胀土等特殊地基土，土壤强度遇水下降，压缩变形加大。在软土地基中，由人工抽水引起的地下水位下降，或旱季，地基土固结下沉，与此同时，根据浮力减少，负载和负摩擦阻力增加时，基础受荷加大。地面负载条件下的变化，如房屋附近因塌方、山体滑坡等原因堆置大量废方、砂石等，房址范围土层可能受压缩再次变形。因此，使用期间原始基础条件变化可能引起不均匀沉降[3]。

6.1.3.9　钢筋锈蚀引起的裂缝

由于混凝土质量较差或保护层厚度不足，以及混凝土保护层受到二氧化碳腐蚀而表面炭化，使钢筋周围混凝土碱度降低，或由于氯化物介入，钢铁周围氯离子含量较高，可以损坏钢材表面氧化膜，钢筋铁离子和入侵的混凝土中的氧气和水分发生锈蚀反应，其腐蚀物质氢氧化铁体积增大 24 倍，从而对周围混凝土产生膨胀压力，导致混凝土保护层开裂，剥离，沿钢筋纵向产生裂缝，并有锈迹渗到混凝土表面。由于锈蚀使得钢筋有效截面面积减少，使钢的控制减弱，钢筋及钢筋混凝土结构承载力下降，并会诱发其他形式的裂缝，钢筋腐蚀加剧，导致结构失效。为了防止钢筋腐蚀，设计时应根据规范要求控制裂缝宽度，以及足够的保护层厚度（防护层，当然，也不能太厚，否则组件有效高度降低，裂缝宽度和压力会增加），施工时应控制混凝土的水灰比、加强振动，确保混凝土的密实度，防止氧气侵入，同时，严格控制氯盐外加剂用量，沿海地区或其他高度腐蚀性空气，特别是地下水地区应该谨慎。

6.1.3.10　冻胀引起的裂缝

大气温低于冰点，饱和混凝土吸水出现冻结，自由水转变成冰，出现 9% 的体积膨胀，膨胀的混凝土同时产生应力，同时，混凝土凝胶孔的过冷水（冻结温度低于 -78℃）在微观结构中迁移和重分布引起渗透压，使混凝土中膨胀力加大，混凝土强度降低，并导致裂纹出现。尤其是混凝土初凝时遭受冻胀，使凝固后的混凝土强度损失可能达到 30%～50%，冬季施工预应力管道灌浆后没有保温措施也可能发生沿管道的方向冻胀裂缝。温度低于冰点和混凝土水饱和度是冻胀破坏发生的必要条件。当混凝土骨料的空隙过多，吸水性强，总包含太多的灰尘等杂质，混凝土水灰比偏人、振动没压实，缺乏维护，使混凝土早期受冻，等等，都有可能导致混凝土冻胀裂缝。冬季施工时，使用电加热的方法，温室、地下蓄热法、蒸汽加热方法固化并与掺防冻剂混凝土搅拌水混合（但不宜使用氯盐），可以保证在低温条件下，负温度混凝土硬化[4]。

6.1.4　提高大体积混凝土抗裂性能的方法

6.1.4.1　掺加外加料和外加剂

众所周知，人们在使用的混凝土产品中，制造商掺加一定量的粉煤灰与混凝土混合，一定剂量的粉煤灰可以改善混凝土的质量。在大体积混凝土中添加一定量的粉煤灰，不仅可以改善混凝土的和易性，也可以提高混凝土的密实度，提高渗透率的能力，减少混凝土的收缩变形，减少水泥的用量。降低水泥水化热引起的大体积混凝土内部温度上升，防止温度裂缝的发生，使用粉煤灰作为混凝土掺合料是最有效的方法之一,这种方法是经济的,材料来源广泛。此外,还可以通过选择适当的类型的外加剂,改善或减轻混凝土的水化热引起的变形裂缝。经常使用一定量的 UFA 膨胀剂,可以相当于取代水泥,但成本较高。该膨胀剂会使混凝土产生适度的膨胀,一方面确保混凝土的密实度,另一方面使混凝土内部产生应力,以抵消混凝土中产生的拉应力的一部分。另一个减水缓凝剂,按一定比例加入混凝土不仅能保证一定的坍落度,方便操作,也可以推迟水化热高峰期和改善混凝土的和易性,方便操作,也可以降低水灰比,以达到减少水化热的目标。并可以减少后期混凝土凝结过程,由于水分大量损失造成的裂缝。

在大体积混凝土中膨胀剂添加到使混凝土使得在硬化过程中产生体积的膨胀,这部分的体积的扩张对引起的干燥收缩、温度收缩裂缝有补偿,以减少和减缓裂缝的发展速度和数量。目前市场上的膨胀剂有很多类型,合理的选择结合工程实践。通常情况下,混合剂的掺入量控制在 10%～12%。

6.1.4.2　掺加增强型材料

在大体积混凝土中掺入增强型材料,可以有效地提高混凝土的抗拉强度,常见的增强型材料有无机纤维、有机纤维、金属纤维等。

6.1.4.3　配置温度筋

合理的配置钢筋会明显的增加混凝土的抗拉强度,减小钢筋的直径和钢筋之间的间距,能够很有效地提高混凝土的抗裂性能。特别是对于大体积混凝土,减少中间配筋,增加部分温度筋的数量,可以起到很好的抗裂效果。

6.1.4.4　控制水泥品种与用量

理论研究和工程实践证明,大体积混凝土产生裂缝的主要原因是释放大量的热量在水泥水化过程中。因此,在大体积混凝土施工过程中,我们应该合理选择水泥品种,不同种类的水泥水化热是不同的。水泥水化热的大小和速度取决于水泥矿物组成。水泥矿物中发热速度最快的和热值最大的是铝酸三钙,其他依次是硅酸三钙、硅酸二钙和铁铝酸四钙。此外,水泥水化热的大小与水泥颗粒的粗细程度有关,水泥越细发热速率越快,水化热对裂缝的影响越大。所以我们应该尝试在大体积混凝土施工中尽量使用,灰矿渣硅酸盐水泥混凝土。水泥品种是一个方面,与此同时,我们将尽力降低水泥混凝土的实际数量,它可以直接减少热量产生的水化热。但在一个合理的范围内,避免水泥剂量太低,导致组件设计的结构强度降低和安全隐患。

6.1.4.5　优化大体积混凝土设计

基于大体积混凝土一般用于建筑物或构筑物,主要使用的混凝土的抗压性能。所以减少大体积混凝土钢筋布置或布筋较少。为了提高混凝土的抗拉性能,减少裂缝的发生,如孔洞周围和裂纹容易发生的拐角处布置一些钢筋,使钢代替混凝土拉应力,从而使项目成本多增加。这样的工程建设质量和组件的强度将大大提高,可以有效地控制裂缝的产生和发展。

其次,结合大体积混凝土在整个项目中发挥作用,在力学、安全的前提下,可以满足使用要求,合理的安排变形缝的位置,这可以非常有效地防止裂纹扩张和减少大体积混凝土体积及总体降低水泥水化热的热量。同时,减少混凝土保护层厚度也可以在一定程度上,减少裂缝的产生。

6.1.4.6 施工过程的质量控制

1)严格控制原材料质量

商品混凝土生产工厂严格控制混凝土原材料的质量和技术标准,选择水泥水化热低,优化掺合料,尽量减少粗细骨料含泥量,分析混凝土集料的配合比,合理控制水灰比,减少坍落度,加减混合水,建筑部分或组件允许的话,在骨料颗粒的选择上应选择较大的碎石,碎石强度较高,同时合理搭配,使连续级配碎石骨料是科学合理的。大体积混凝土达到较小的孔隙率和表面积,从而减少水泥的数量,降低水化热,在大体积混凝土凝结过程中减少干燥收缩变形,达到防止混凝土裂缝的目的。

2)合理安排混凝土的浇筑环境

浇筑混凝土时应尽量安排在夜间,降低混凝土入模温度,加强混凝土的振捣,采用二次振捣技术,用平板振动器振捣严实,提高混凝土密实度。

3)控制混凝土的入模温度

控制混凝土入模温度,工程基础施工能有效控制水化热释放率。在夏天的时候,浇注混凝土入模温度高,水化热、混凝土内部温度较高。减少措施:一是使用冷水冲浇沙子和砾石,搭设凉棚存放;第二个是输送管不能阻塞;三是运输管道距离较短。注意减少拐角,在管路支架上设管套减少管道摩擦热值的增加。浇注温度控制在 28℃,使实际入模温度略低于大气温度 1～3℃。推迟水化热峰值,时间约 2d 左右。

4)严格温度监测

加强施工温度的控制。包括:混凝土浇筑后,混凝土的保温、保湿保养,为了使混凝土缓慢冷却,充分发挥其蠕变特性,降低温度应力。夏季应坚决避免暴露在强光中,注意水分流失,冬季应采取保温覆盖措施,以避免发生剧烈的温度梯度变化;采取长时间的维护,确定合理的拆模时间,降低冷却速度,延长冷却时间长,充分发挥混凝土"应力松弛效应";加强测温和温度监测。可以使用热敏感温度计监测或专人多点监控,掌握和控制混凝土温度的变化。混凝土内外温差应控制在 25℃,基础表面温差和基底表面温度控制在 20℃,并及时调整保护和维护措施,使混凝土温度梯度和湿度变化不大,有效控制有害裂缝,合理安排施工工程序,混凝土在浇筑过程中温度应均匀上升,还应避免混凝土堆积高差过大。结构完成后及时回填土,避免长时间曝光。底板采取斜面分层,整体浇筑方法。同时对于底板混凝土采用 JD02 建筑电子测温仪测量混凝土内部温度,监测混凝土表面温度与结构中心温度。为了采取相应措施,确保混凝土的施工质量,控制混凝土内外温差。温度测量、混凝土温度上升阶段测试每 2h 一次,每 4h 测量温度下降阶段。同时测量大气温度。所有测温点都应编号,对混凝土内部不同深度和表面温度测量。

5)采取温度的控制和防止裂缝的措施

为了防止裂缝,减少温度应力应从温度控制和改善约束条件两个方面来谈。温度控制措施如下:

(1)用细骨料级配,用干混凝土搅拌混合,加引气剂或塑化剂等其他措施,以减少混凝土中的水泥用量;

(2)混凝土拌和时加水或用水冷却碎石以降低混凝土的浇筑温度;

(3)天气炎热浇注混凝土时,减少构件的厚度,利用浇筑层面散热;

(4)水管嵌在混凝土,通风和用冷水冷却;

(5)合理规定拆除模板的时间,温度下降时对表面进行保温,以避免剧烈的温度梯度。

施工中长期暴露在空气中的混凝土浇筑块表面或薄壁结构,在寒冷季节采取保温措施。

提高约束措施有:①合理的分缝分块;②避免基础太大起伏;③安排合理的施工过程,以避免过度的高差和长时间曝光。此外,改善混凝土的性能,提高抗裂能力,加强维护,以防止表面收缩,特别是,保证混凝土的质量,防止裂缝是非常重要的,应特别注意避免产生裂缝,出现后要恢复其结构的整体性是十分困难的。所以应该优先考虑施工期间贯穿性裂缝的发生。在混凝土施工中,为了提高模板的周转率,往往需要新浇筑混凝土模具尽快拆模。当混凝土温度高于气温时应适当考虑拆除,以免引起混凝土表面的早期裂缝。在新浇筑初期,在表面引起很大的拉应力,出现"温度冲击"现象。在混凝土浇筑的开始,由于水化热损失,在表面引起相当大的拉应力,表面温度亦较气温为高,此时模板的拆除,表面温度过低,不可避免地导致温度梯度,从而在表面附加一拉应力,表面应力叠加和水化热,加上混凝土的干燥收缩,表面拉应力达到很大的值,就有导致裂缝的危险,但是如果拆除模板后表面覆盖一个轻量级的保温材料,如泡沫海绵,防止在混凝土表面产生过度拉伸应力,有重大的作用。加筋强化对大体积混凝土的温度应力影响很小,由于大体积混凝土配筋率非常低,只是对普通钢筋混凝土产生影响。在温度不太高及应力低于屈服极限的条件下,钢的各种性能是稳定的,与应力状态,时间和温度无关。钢铁和混凝土的线性膨胀系数差异很小,温度变化只发生在一个小的内应力。由于混凝土弹性模量是钢的弹性模量7~15倍,当应力达到混凝土的抗拉强度而开裂时,钢筋应力不超过 $100 \sim 200 kg/cm^2$ ……所以,在混凝土中想要利用钢筋来防止细小裂缝的出现很困难。但加钢筋后结构裂缝一般数量变得小得多,间距小、宽度和深度变小了。如果钢筋的直径和间距过小,提高混凝土抗裂性能效果更好。混凝土和钢筋混凝土结构的表面常常会发生细而浅的裂缝。虽然这种一般都较浅,但它对结构的强度和耐久性仍有一定的影响。

为了保证混凝土施工质量,防止开裂,提高混凝土的耐久性,外加剂的正确使用是减少裂纹的措施。它的主要功能是:

(1)大量的混凝土毛细通道,水蒸发后毛细管中产生毛细管张力,使混凝土的干燥收缩变形。增加了毛细孔直径可以减少毛细管表面张力,但会使混凝土强度降低。表面张力理论早在20世纪60年代已被国际上证实。

(2)水灰比是影响混凝土收缩的重要因素,使用减水型混凝土防裂剂可使水的消耗降低25%。

(3)水泥用量也是混凝土收缩率的重要因素,掺加减水防裂剂的混凝土在保持混凝土强度的条件下可减少15%的水泥用量,其体积用增加骨料用量来补充。

(4)减水防裂剂可以改善水泥浆的稠度,降低混凝土的泌水,减少收缩变形。

(5)改善水泥和骨料凝聚力,提高混凝土的抗裂性能。

(6)约束混凝土收缩时出现拉应力,当拉应力超过混凝土的抗拉强度产生裂缝。减水防裂剂能有效提高混凝土的抗拉强度,大幅提高混凝土的抗裂性能。

(7)添加外加剂可以使混凝土的密度提高,并能有效地改善混凝土的碳化性能,减少碳化收缩。

(8)添加减水防裂剂外加剂的混凝土可以适当地推迟缓凝时间,在有效防止水泥水化热的基础上,避免因水泥长期不凝而带来的塑性收缩增加。

(9)掺合矿物料的混凝土的和易性好,表面易抹平,形成微膜,减少水分蒸发,减少干燥收缩。许多外加剂都有缓凝、增加和易性和改善塑料的功能,我们在工程实践中应多进行这方面的实验对比和研究,不仅仅是通过改善外部条件,可能会更加简单和经济[5]。

6.1.4.7　合理的振捣方法

为了确保混凝土的夯实程度,用行列式或梅花形振动。在每次浇筑时布置五个振动棒。两部在浇筑,两部在振捣流捎部分,一部在后面补振。振距为 500mm。振捣上层混凝土时,振捣棒应插入下层混凝土至少 50mm,使上下层结合成整体。振捣时间一般在 20s～30s,待返浆出现后,混凝土不下沉为准。但应防止精振和过振。振动压实后,用木抹子或长木头,平整压实两到三遍。然后在表层再铺撒 10mm 厚的一层细砂。

6.1.4.8　保湿保温养护

做好养护工作,采用蓄水方式进行。在混凝土表面覆盖一层塑料薄膜,一层麻袋片,同时根据温差条件及时增加或减少混凝土表面保护层的厚度。混凝土内外温差及混凝土表面和大气温度不得超过 25℃。当发现内外温差的 ATS＝25℃,应立即增加覆盖;当降至低于 20℃,可拆卸部分覆盖,以加速冷却,如此反复,应注意速度不大于 2℃/d。

6.1.4.9　提高混凝土的抗拉强度

控制骨料含泥量。如果砂、石中含泥量过大,不仅增加混凝土的收缩,而且降低混凝土的抗拉强度,对混凝土的抗裂性不利。所以必须严格控制混凝土搅拌沙子、石的含泥量。应将石子含泥量控制在 1％以下,砂中含泥量控制在 2％以下,降低因砂、石含泥量过大对混凝土抗裂产生的不利影响。可以通过改善混凝土施工工艺,采用二次投料方法,浇筑后二次振动的方法,浇筑后及时消除表面积水和泥浆层的方法来提高早期养护,保证早期和相应龄期混凝土的抗拉强度;大体积混凝土基础表面和内部设置必要的温度筋,以改善应力分布,预防裂缝的出现[6]。

6.2　纤维复合材料加固混凝土构件耐久性设计

6.2.1　概述

混凝土结构以其造价低廉,材料来源广泛,施工简便,安全性、适用性较好而被广泛应用于当代建筑物,是最为常见的建筑结构之一。而结构物或构筑物在其使用年限内,由于自身老化、自然灾害和人为损伤等原因,会逐渐降低甚至丧失抵抗作用的能力,从而产生安全隐患。纤维复合材料以其良好的加固效果和经济性而被广泛应用于混凝土结构加固。近年来,基于纤维复合材料加固混凝土承载力的试验研究不胜枚举,然而大部分研究集中在承载力和变形问题,没有充分考虑加固后的耐久性问题,更没有实现耐久性设计[7]。

因此,目前的纤维复合材料加固设计没有考虑耐久性不足引起的结构承载力的降低,使加固后的构件达不到混凝土结构加固设计规定的计算标准。本节从耐久性问题(尤其是紫外线老化问题)出发,提出基于耐久性的纤维复合材料加固设计方法,使加固后的结构在满足承载力要求的同时达到现在规定的耐久期限要求[8]。

6.2.2　纤维复合材料加固法

在加固方案中,纤维增强材料(FRP)加固混凝土的方式始于 20 世纪 80 年代中期,目前该技术在一些发达国家已相当普及。在我国,这项技术起步较晚,但现在也已有大量的实验和实践来实现这项技术[9]。

由于纤维复合材料轻质高强,不会增加构件截面尺寸及自重,湿作业少,易于施工,耐腐蚀、耐疲劳性的特点,使其成为一种较为理想的加固材料。常用于加固的纤维布有:碳纤维、玻璃纤维、玄武岩纤维、芳纶纤维。在加固的纤维中,以玻璃纤维为例,其抗拉强度是普通钢筋的 $4\sim10$ 倍,从密度方面讲,普通钢材为 $7.85\mathrm{g/cm^3}$,玻纤密度 $2.51\sim2.61\mathrm{g/cm^3}$,仅为普通钢材的 1/3。玻璃纤维具体的力学指标如表 6-2[10] 所示。

表 6-2　玻璃纤维的力学性能

	抗拉强度标准值/MPa	受拉弹性模量/MPa	伸长率/%	弯曲强度/MPa	密度/($\frac{\mathrm{g}}{\mathrm{cm^3}}$)
S 玻纤	≥2200	≥1.0×10^5	≥3.2	≥600	2.51~2.61
E 玻纤	≥1500	≥7.2×10^4	≥2.8	≥500	2.51~2.61

目前关于纤维复合材料加固混凝土方面的研究成果主要是加固后混凝土构件的承载力计算理论,对其耐久性研究较少。纤维复合材料加固后的混凝土结构处于日照环境中,不可避免地受到紫外线的照射,使纤维复合材料、黏结胶都长期受到紫外线的照射而产生老化问题。在现有的加固设计中,并未考虑该老化问题造成材料和结构承载力的降低,使加固后的结构计算偏于不安全[11]。

6.2.3　紫外线老化对纤维复合材料加固混凝土构件承载力的影响

基于以往工程领域内对于不同的纤维复合材料力学性能的试验研究所提供的数据及结论,结合《混凝土结构设计规范》与《混凝土结构加固设计规范》有关构件承载力的计算公式与适用范围,提出了加固混凝土试件的承载力计算理论。并通过该计算方法研究紫外线老化环境对加固混凝土试件的耐久性影响。

6.2.3.1　紫外线辐射对纤维复合材料的影响

在紫外线照射下,随着照射时间的增加,纤维布拉伸强度呈下降趋势。就玻璃纤维而言,经紫外线照射后,其拉伸强度 20h 降低 13.8%,50h 降低 20.36%,整体下降趋势接近直线变化。由于紫外线的作用,纤维布拉伸强度变化较为显著,故应代入混凝土构件承载力计算公式,得出拉伸强度变化对构件承载力的最不利影响程度。

6.2.3.2　加固混凝土梁正截面抗弯性能的分析

1)试验梁设计

试验梁宜采用 C30 混凝土,截面尺寸 $b \times h = 200\text{mm} \times 400\text{mm}$,总跨度 $L = 2\,000\text{mm}$,计算跨度 $L = 1\,800\text{mm}$。配箍筋为双肢 $\phi6@150$,配箍率 $\rho_{sv} = nA_{sv}/sb = 57/(200 \times 150) = 0.19\%$,能够满足构造规定和配箍率要求。纵向双筋截面,受拉钢筋 $3\phi25$,受压钢筋 $3\phi14$,同样满足配筋率要求。采用梁底面包裹纤维布,所有梁同批次浇筑,浇筑每根梁的同时制作标准试块两组,每组 3 个,如图 6-1 所示。

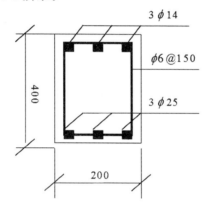

图 6-1　试验梁配筋图

查阅《混凝土结构设计规范》与《混凝土结构加固设计规范》,基础数据如下：

C30 混凝土,$f_c = 14.3\text{MPa}$,$f_t = 1.43\text{MPa}$,$\alpha_1 = 1.0$。

HRB400 钢筋,$f_y = 360\text{MPa}$,$\xi_b = 0.518$,$h_0 = 365\text{mm}$。

受拉钢筋面积 $A_s = 1\,473\text{mm}^2$,受压钢筋面积 $A'_s = 461\text{mm}^2$。

纤维布的设计强度 $f_f = 500\text{MPa}$,弹性模量 $E_f = 70\text{GPa}$,伸长率 $\varepsilon_f = 2.3\%$,厚度 $t_f = 0.119\text{mm}$。

不考虑二次受力影响纤维复合材料的滞后应变,即 $\varepsilon_{f0} = 0$。

2)计算未加固梁正截面受弯承载力

截面相对受压区高度：

$$x = \frac{f_y A_s - f'_y A'_s}{\alpha_1 f_c b} = \frac{360 \times 1\,473 - 360 \times 461}{1 \times 14.3 \times 200} = 127.38\text{mm}$$

$$2a'_s = 70\text{mm} < x < \xi_b h_0 = 0.518 \times 365 = 189.7\text{mm}$$

$$M_u = \alpha_1 f_c b x (h_0 - x/2) + f'_y A'_s (h_0 - a'_s)$$

$$= 1 \times 14.3 \times 200 \times 127.38 \times (365 - 127.38/2) + 360 \times 461 \times (365 - 35)$$

$$= 164.54 \text{kN} \cdot \text{m}$$

3. 计算加固梁正截面受弯承载力

采用《混凝土结构加固设计规范》中的纤维复合材料承载力计算公式计算玻璃纤维复合材料加固混凝土梁的正截面受弯承载力。计算公式如下：

$$M \leqslant \alpha_1 f_{co} bx \left(h - \frac{x}{2} \right) + f_{co}' A_{so}' (h - a') - f_{co} A_{so} (h - h_0) \tag{6-1}$$

$$\alpha_t f_{co} bx = f_{yo} A_{so} + \psi_f f_f A_{fe} - f_{yo}' A_{so}' \tag{6-2}$$

$$\psi_f = \frac{\left(0.8 \varepsilon_{cu} \dfrac{h}{x} \right) - \varepsilon_{cu} - \varepsilon_{fo}}{\varepsilon_f} \tag{6-3}$$

$$x \geqslant 2a' \tag{6-4}$$

$$A_f = \frac{A_{fc}}{k_m} \tag{6-5}$$

$$k_m = 1.16 - \frac{n_f E_f t_f}{308000} \leqslant 0.90 \tag{6-6}$$

计算结果如表 6-4 所示,其中参数的具体定义如表 6-3 所示。

表 6-3　混凝土结构加固设计规范参数定义

参数	定义
M	构件加固后弯矩设计值　MPa
x	等效矩形应力图形的混凝土受压区高度　mm
b、h	矩形截面宽度和高度　mm
f_{yo}、f'_{yo}	原截面受拉钢筋和受压钢筋的抗拉抗压强度设计值　MPa
A'_{so}、A_{so}	原截面受压钢筋和受拉钢筋的截面面积　mm^2
a'	纵向受压钢筋合力点至截面近边的距离　mm
h_0	构件加固前的界面有效高度　mm
f_f	纤维复合材的抗拉强度设计值　MPa
A_{fe}	纤维复合材的有效截面面积　mm^2
ψ_f	考虑纤维复合材实际抗拉应变达不到设计值而引用的强度利用系数
ε_{cu}	混凝土极限压应变
ε_f	纤维复合材拉应变设计值
ε_{fo}	考虑二次受力影响时,纤维复合材的滞后应变,若不考虑,则取 0
A_f	实际应粘贴的纤维复合材截面面积　mm^2
k_m	纤维复合材厚度折减系数
E_f	纤维复合材弹性模量设计值　GPa
n_f、t_f	分别为纤维复合材(单向织物)层数和单层厚度　mm
α_1	矩形应力图等效系数

引用参考文献[12]中关于玻璃纤维布基本力学性能老化试验研究的数据：

表 6-4　紫外线作用后纤维复合材料基本力学性能

老化时间/h	0	20	50	80	110	140	170	200
拉伸强度 f_{f}/MPa	500.00	431.14	398.20	353.29	326.35	320.36	293.41	239.52
变动比例	0.00	0.14	0.20	0.29	0.35	0.36	0.41	0.52

将表 6-4 中数据分别代入公式(6-6)，采用加固前同样的计算方法得到计算结果汇总如表 6-5 所示。

表 6-5　正截面受弯承载力计算结果

老化时间/h	ψ_{f}	k_{m}	A_{ef}/mm^2	$\alpha_{\mathrm{t}} f_{\mathrm{co}} b x$	M_{u}/kN・m	承载力变化率/%
0	0.489 4	0.900 0	64.26	38 0042.86	183.06	0.00
20	0.489 4	0.900 0	64.26	377 877.44	182.36	0.38
50	0.489 4	0.900 0	64.26	376 841.80	182.03	0.56
80	0.489 4	0.900 0	64.26	375 429.56	181.58	0.81
110	0.489 4	0.900 0	64.26	374 582.22	181.30	0.96
140	0.489 4	0.900 0	64.26	374 393.93	181.24	0.99
170	0.489 4	0.900 0	64.26	373 546.59	180.97	1.14
200	0.489 4	0.900 0	64.26	371 851.91	180.42	1.44

6.2.3.4　结论

(1)由表 6-4 的试验数据，可以发现玻璃纤维布的抗拉强度随着紫外线老化试验的进行逐渐降低，照射时间达到 200h，降低达到 52%。可见紫外线对于纤维复合材料的抗拉强度具有较为显著的影响。

(2)根据加固前后正截面承载力的计算，发现加固后的承载力(183.06kN・m)要比加固前(164.54kN・m)平均提高 11.25% 左右，可见纤维材料对于承载力的提高有较为良好的加固效果，计算结果也与大量已有试验研究的结论良好吻合。

(3)通过图 6-2 的劣化曲线，不难发现，随着劣化时间的增长，玻璃纤维材料加固混凝土梁的承载力随着劣化天数的变化十分微小。照射时间为 200h 的时候，抗弯承载力变动仅为 1.44%。可见，紫外线照射老化试验对于纤维材料本身的强度有一定影响，但是对于加固受弯试件来说，其影响则微乎其微，如果不是特别重要的建筑物，不必考虑劣化后承载能力的折减[13]。

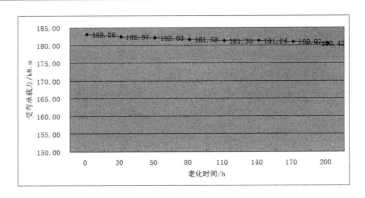

图 6-2　受弯承载力老化曲线

6.2.4　加固混凝土梁的斜截面受剪承载力分析

6.2.4.1　未加固混凝土梁的承载力计算

试验梁如图 6-3 所示,对于未进行任何加固措施的梁,可以按照混凝土结构设计规范中的斜截面承载力公式进行计算:

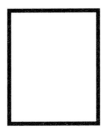

图 6-3　梁

首先,计算斜截面受剪承载力:

$$V_{es} = 0.7 f_t b h_0 + 1.25 f_{yv} \frac{n A_{sv1}}{s} h_0$$
$$= 0.7 \times 1.43 \times 200 \times 365 + 1.25 \times 210 \times 57 \times 365/150$$
$$= 109.48 \text{kN}$$

进行截面校核:

$$\frac{h_w}{b} = \frac{365}{200} = 1.825 < 4$$
$$V_{es} \leqslant 0.25 \beta_c f_c b h_0 = 0.25 \times 1.0 \times 14.3 \times 200 \times 365$$
$$= 260.975 \text{kN}$$

截面满足强度要求。

6.2.4.2　加固混凝土梁的承载力计算

加固方案采用环形条带加固法,条带三层粘贴。梁的截面如图 6-3 所示:

受剪承载力增量 $V_{bf} = \psi_{vb} f_f A_f h_f / s_f$

按照剪跨比 $\lambda \leqslant 1.5$，取抗剪强度折减系数 $\psi_{vb} = 0.68$。

纤维材料抗拉强度按照规范要求取 $f_{fl} = 0.56 f_f$。

配置在同一截面处纤维材料环形条带的全部截面积：$A_f = 2n_f b_f t_f = 2 \times 3 \times 30 \times 0.119 = 21.42 \text{mm}^2$。

梁侧面环形条带的有效高度取 $h_f = h = 400 \text{mm}$。

条带的间距取 $s_f = 25 + 30 = 55 \text{mm}$。

根据以上公式计算梁受剪极限承载力。

6.2.4.3　结论

(1)由表 6-6 的试验数据，加固前后斜截面承载力采用同样的方法计算，发现加固后的承载力(139.14kN)要比加固前(109.48kN)平均提高 27.1% 左右，可见纤维材料对于斜截面承载力的提高贡献极大。

表 6-6　斜截面受剪承载力计算结果

老化时间/h	拉伸强度/MPa	V_{bf}/kN	V_{es}/kN	V/kN	抗剪承载力变化率/%
未处理	500.00	29.66	109.48	139.14	0.00
20	431.14	25.58	109.48	135.06	2.94
50	398.20	23.62	109.48	133.10	4.34
80	353.29	20.96	109.48	130.44	6.25
110	326.35	19.36	109.48	128.84	7.40
140	320.36	19.00	109.48	128.48	7.66
170	293.41	17.41	109.48	126.89	8.81
200	239.52	14.21	109.48	123.69	11.11

(2)通过图 6-4 的劣化曲线[14]，不难发现，随着劣化时间的增长，玻璃纤维材料加固混凝土梁的抗剪承载力随着劣化天数有着较为显著的变化。在照射时间为 200h 时，其抗剪承载力降低 11.11%。可见，紫外线照射老化试验对干纤维材料本身的强度有一定影响，对于加固受弯试件的剪压区来说，同样存在一定的影响，需要考虑劣化后承载能力的折减。

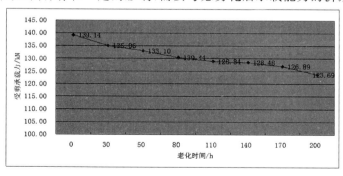

图 6-4　斜截面受剪承载力劣化曲线

6.2.5 受压构件承载力与稳定性的计算

混凝土结构加固设计规范中给出了受压构件在纤维复合材料加固以后的承载力计算公式,同样的,可以结合不同种纤维复合材料的强度、应变与弹性模量,分析其力学本质,根据以往研究成果中的基础力学性能指标及数据,提出构件在经历老化试验过后的承载力计算理论。在计算过程中,需考虑荷载偏心距、偏心方向、构件的长细比、配筋形式以及配筋量等多种因素对于计算理论的影响。该理论推导较为复杂,这里不再进行详细叙述。

6.3 水泥混凝土路面单位用水量计算经验公式质疑

6.3.1 问题的提出

在《道路工程材料》课程的教学过程中发现根据交通部公路科学研究院编制,由交通部发布的于 2003 年 7 月 1 日生效施行的《水泥混凝土路面施工技术规范》(JTGF30—2003)中,关于水泥混凝土路面配合比设计时单位用水量 W_0 的计算经验公式有误,现提出质疑,并进行探讨。

6.3.2 单位用水量计算经验公式及其影响因素分析

规范第 16 页(总 78 页)给出的单位用水量计算经验公式是:

$$碎石:W_0 = 104.97 + 0.309S_L + 11.27(c/w) + 0.61S_P \tag{6-7}$$

$$卵石:W_0 = 86.89 + 0.370S_L + 11.24(c/w) + 1.000S_P \tag{6-8}$$

式中 W_0——不掺外加剂与掺合料混凝土的单位用水量,kg/m^3;

S_L——坍落度,mm;

S_P——砂率,%;

c/w——灰水比,水灰比之倒数。

由此可见,单位用水量的大小取决于骨料品种、坍落度、灰水比及砂率。

6.3.2.1 粗集料影响

上述公式已对粗集料品种的影响进行了区分,以两个经验公式给出用水量计算方法。

6.3.2.2 坍落度影响

坍落度是施工和易性的重要指标,取决于施工方式,规范第 13 页表 6-7、表 6-8 给出了不同施工方式下拌合物最佳坍落度及其允许范围和最大单位用水量的上限值,如表 6-7、表 6-8 所示。

表 6-7 混凝土路面滑膜摊铺最佳坍落度、允许范围及最大单位用水量(JTG F30—2003)

集料品种		卵石混凝土	碎石混凝土
坍落度(mm)	设超前角的滑模摊铺机	20—40	25—50
	不设超前角的滑模摊铺机	10—40	10—30
	允许波动范围(mm)	5—55	10—65
震动黏度系数(N·s/m²)		200—500	100—160
最大单位用水量(kg/m³)		155	160

表 6-8 不同路面施工方式混凝土拌合物的坍落度及最大单位用水量(JTG F30—2003)

摊铺方式	轨道摊铺机摊铺		三辊轴机组摊铺		小型机具摊铺	
出机坍落度(mm)	40~60		30~50		10~40	
摊铺坍落度(mm)	20~40		10~30		0~20	
最大单位用水量(kg/m³)	碎石 156	卵石 153	碎石 153	卵石 148	碎石 150	卵石 145

6.3.2.3 水灰比影响

水灰比的大小应满足弯拉强度的要求和耐久性的要求,而耐久性的要求给出了水灰比的最大值。换言之,即是给出了灰水比的最小值,这样可使计算的单位用水量偏小,按规范第 14 页表 6-9 选取水灰比计算。

表 6-9 混凝土满足耐久性要求的最大水(胶)灰比和最小水泥用量(JTG F30—2003)

公路技术等级			高速公路、一级公路	二级公路	三、四级公路
最大水灰比（或水胶比）	无抗冻性要求		0.44	0.46	0.48
	有抗冻性要求		0.42	0.44	0.46
	有抗盐冻性要求		0.40	0.42	0.44
最小单位水泥用量(不产粉煤灰时)(kg/m³)	无抗冻性要求	42.5 级水泥	300	300	290
		32.5 级水泥	310	310	305
	有抗冰(盐)冻性要求	42.5 级水泥	320	320	315
		32.5 级水泥	330	330	325
最小单位水泥用量(掺粉煤灰时)(kg/m³)	无抗冻性要求	42.5 级水泥	260	260	255
		32.5 级水泥	280	270	265
	有抗冰(盐)冻性要求	42.5 级水泥	280	270	265

6.3.2.4 砂率影响

根据砂的细度模数和粗集料品种按规范第 16 页表 6-10 选取。

表 6-10　砂的细度模数与最优砂率关系

砂细度模数		2.2～2.5	2.5～2.8	2.8～3.1	3.1～3.4	3.4～3.7
砂率(S_P)	碎石混凝土	30～34	32～36	34～38	36～40	38～42
	卵石混凝土	28～32	30～34	32～36	34～38	36～40

6.3.3　工程实例计算结果分析

根据不同施工方式选择适宜坍落度、砂率、灰水比计算单位用水量,然后和最大单位用水量进行比较,如表 6-11 所示。

表 6-11　工程实例单位用水量计算结果比较表

粗集料品种	坍落度(mm)	砂率	c/w	公式计算值	用水量规定最大值
碎石	30	32	1/0.42	$161kg/m^3$	$160kg/m^3$
卵石	30	32	1/0.42	$157kg/m^3$	$155kg/m^3$

上述计算时,坍落度、砂率、灰水比均选用了中等偏小值计算用水量,而单位用水量规定最大值采用了上限值,套用经验公式计算值在偏小的情况下仍然超出了规定上限值,只能根据规范取其规定上限值,这将使经验公式的计算失去意义。在教学过程中针对这个问题查阅了很多资料,发现规范提供的经验公式非印刷错误,相关符号解释也没有问题,然而这个公式的计算结果却令人失望,有几本教学参考书在例题计算时,不自觉地对该公式进行了修正,而用修正后的经验公式的计算结果是比较满意的,以此修正后的经验公式指导学生进行配合比设计和试验验证也取得了令人满意的效果。

6.3.4　对经验公式的调整

建议将经验公式中的第三项 c/w,调整为 w/c。

即采用:

碎石:$W_0 = 104.97 + 0.309S_L + 11.27(w/c) + 0.61S_P$　　　　　(6-7 修正)

卵石:$W_0 = 86.89 + 0.370S_L + 11.24(w/c) + 1.000S_P$　　　　　(6-8 修正)

用修正后公式的计算结果为:

碎石:$138kg/m^3$;

卵石:$135kg/m^3$。

均处于最大单位用水量规定上限值以内,可以采用。

下面结合具体工程实例予以说明。

例:路面混凝土配合比设计示例

1)设计要求

某高速公路路面工程用混凝土(无抗冰冻性要求),要求混凝土设计弯拉强度标准值 f_r 为 5.0Mpa,施工单位混凝土弯拉强度样本的标准差 s 为 0.4MPa($n=9$)。混凝土由机械搅拌并振捣,采用滑模摊铺机摊铺,施工要求坍落度 30～50mm。试确定该路面混凝土配合比。

2)组成材料

硅酸盐水泥 P·Ⅱ52.5 级,实测水泥 28d 抗折强度为 8.2MPa,水泥密度 $\rho_c = 3100kg/m^3$;中砂:表观密度 $\rho_s = 2630kg/m^3$、细度模数 2.6;碎石:5~40mm,表观密度 $\rho_g = 2700kg/m^3$、振实密度 $\rho_{gf} = 1701kg/m^3$;水:自来水。

3)设计计算

(1)计算配制弯拉强度 $(f_{cu}, 0)$。查表 6-12,当高速公路路面混凝土样本数为 9 时,保证率系数 t 为 0.61。

表 6-12　保证率系数

公路等级	判别概率 p	样本数 n				
		3	6	9	15	20
高速公路	0.05	1.36	0.79	0.61	0.45	0.39
一级公路	0.10	0.95	0.59	0.46	0.35	0.30
二级公路	0.15	0.72	0.46	0.37	0.28	0.24
三级和四级公路	0.20	0.56	0.37	0.29	0.22	0.19

按照表 6-13,高速公路路面混凝土变异水平等级为"低",混凝土弯拉强度变异系数 $C_v = 0.05 \sim 0.10$,取中值 0.075。

表 6-13　各级公路混凝土路面弯拉强度变异系数

公路技术等级	高速公路	一级公路		二级公路		三、四级公路
变异水平等级	低	低	中	中	中	高
变异系数允许范围	0.05~0.10		0.10~0.15			0.15~0.20

根据设计要求,$f_r = 5.0MPa$,将以上参数代入混凝土设计弯拉强度标准值公式,混凝土配制弯拉强度为:

$$f_c = \frac{f_r}{1 - 1.04Cv} + ts = \frac{5.0}{1 - 1.04 \times 0.075} + 0.61 \times 0.4 = 5.67MPa$$

(2)确定水灰比 (W/C)。

①按弯拉强度计算水灰比。水泥实测抗折强度 $f_s = 8.2MPa$,计算得到的混凝土配制弯拉强度 $f_c = 5.67MPa$,粗集料为碎石,代入经验公式计算混凝土的水灰比 W/C:

$$W/C = \frac{1.5684}{f_c + 1.0097 - 0.3595 \times f_s} = \frac{1.5684}{5.67 + 1.0097 - 0.3595 \times 8.2} = 0.42$$

②耐久性校核。混凝土为高速公路路面所用,无抗冰冻性要求,查表 6-9 得最大水灰比为 0.44,故按照强度计算的水灰比结果符合耐久性要求,取水灰比 $W/C = 0.42$,灰水比 $C/W = 2.38$。

(3)确定砂率 (S_P)。由砂的细度模数 2.6,碎石混凝土,查表 6-10,取混凝土砂率 $S_P = 34\%$。

(4)确定单位用水量 (m_{wo})。由坍落度要求 30~50mm,取 40mm,水灰比 $W/C = 0.42$,砂率 34%代入式(6-7 修正),计算单位用水量:

$$m_{wo} = 104.97 + 0.309 \times 40 + 11.27 \times 0.42 + 0.61 \times 34 = 143 \text{kg/m}^3$$

查表 6-7，得最大单位用水量为 160kg/m^3，故取计算单位用水量 143kg/m^3。

若不用修正公式计算而用现行规范给的公式计算，则单位用水量为 $104.97 + 0.309 * 40 + 11.27 * 2.38 + 0.61 * 34 = 165 \text{kg}$，超出规范规定最大值 160kg，只能取用最大值 160kg，因此每立方米混凝土用水量由于用修正后的公式计算而减少 17kg，相应的节约水泥用量为 $17 * 2.38 = 40 \text{kg}$。

(5)确定单位水泥用量(m_{co})。将单位用水量 143kg/m^3 、水灰比 $C/W = 2.38$ 代入公式计算单位水泥用量：

$$m_{co} = (C/W) \times m_{wo} = 2.38 \times 143 = 340 \text{kg/m}^3$$

查表 6-9 得满足耐久性要求的最小水泥用量为 300kg/m^3，由此取计算水泥用量 340kg/m^3。

(6)计算粗集料用量(m_{go})、细集料用量(m_{so})。将上面的计算结果代入混凝土体积与质量关系方程组得：

$$\frac{m_{so}}{2\,630} + \frac{m_{go}}{2\,700} = 1 - \frac{340}{3\,100} - \frac{143}{1\,000} - 0.01 \times 1 = 0.737$$

$$\frac{m_{so}}{m_{so} + m_{go}} = 0.34$$

求解得：砂用量 $m_{so} = 671 \text{kg/m}^3$，碎石用量 $m_{go} = 1\,302 \text{kg/m}^3$。

验算：碎石的填充体积 $= m_{go}/\rho_{gf} \times 100\% = 1\,302 \div 1\,701 \times 100\% = 74.2\%$，符合要求。由此确定路面混凝土的"初步配合比"为： $m_{co} : m_{wo} : m_{so} : m_{go} = 345 : 145 : 671 : 1302$ 。

路面混凝土的基准配合比、设计配合比与施工配合比设计内容与普通混凝土相同，此处不再赘述。

因此建议规范修订时将单位用水量计算的经验公式做出调整，使配合比设计过程中单位用水量的确定更能符合工程实际需要，而不是一味地只能根据现行规范规定的最大值确定单位用水量，用经验公式确定一个较小的用水量在满足施工和易性的基础上可以达到节约水泥用量，保证设计弯拉强度，一般每立方米混凝土可以节约水泥 40kg 左右，这对于降低工程造价具有非常重要的意义。

参考文献

[1]路璐，李兴贵.大体积混凝土裂缝控制的研究与进展[J].水利与建筑工程学报，2012 (01).

[2]胡章贵.大体积混凝土温度裂缝的成因与控制[J].中国科技信息，2011(08).

[3]蒋沙沙，高燕.大体积混凝土裂缝浅析[J].科技信息(科学教研)，2008(25).

[4]方仙梅.大体积混凝土裂缝的分析及防治[J].中国西部科技，2011(10).

[5]侯景鹏，熊杰，袁勇.大体积混凝土温度控制与现场监测[J].混凝土，2004(05).

[6]龚剑，李宏伟.大体积混凝土施工中的裂缝控制[J].施工技术，2012(06).

[7]肖建庄，于海生，秦灿灿.复合材料加固混凝土结构耐久性研究[J].玻璃钢/复合材料，2003(02).

[8]侯万亮,赵小明.纤维复合材料加固混凝土构件耐久性研究[J].中州煤炭,2005(02).

[9]刘君杰,王建坤.纤维增强混凝土的应用现状[J].天津纺织科技,2003(04).

[10]李炳奇,周月霞.纤维复合材料加固混凝土结构的研究进展[J].水利与建筑工程学报,2016(01).

[11]杜红伟.纤维复合材料加固混凝土构件耐久性设计[J].南阳理工学院学报,2012(04).

[12]张琦,黄故.紫外线对玻璃纤维增强复合材料力学性能的老化研究[J].湖南科技大学学报:自然科学版,2009(04).

[13]丁亚红,张美香.混凝土构件加固技术发展概述[J].工业建筑,2012(02).

[14]管天成.CFRP加固混凝土构件力学及耐久性试验研究[D].哈尔滨工业大学硕士论文,2008.

第7章　水泥钢筋混凝土原材料的检验与试验

试验课是土木工程材料课的重要教学环节。材料试验的目的有三个：一是理论联系实际，使学生对具体材料的性状有进一步的了解，巩固与丰富课堂学习的理论知识；二是使学生熟悉主要工程材料的技术要求，并具有对常用工程材料独立进行质量检定的能力；三是进行科学研究的基本训练，培养学生严谨认真的科学态度，提高分析问题和解决问题的能力。应当指出的是，材料的质量指标和试验所得的数据都是有条件的、相对的，是与选样、测试和数据处理密切相关的。其中任何一项改变时，试验结果将随之发生或大或小的变化。因此，在检验材料质量和划分等级标号时，应及时注意材料质量指标及测试条件的变化，以得出正确的结论。本章主要阐释水泥试验、混凝土用集料试验、普通混凝土试验，以及钢筋试验。

7.1　水泥试验

7.1.1　水泥试验的一般规定

水泥使用单位现场取样方法如下：

（1）散装水泥。按同一生产厂家，同一等级、同一品种、同一批号且连续进场的水泥为一批，总重量不超过 500t。随机从 3 个罐车中采取等量水泥，经混拌均匀后称取不少于 12kg。

（2）袋装水泥。按同一生产厂家，同一等级、同一品种、同一批号且连续进场的水泥为一批，总重量不超过 200t。取样应有代表性，可以随机从 20 个以上不同部位的袋中取等量样品水泥，经混拌均匀后称取不少于 12kg。

（3）按照上述方法取得的水泥样品，按标准规定进行检验前，将其分成两份。一份用于标准检验，一份密封保管三个月，以备有疑问时复验。

（4）当在使用中对水泥质量有怀疑或水泥出场超过三个月时，应进行复验，并按复验结果使用。

（5）对水泥质量发生疑问需作仲裁时，应按仲裁的方法进行。

（6）交货与验收。交货时水泥的质量验收可抽取实物试样以其检验结果为依据，也可以水泥厂同编号水泥的检验报告为依据。采取何种方法验收由买卖双方商定，并在合同协议中注明。

7.1.2　水泥细度测定

水泥细度是指水泥颗粒粗细程度。一般同样成分的水泥,颗粒越细,与水接触的表面积越大,水化反应越快,早期强度发展越快。但颗粒过细,凝结硬化时收缩较大,易产生裂缝,也容易吸收水分和二氧化碳使水泥风化而失去原有活性,同时粉磨过程中耗能多,提高了水泥的成本。所以细度应控制在适当范围。国家标准规定水泥细度检验方法分为筛析法和勃氏法两种。

7.1.2.1　水泥细度检验方法(筛析法)

水泥细度检验按国标《水泥细度检验方法筛析法》(GB/T1345—2005)的规定进行,筛析法即以存留在 $80\mu m$ 或 $45\mu m$ 方孔筛上的筛余百分率表示,筛析法又分为负压筛法、水筛法和手工干筛法三种。

1)试验目的

评定水泥细度是否达到标准要求。国家标准规定矿渣硅酸盐水泥、火山灰质硅酸盐水泥、粉煤灰硅酸盐水泥和复合硅酸盐水泥的细度以其 $80\mu m$ 方孔筛筛余不大于 10% 或 $45\mu m$ 方孔筛筛余不大于 30% 作为合格评定标准。

2)术语和定义

本标准采用 GB/T5329 及下列术语和定义。

负压筛析法:用负压筛析仪,通过负压源产生的恒定气流,在规定筛析时间内使试验筛内的水泥达到筛分。

水筛法:试验筛放在水筛座上,用规定压力的水流,在规定时间内使试验筛内的水泥达到筛分。

手工筛析法:将试验筛放在接料盘(底盘)上,用手工按照规定的拍打速度和转动角度,对水泥进行筛析试验。

3)仪器

(1)试验筛:试验筛由圆形筛框和筛网组成,筛网符合 GB/T6005R20/380μm,GB/T6005R20/345μm 的要求,分负压筛、水筛和手工筛三种,负压筛和水筛的结构尺寸如图 7-1 和图7-2所示,负压筛应附有透明筛盖,筛盖与筛上口应有良好的密封性。手工筛结构符合 GB/T 6003.1,其中筛框高度为 $50mm$,筛子的直径为 $150mm$。

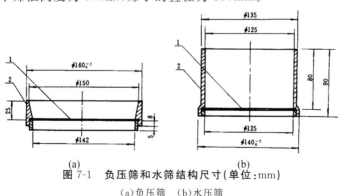

图 7-1　负压筛和水筛结构尺寸(单位:mm)

(a)负压筛　(b)水压筛

1—筛网　2—筛框

(2)筛网应紧绷在筛框上,筛网和筛框接触处,应用防水胶密封,防止水泥嵌入。

(3)筛孔尺寸的检验方法按 GB/T6003.1 进行。由于物料会对筛网产生磨损,试验筛每使用 100 次后需重新标定,标定方法按水泥试验筛的标定方法进行。

(4)负压筛析仪:负压筛析仪由筛座、负压筛、负压源及收尘器组成,其中筛座由转速为 30r/min±2r/min 的喷气嘴、负压表、控制板、微电机及壳体构成,如图 7-2 所示,筛析仪负压可调范围为 4 000~6 000Pa,喷气嘴上口平面与筛网之间距离为 2~8mm。喷气嘴的上开口尺寸为 1.1mm±0.1mm,负压源和收尘器,由功率≥600W 的工业吸尘器和小型旋风收尘筒组成或用其他具有相当功能的设备。

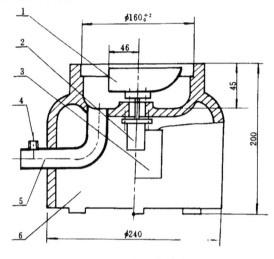

图 7-2　负压筛筛座

—喷气嘴　2—微电机　3—控制板开关　4—负压表接口　5—负压源及收尘器接口　6—壳体

(5)水筛架和喷头:水筛架和喷头的结构尺寸应符合 JC/T 728 规定,但其中水筛架上筛座内径为 140^{+0}_{-3} mm。

(6)天平:最小分度值不大于 0.01g。

(7)样品要求:水泥样品应有代表性,样品处理方法按 GB12573—1990 第 3.5 条进行。

4)试验步骤

(1)试验准备。试验前所用试验筛应保持清洁,负压筛和手工筛应保持干燥。试验时,80μm 筛析试验称取试样 25g,45μm 筛析试验称取试样 10g。

(2)负压筛析法。筛析试验前应把负压筛放在筛座上,盖上筛盖,接通电源,检查控制系统,调节负压至 4000~6000Pa 范围内。称取试样精确至 0.01g,置于洁净的负压筛中,放在筛座上,盖上筛盖,接通电源,开动筛析仪连续筛析 2min,在此期间如有试样附着在筛盖上,可轻轻地敲击筛盖使试样落下。完毕,用天平称量全部筛余物。

(3)水筛法。筛析试验前,应检查水中无泥、砂,调整好水压及水筛架的位置,使其能正常运转,并控制喷头底面和筛网之间距离为 35~75mm。称取试样精确至 0.01g,置于洁净的水筛中,立即用淡水冲洗至大部分细粉通过后,放在水筛架上,用水压为 0.05MPa±0.02MPa 的喷头连续冲洗 3min。筛毕,用少量水把筛余物冲至蒸发皿中,等水泥颗粒全部沉淀后,小心倒出清水,烘干并用天平称量全部筛余物。

(4)手工筛析法。称取水泥试样精确至 0.01g,倒入手工筛内。用一只手持筛往复摇动,另一只手轻轻拍打,往复摇动和拍打过程应保持近于水平。拍打速度每分钟约 120 次,每 40 次向同一方向转动 60°,使试样均匀分布在筛网上,直至每分钟通过的试样量不超过 0.03g 为止。称量全部筛余物。对其他粉状物料,或采用 45～80μm 以外规格方孔筛进行筛析试验时,应指明筛子的规格、称样量、筛析时间等相关参数。

(5)试验筛的清洗。试验筛必须经常保持洁净,筛孔通畅,使用 10 次后要进行清洗。金属框筛、铜丝网筛清洗时应用专门的清洗剂,不可用弱酸浸泡。

5)结果计算及处理

(1)计算。水泥试样筛余百分数按下式计算:

$$F = \frac{R_t}{W} \times 100$$

式中　F——水泥试样的筛余百分数,%;

　　　R_t——水泥筛余物的质量,g;

　　　W——水泥试样的质量,g。

结果计算至 0.1%。

(2)筛余结果的修正。试验筛的筛网会在试验中磨损,因此筛析结果应进行修正。修正的方法是将上式计算的结果乘以该试验筛按水泥试验筛的标定方法标定后得到的有效修正系数,即为最终结果。

例如:用 A 号试验筛对某水泥样的筛余值为 5.0%,而 A 号试验筛的修正系数为 1.10,则该水泥样的最终结果为:5.0%×1.10=5.5%。

合格评定时,每个样品应称取两个试样分别筛析,取筛余平均值为筛析结果。若两次筛余结果绝对误差大于 0.5% 时(筛余值大于 5.0% 时可放至 1.0%)应再做一次试验,取两次相近结果的算术平均值,作为最终结果。

(3)试验结果。负压筛析法、水筛法和手工筛析法测定的结果发生争议时,以负压筛析法为准。

6)水泥试验筛的标定方法

(1)范围:本方法适用于水泥试验筛的标定。

(2)原理:用标准样品在试验筛上的测定值,与标准样品的标准值的比值来反映试验筛筛孔的准确度。

(3)试验条件:水泥细度标准样品,符合 GSB14—1511 要求,或相同等级的标准样品。有争议时以 GSB14—1511 标准样品为准。

(4)仪器设备:符合筛析法要求的相应设备。

(5)被标定试验筛:被标定试验筛应事先经过清洗,去污,干燥(水筛除外)并和标定试验温度一致。

(6)标定:标定操作,将标准样装入干燥洁净的密闭广口瓶中,盖上盖子摇动 2min,消除结块,静置 2min 后,用一根干燥洁净的搅拌棒搅匀样品,按照规定称量 25g 或 10g 标准样品精确至 0.01g,将标准样品倒进被标定试验筛,中途不得有任何损失。接着按干筛法或水筛法或负压筛析法试验操作。每个试验筛的标定应称取两个标准样品连续进行,中间不得插做其他样品试验。

(7)标定结果:两个样品结果的算术平均值为最终值,但当两个样品筛余结果相差大于

0.3％时应称第三个样品进行试验,并取接近的两个结果进行平均作为最终结果。

(8)修正系数计算。修正系数按下式计算:

$$C = \frac{F_s}{F_t}$$

式中　C——试验筛修正系数;

　　　F_s——标准样品的筛余标准值,％;

　　　F_t——标准样品在试验筛上的筛余值,％。

　　　计算至 0.01。

(9)合格判定:当 C 值在 0.80~1.20 范围内时,试验筛可继续使用,C 可作为结果修正系数;当 C 值超出 0.80~1.20 范围时,试验筛应予淘汰。

7.1.2.2　水泥比表面积测定方法(勃氏法)

本方法主要依据一定量的空气通过具有一定空隙率和固定厚度的水泥层时,所受阻力不同而引起流速的变化来测定水泥的比表面积。在一定空隙率的水泥层中,空隙的大小和数量是颗粒尺寸的函数,同时也决定了通过料层的气流速度。国家标准规定水泥强度等级大于等于 42.5 级时,必须用《水泥比表面积测定方法勃氏法》(GB/T8074—2008)检验水泥细度。

1)试验目的

评定水泥细度是否达到标准要求。国家标准规定硅酸盐水泥和普通硅酸盐水泥的细度以比表面积表示,其比表面积不小于 $300m^2/kg$ 作为合格评定标准。

2)术语和定义

水泥比表面积:单位质量的水泥粉末所具有的总表面积,以平方厘米每克(cm^2/g)或平方米每千克(m^2/kg)来表示。

空隙率:试料层中颗粒间空隙的容积与试料层总的容积之比,以 ε 表示。

3)试验设备及条件

(1)透气仪:如图 7-3 所示,本方法采用的勃氏比表面积透气仪,分手动和自动两种,均应符合 JC/T986 的要求。

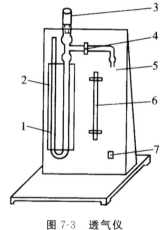

图 7-3　透气仪

1—U 型压力计　2—平面镜　3—透气筒　4—活塞　5—背面接微型电磁泵　6—温度计　7—开关

(2)烘干箱:控制温度灵敏度±1℃。

(3)分析天平:分度值为 0.001g。

(4)秒表:精确至 0.5s。

(5)水泥样品:水泥样品按 GB12573 进行取样,先通过 0.9mm 方孔筛,再在 100℃±5℃ 下烘干 1h,并在干燥器中冷却至室温。

(6)基准材料:GSB 14-1511 或相同等级的标准物质。有争议时以 GSB14-1511 为准。

(7)压力计液体:采用带有着色的蒸馏水或直接采用无色蒸馏水。

(8)滤纸:采用符合 GB/T1914 的中速定量滤纸。

(9)汞:分析纯汞。

(10)试验室条件:相对湿度不大于 50%。

4)仪器校准

(1)仪器的校准采用 GSB14-1511 或相同等级的其他标准物质。有争议时以前者为准。

(2)仪器校准按 JC/T956 进行。

(3)校准周期:至少每年进行一次。仪器设备使用频繁则应半年进行一次;仪器设备维修后也要重新标定。

5)试验步骤

(1)测定水泥密度,按水泥密度测定方法(GB/T208)测定水泥密度。

(2)漏气检查,将透气圆筒上口用橡皮塞塞紧,接到压力计上。用抽气装置从压力计一臂中抽出部分气体,然后关闭阀门,观察是否漏气。如发现漏气,可用活塞油脂加以密封。

(3)空隙率(ε)的确定,PⅠ、PⅡ型水泥的空隙率采用 0.500±0.005,其他水泥或粉料的空隙率选用 0.530±0.005。当按上述空隙率不能将试样压至规定的位置时,则允许改变空隙率。空隙率的调整以 2 000g 砝码(5 等砝码)将试样压实至规定的位置为准。

(4)确定试样量。试样量按下式计算:

$$m = \rho V(1-\varepsilon) \tag{7-1}$$

式中　m——需要的试样量,g;

ρ——试样密度,g/cm³;

V——试样层体积,按 JC/T956 测定,cm³;

ε——试样层空隙率。

(5)试样层制备:将穿孔板放入透气圆筒的突缘上,用捣棒把一片滤纸放到穿孔板上,边缘放平并压紧。称取按(4)确定的试样量,精确到 0.001g,倒入圆筒。轻敲圆筒的边,使水泥层表面平坦。再放入一片滤纸,用捣器均匀捣实试样直至捣器的支持环与圆筒顶边接触,并旋转 1~2 圈,慢慢取出捣器。穿孔板上的滤纸为 φ12.7mm 边缘光滑的圆形滤纸片。每次测定需用新的滤纸片。

(6)透气试验:把装有试料层的透气圆筒下锥面涂一薄层活塞油脂,然后把它插入压力计顶端锥型磨口处,旋转 1~2 圈。要保证紧密连接不致漏气,并不振动所制备的试料层。打开微型电磁泵慢慢从压力计一臂中抽出空气,直到压力计内液面上升到扩大部下端时关闭阀门。当压力计内液体的凹月面下降到第一条刻线时开始计时(见图 7-4),当液体的凹月面下降到第二条刻线时停止计时,记录液面从第一条刻度线到第二条刻度线所需的时间。以秒记录,并记录下试验时的温度(℃)。每次透气试验,应重新制备试料层。

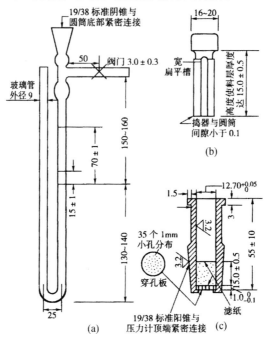

图 7-4 透气仪结构及主要尺寸(尺寸单位:mm)
(a)U 型压力计 (b)捣器 (c)透气圆筒

6)计算

(1)当被测试样的密度、试料层中空隙率与标准样品相同,试验时的温度与校准温度之差≤3℃时,可按式(7-2)计算:

$$S = \frac{S_s \sqrt{T}}{\sqrt{T_s}} \tag{7-2}$$

如试验时的温度与校准温度之差>3℃时,则按式(7-3)计算:

$$S = \frac{S_s \sqrt{\eta_s} \sqrt{T}}{\sqrt{\eta} \sqrt{T_s}} \tag{7-3}$$

式中　S ——被测试样的比表面积,cm^2/g;

S_s ——标准样品的比表面积,cm^2/g;

T ——被测试样试验时,压力计中液面降落测得的时间,s;

T_s ——标准样品试验时,压力计中液面降落测得的时间,s;

η ——被测试样试验温度下的空气黏度,$\mu pa \cdot s$;

η_s ——标准样品试验温度下的空气黏度,$\mu pa \cdot s$。

(2)当被测试样的试料层中空隙率与标准样品试料层中空隙率不同,试验时的温度与校准温度之差≤3℃时,可按式(7-4)计算:

$$S = \frac{S_s \sqrt{T} (1 - \varepsilon_s) \sqrt{\varepsilon^3}}{\sqrt{T_s} (1 - \varepsilon) \sqrt{\varepsilon_s^3}} \tag{7-4}$$

如试验时的温度与校准温度之差>3℃时,则按式(7-5)计算:

$$S = \frac{S_s \sqrt{\eta_s} \sqrt{T}(1-\varepsilon_s)\sqrt{\varepsilon^3}}{\sqrt{\eta} \sqrt{T_s}(1-\varepsilon)\sqrt{\varepsilon_s^3}} \tag{7-5}$$

式中 ε ——被测试样试料层中的空隙率;

ε_s ——标准样品试料层中的空隙率。

(3)当被测试样的密度和空隙率均与标准样品不同,试验时的温度与校准温度之差$\leqslant 3℃$时,可按式(7-6)计算:

$$S = \frac{S_s \rho_s \sqrt{T}(1-\varepsilon_s)\sqrt{\varepsilon^3}}{\rho \sqrt{T_s}(1-\varepsilon)\sqrt{\varepsilon_s^3}} \tag{7-6}$$

(4)如试验时的温度与校准温度之差$> 3℃$时,则按式(7-7)计算:

$$S = \frac{S_s \rho_s \sqrt{\eta_s} \sqrt{T}(1-\varepsilon_s)\sqrt{\varepsilon^3}}{\rho \sqrt{\eta} \sqrt{T_s}(1-\varepsilon)\sqrt{\varepsilon_s^3}} \tag{7-7}$$

式中 ρ ——被测试样的密度,g/cm^3;

ρ_s ——标准样品的密度,g/cm^3。

7)结果处理

(1)水泥比表面积应由二次透气试验结果的平均值确定。如二次试验结果相差 2‰以上时,应重新试验。计算结果保留至 $10cm^2/g$。

(2)当同一水泥用手动勃氏透气仪测定的结果与自动勃氏透气仪测定的结果有争议时,以手动勃氏透气仪测定结果为准。

7.1.3 水泥标准稠度用水量测定

7.1.3.1 试验原理及方法

水泥标准稠度净浆对标准试杆(或试锥)的沉入具有一定阻力。通过试验不同含水量水泥净浆的穿透性,以确定水泥标准稠度净浆中所需加入的水量。水泥标准稠度用水量测定方法有标准法和代用法。

7.1.3.2 试验目的

进行水泥凝结时间、安定性测试时,需用到水泥净浆,为了使测出的结果具有可比性,必须使用一个标准稠度的水泥净浆,本实验的目的是测出水泥达到标准稠度时的用水量。

7.1.3.3 试验仪器设备

1)标准法用仪器设备

(1)水泥净浆搅拌机:符合 JC/T729—96 的要求。

(2)标准法维卡仪:如图 7-5 所示。

(3)标准稠度测定用试杆:由有效长度为 50mm±1mm、直径为 ϕ10mm±0.05mm 的圆柱形耐腐蚀金属制成,如图 7-6 所示。

（4）盛装水泥净浆的试模：如图 7-7 所示。由耐腐蚀的、有足够硬度的金属制成。试模为深 40mm±0.2mm、顶内径 ϕ65mm±0.5mm、底内径 ϕ75mm±0.5mm 的截顶圆锥体,每只试模应配备一个大于试模、厚度≥2.5mm 的平板玻璃底板。

（5）量水器、天平。

2）代用法用仪器设备

（1）代用法维卡仪：符合 JC/T727—1996 要求。

（2）标准稠度测定用试锥和锥模。

（3）其他同标准法。

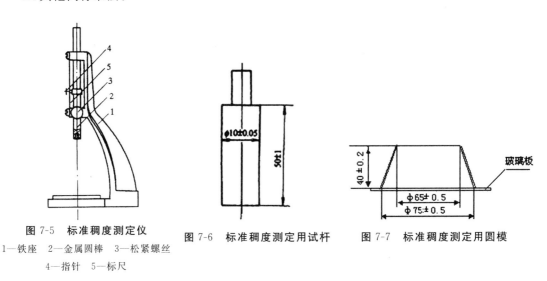

图 7-5　标准稠度测定仪

1—铁座　2—金属圆棒　3—松紧螺丝

4—指针　5—标尺

图 7-6　标准稠度测定用试杆

图 7-7　标准稠度测定用圆模

7.1.3.4　试验步骤

1）标准法

（1）试验前必须做到：①维卡仪的金属棒能自由滑动；②调整至试杆接触玻璃板时指针对准零点；③搅拌机运行正常。

（2）水泥净浆的拌制。用水泥净浆搅拌机搅拌,搅拌锅和搅拌叶片先用湿布擦过,将拌和水倒入搅拌锅内,然后在 5～10s 内小心将称好的 500g 水泥加入水中,防止水和水泥溅出；拌和时,先将锅放在搅拌机的锅座上,升至搅拌位置,启动搅拌机,低速搅拌 120s,停 15s,同时将叶片和锅壁上的水泥浆刮入锅中间,接着高速搅拌 120s 停机。

（3）标准稠度用水量的测定。拌和结束后,立即将拌制好的水泥净浆装入已置于玻璃板上的试模中,用小刀插捣,轻轻振动数次,刮去多余的净浆；抹平后迅速将试模和底板移到维卡仪上,并将其中心定在试杆下,降低试杆直至与水泥净浆表面接触,拧紧螺丝 1～2s 后,突然放松,使试杆垂直自由地沉入水泥净浆中。在试杆停止沉入或释放试杆 30s 时记录试杆距底板之间的距离,升起试杆后,立即擦净；整个操作应在搅拌后 1.5min 内完成,以试杆沉入净浆并距底板 6mm±1mm 的水泥净浆为标准稠度净浆。其拌和水量为该水泥的标准稠度用水量 (P),按水泥质量的百分比计。

2)代用法

(1)试验前必须做到:①维卡仪的金属棒能自由滑动;②调整试锥降至试锥接触锥模顶面时指针对准零点;③搅拌机运行正常。

(2)水泥净浆的拌制同标准法。

(3)标准稠度的测定。

①采用代用法测定水泥标准稠度用水量可用调整水量和不变水量两种方法中的任一种测定。采用调整水量方法时拌和水量按经验找水,采用不变水量方法时拌和水量用142.5mL。

②拌和结束后,立即将拌制好的水泥净浆装入锥模中,用小刀插捣,轻轻振动数次,刮去多余的净浆;抹平后迅速放到试锥下面固定的位置上,将试锥降至净浆表面,拧紧螺丝1～2s后,突然放松,让试锥垂直自由地沉入水泥净浆中。到试锥停止下沉或释放试锥30s时记录下沉深度。整个操作应在搅拌后1.5min内完成。

③用调整水量方法测定时,以试锥下沉深度28mm±2mm时的净浆为标准稠度净浆。其拌和水量为该水泥的标准稠度用水量(P),按水泥重量的百分比计。如下沉深度超过范围需另称试样,调整水量,重新试验,直到达到28mm±2mm为止。

④用不变水量方法测定时,根据测得的试锥下沉深度 S(mm)按下式(或仪器上对应标尺)计算得到标准稠度用水量 P(%)。

$$P = 33.4 - 0.185S$$

当试锥下沉深度小于13mm时,应改用调整水量法测定。

7.1.4　凝结时间的测定

7.1.4.1　试验目的

凝结时间对施工有重要的意义,初凝时间过短不利于施工操作,终凝时间过长影响施工进度,本试验的目的是检验初凝时间和终凝时间是否符合标准规定的要求。

7.1.4.2　试验仪器设备

标准法用仪器设备:

(1)水泥净浆搅拌机、标准法维卡仪、盛装水泥净浆的试模、量水器、天平。

(2)湿气养护箱:应使温度控制在20℃±3℃,湿度大于90%。

(3)测定初凝时间的试针和终凝时间的试针分别如图 7-8(a)、7-8(b)所示。试针由钢制成,其有效长度初凝针为 50mm±1mm、终凝针为 30mm±1mm、直径为 ϕ1.13mm±0.05mm的圆柱体。

图 7-8 水泥凝结时间测定仪配置
(a)初凝用试针 (b)终凝用试针

7.1.4.3 试验步骤

1)测定前准备工作

调整凝结时间测定仪的试针接触玻璃板时,指针对准零点。

2)试件的制备

称取水泥 500g,以标准稠度用水量按测定标准稠度时制备净浆的方法,制成标准稠度净浆,一次装满试模,振动数次刮平,立即放入湿气养护箱中。记录水泥开始加入水中的时间作为凝结时间的起始时间。

3)初凝时间的测定

试件在湿气养护箱中养护至加水后 30min 时进行第一次测定。测定时,从湿气养护箱中取出试模放到试针下,降低试针与水泥净浆表面接触,拧紧螺丝 1～2s 后,突然放松,试针垂直自由地沉入水泥净浆。观察试针停止下沉或释放试针 30s 时指针的读数。当试针沉至距底板 4mm±1mm 时为水泥达到初凝状态;由水泥全部加入水中至初凝状态的时间为水泥的初凝时间,用"min"表示。

4)终凝时间的测定

为了准确观测试针沉入的状况,在终凝针上安装了一个环形附件,如图 7-8(b)所示。在完成初凝时间测定后,立即将试模连同浆体以平移的方式从玻璃板取下,翻转 180°,直径大端向上,小端向下放在玻璃板上,再放入湿气养护箱中继续养护,临近终凝时间时每隔 15min 测定一次,当试针沉入试体 0.5mm 时,即环形附件开始不能在试体上留下痕迹时,为水泥达到终凝状态,由水泥全部加入水中至终凝状态的时间为水泥的终凝时间,用"min"表示。

5)测定时注意事项

测定时应注意,在最初测定的操作时应轻轻扶持金属柱,使其徐徐下降,以防试针撞弯,但结果以自由下落为准;在整个测试过程中试针沉入的位置至少要距试模内壁 10mm。临近初凝时每隔 5min 测定一次,临近终凝时每隔 15min 测定一次,到达初凝或终凝时应立即重复测定一次,当两次结论相同时才能定为到达初凝或终凝状态。每次测定不能让试针落入原针孔,每次测试完毕须将试针擦净并将试模放回湿气养护箱内,整个测试过程要防止试模受振。

7.1.5　安定性的测定

7.1.5.1　试验方法

安定性的测试方法有标准法(雷氏法)和代用法(试饼法)。雷氏法是观测由两个试针的相对位移所指示的水泥标准稠度净浆体积膨胀的程度。试饼法是观测水泥标准稠度净浆试饼的外形变化程度。当发生争议时,一般以雷氏法为准。

7.1.5.2　试验目的

通过测定沸煮后标准稠度的水泥净浆试样的体积和外形的变化程度,评定水泥体积安定性是否合格。国家标准明确规定安定性不合格的水泥严禁使用。

7.1.5.3　试验仪器设备

1)标准法

(1)水泥净浆搅拌机、湿气养护箱、量水器、天平。

(2)雷氏夹。由铜质材料制成,其结构如图 7-9 所示。当一根指针的根部先悬挂在一根金属丝或尼龙丝上,另一根指针的根部再挂上 300g 重量砝码时,两根指针针尖的距离增加应在 17.5mm±2.5mm 范围内,当去掉砝码后针尖的距离能恢复至挂砝码前的状态。

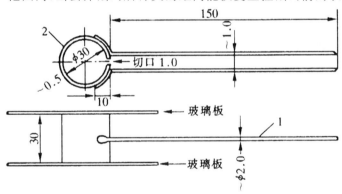

图 7-9　雷氏夹
1—指针　2—环模

(3)沸煮箱。有效容积约为 410mm×240mm×310mm,箅板的结构应不影响试验结果,箅板与加热器之间的距离大于 50mm。箱的内层由不易锈蚀的金属材料制成,能在 30min±5min 内将箱内的试验用水由室温升至沸腾状态并保持 3h 以上,整个试验过程中不需补充水量。

(4)雷氏夹膨胀测定仪如图 7-10 所示,标尺最小刻度为 0.5mm。

2)代用法

(1)水泥净浆搅拌机、湿气养护箱、量水器、天平。

(2)玻璃板。

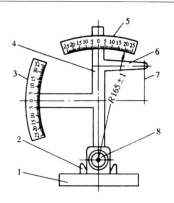

图 7-10　雷氏夹膨胀测定仪

底座　2—模子座　3—测弹性标尺　4—立柱　5—测膨胀值标尺　6—悬臂　7—悬丝　8—弹簧顶扭

7.1.5.4　材料和试验条件

(1)材料。试验用水必须是洁净的饮用水,如有争议时应以蒸馏水为准。

(2)试验条件。试验室温度为 20℃±2℃,相对湿度应不低于 50%;水泥试样、拌和水、仪器和用具的温度应与试验室一致。

7.1.5.3　试验步骤

1)标准法

(1)测定前的准备工作。每个试样需成型两个试件,每个雷氏夹需配备质量约 75～85g 的玻璃板两块,凡与水泥净浆接触的玻璃板和雷氏夹内表面都要稍稍涂上一层油。

(2)雷氏夹试件的成型。将预先准备好的雷氏夹放在已稍擦油的玻璃板上,并立即将已制好的标准稠度净浆一次装满雷氏夹,装浆时一只手轻轻扶持雷氏夹,另一只手用宽约 10mm 的小刀插捣数次,然后抹平,盖上稍涂油的玻璃板,接着立即将试件移至湿气养护箱内养护24h±2h。

(3)沸煮。

①调整好沸煮箱内的水位,能保证在整个沸煮过程中都超过试件,不需中途添补试验用水,同时又能保证在 30min±5min 内升至沸腾。

②脱去玻璃板取下试件,先测量雷氏夹指针尖端间的距离(A),精确到 0.5mm,接着将试件放入沸煮箱水中的试件架上,指针朝上,然后在 30min±5min 内加热至沸并恒沸180min±5min。

(4)结果判别。沸煮结束后,立即放掉沸煮箱中的热水,打开箱盖,待箱体冷却至室温,取出试件进行判别。测量雷氏夹指针尖端的距离(C),准确至 0.5mm,当两个试件煮后增加距离(C—A)的平均值不大于 5.0mm 时,即认为该水泥安定性合格;当两个试件的(C—A)值相差超过 4.0mm 时,应用同一样品立即重做一次试验。再如此,则认为该水泥为安定性不合格。

2)代用法

(1)测定前的准备工作。每个样品需准备两块约 100mm×100mm 的玻璃板,凡与水泥净浆接触的玻璃板都要稍稍涂上一层油。

（2）试饼的成型方法。将制好的标准稠度净浆取出一部分分成两等份,使之成球形,放在预先准备好的玻璃板上,轻轻振动玻璃板并用湿布擦过的小刀由边缘向中央抹,做成直径70～80mm、中心厚约 10mm、边缘渐薄、表面光滑的试饼,接着将试饼放入湿气养护箱内养护 24h±2h。

（3）沸煮。

①调整好沸煮箱内的水位,使能保证在整个沸煮过程中都超过试件,不需中途添补试验用水,同时又能保证在 30min±5min 内升至沸腾。

②脱去玻璃板取下试件,接着将试件放入沸煮箱水中的试件架上,然后在 30min±5min 内加热至沸并恒沸 180min±5min。

（4）结果判别。沸煮结束后,立即放掉沸煮中的热水,打开箱盖,待箱体冷却至室温,取出试件进行判别。目测试饼未发现裂缝,用钢直尺检查也没有弯曲(使钢直尺和试饼底部紧靠,以两者间不透光为不弯曲)的试饼为安定性合格,反之为不合格。当两个试饼判别结果有矛盾时,该水泥的安定性为不合格。

7.1.6　水泥胶砂强度检验（ISO 法）

7.1.6.1　试验目的

通过测定不同龄期的抗折强度、抗压强度,确定水泥的强度等级或评定水泥强度是否符合标准规定。

7.1.6.2　试验仪器设备

（1）胶砂用行星搅拌机由搅拌锅、搅拌叶、电动机等组成,应符合(JC/T681—1997)标准要求。

（2）水泥胶砂试模由三个水平槽模组成,可同时成型三条截面为 40mm×40mm,长160mm 的菱形试体,其材质和制造尺寸符合 JC/T726 要求。成型操作时,应在试模上面加有一个壁高 20mm 的金属模套,当从上往下看时,模套壁与模型内应该重叠,超出内壁应大于 1mm。为了控制料层厚度和刮平胶砂,应备有两个播料器和一金属刮平直尺。

（3）振实台(见图 7-11)应符合(JC/T682　1997)标准要求。振实台应安装在高度约 400mm 的混凝土基座上。混凝土体积约为 0.25m³,重约 600kg。需防外部振动影响振实效果时,可在整个混凝土基座下放一层厚约 5mm 的天然橡胶弹性衬垫。将仪器用地脚螺栓固定在基座上,安装后设备成水平状态,仪器底座与基座之间要铺一层砂浆以保证它们的完全接触。

（4）抗折强度试验机符合 JC/T724 的要求。一般采用杠杆比值为 1∶50 的电动抗折试验机。抗折夹具的加荷与支撑圆柱直径应为 10mm±0.1mm,两个支撑圆柱中心距为100mm±0.2mm。

抗折强度也可用抗压强度试验机来测定,此时应使用符合上述规定的夹具。

（5）抗压强度试验机,在较大的 4/5 量程范围内使用时记录的荷载应有±1％精度,具有按 2400N/s±200N/s 速率的加荷能力,应有一个能指示试件破坏时荷载并把它保持到试验机卸荷以后的指示器,可以用表盘里的峰值指针或显示器来达到。人工操纵的试验机配有一个速度动态装置以便于控制荷载增加。

(6)抗压强度试验机用夹具应符合 JC/T683 的要求,受压面积为 40mm×40mm。

(7)天平(精度±1g)、量水器(精度±1mL)。

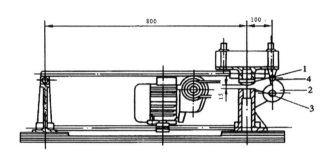

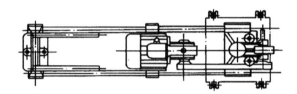

图 7-11　典型的振实台(单位:mm)

1—突头　2—凸轮　3—止动器　4—滑动轮

7.1.6.3　胶砂试件成型

1)胶砂组成

(1)砂。试验采用中国 ISO 标准砂,中国 ISO 标准砂可以单级分包装,也可以各级预配合以 1 350g±5g 量的塑料袋混合包装,但所用塑料袋材料不得影响强度试验结果。

(2)水泥。当试验水泥从取样至试验要保持 24h 以上时,应把它贮存在基本装满和气密的容器里,这个容器应不与水泥起反应。

(3)水。仲裁试验或其他重要试验用蒸馏水,其他试验可用饮用水。

2)胶砂的制备

(1)配合比。胶砂的质量配合比应为一份水泥、三份标准砂和半份水(水泥∶标准砂∶水=1∶3∶0.5)。一锅胶砂成型三条试块,每锅材料需要量为水泥 450g±2g、中国 ISO 标准砂 1 350g±5g,水 225mL±1mL。

(2)搅拌。每锅胶砂用搅拌机进行机械搅拌。先使搅拌机处于待工作状态,然后按以下的程序进行操作:把水加入锅里,再加入水泥,把锅放在固定架上,上升至固定位置。然后立即开动机器,低速搅拌 30s 后,在第二个 30s 开始的同时均匀地将砂子加入,当各级砂是分装时,从最粗粒级开始,依次将所需的每级砂量加完。把机器转至高速再拌 30s。停拌 90s,在第一个 15s 内用一胶皮刮具将叶片和锅壁上的胶砂,刮入锅中间。在高速下继续搅拌 60s。各个搅拌阶段,时间误差应在±1s 以内。

3)试件的制备

(1)用振实台成型。胶砂制备后立即进行成型。将空试模和模套固定在振实台上,用一个适当勺子直接从搅拌锅里将胶砂分两层装入试模,装第一层时,每个槽里约放 300g 胶砂,用大播料器垂直架在模套顶部沿每个模槽来回一次将料层播平,接着振实 60 次。再装入第二层胶砂,用小播料器播平,再振实 60 次。移走模套,从振实台上取下试模,用一金属直尺以近似 90°的角度架在试模模顶的一端,然后沿试模长度方向以横向锯割动作慢慢向另一端移动,一次将超过试模部分的胶砂刮去,并用同一直尺以近乎水平的情况下将试体表面抹平。

在试模上作标记或加字条标明试件编号和试件相对于振实台的位置。

(2)用振动台成型。当使用代用的振动台成型时,操作如下:在搅拌胶砂的同时将试模和下料漏斗卡紧在振动台的中心。将搅拌好的全部胶砂均匀地装入下料漏斗中,开动振动台,胶砂通过漏斗流入试模。振动 120s±5s 停车。振动完毕,取下试模,用刮平尺以规定的刮平手法刮去其高出试模的胶砂并抹平。接着在试模上作标记或用字条标明试件编号。

7.1.6.4　试件的脱模和养护

1)脱模前的处理和养护

去掉留在模子四周的胶砂。立即将做好标记的试模放入雾室或湿箱的水平架子上养护,湿空气应能与试模各边接触。养护时不应将试模放在其他试模上。一直养护到规定的脱模时间时取出脱模。脱模前,用防水墨汁或颜料笔对试体进行编号和做其他标记。两个龄期以上的试体,在编号时应将同一试模中的三条试体分在两个以上龄期内。

2)脱模

脱模应非常小心。对于 24h 龄期的,应在破型试验前 20min 内脱模;对于 24h 以上龄期的,应在成型后 20~24h 之间脱模。

注:如经 24h 养护,会因脱模对强度造成损害时,可以延迟至 24h 以后脱模,但在试验报告中应予说明。

已确定作为 24h 龄期试验(或其他不下水直接做试验)的已脱模试体,应用湿布覆盖至做试验时为止。

3)水中养护

将做好标记的试件立即水平或竖直放在 20℃±1℃ 水中养护,水平放置时刮平面应朝上。试件放在不易腐烂的篦子上,并彼此间保持一定间距,以让水与试件的六个面接触。养护期间试件之间间隔或试体上表面的水深不得小于 5mm。除 24h 龄期或延迟至 48h 脱模的试体外,任何到龄期的试体应在试验(破型)前 15min 从水中取出。揩去试体表面沉积物,并用湿布覆盖至试验为止。

7.1.6.5　强度试验

试体龄期是从水泥加水搅拌开始试验时算起。不同龄期强度试验在下列时间里进行。

(1)24h±15min;

(2)48h±30min;

(3)72h±45min;

(4)7d±2h；

(5)＞28d±8h。

1)抗折强度测定

将试体一个侧面放在试验机支撑圆柱上,试体长轴垂直于支撑圆柱,通过加荷圆柱以50N/s±10N/s的速率均匀地将荷载垂直地加在棱柱体相对侧面上,直至折断。保持两个半截棱柱体处于潮湿状态直至抗压试验。

抗折强度 f_t 以 MPa 表示,按下式进行计算:

$$f_t = \frac{1.5F_tL}{b^3}$$

式中　F_t——折断时施加于棱柱体中部的荷载,N；

　　　L——支撑圆柱之间的距离,mm；

　　　b——棱柱体正方形截面的边长,mm。

2)抗压强度测定

抗压强度试验用规定的抗压强度试验机和抗压强度试验机用夹具,在半截棱柱体的侧面上进行,半截棱柱体中心与压力机压板受压中心差应在±0.5mm 内,棱柱体露在压板外的部分约有 10mm。在整个加荷过程中以 2 400N/s±200N/s 的速率均匀地加荷直至破坏。

抗压强度 f_c 以牛顿每平方毫米(MPa)为单位,按下式进行计算:

$$f_c = \frac{F_c}{A}$$

式中　F_c——破坏时的最大荷载,N；

　　　A——受压部分面积,mm²。

7.1.1.6　试验结果的确定

1)抗折强度

以一组三个棱柱体抗折结果的平均值作为试验结果。当三个强度值中有超出平均值±10％时,应剔除后再取平均值作为抗折强度试验结果。

2)抗压强度

以一组三个棱柱体上得到的六个抗压强度测定值的算术平均值为试验结果。如六个测定值中有一个超出六个平均值的±10％,就应剔除这个结果,而以剩下五个的平均数为结果。如果五个测定值中再有超过它们平均数±10％的,则此组结果作废。

3)试验结果的计算

各试体的抗折强度记录至 0.1MPa,按规定计算平均值,计算精确至 0.1MPa。

各个半棱柱体得到的单个抗压强度结果计算至 0.1MPa,按规定计算平均值,计算精确至0.1MPa[1]。

7.2　混凝土用集料试验

7.2.1　细集料的取样

7.2.1.1　细集料的取样方法

(1)在料堆上取样时,取样部位应均匀分布。取样前先将取样部位表层铲除,然后从不同部位抽取大致等量的砂 8 份,组成一组样品。

(2)从皮带运输机上取样时,应用接料器在皮带运输机机尾的出料处定时抽取大致等量的砂 4 份,组成一组样品。

(3)从火车、汽车、货船上取样时,从不同部位和深度抽取大致等量的砂 8 份,组成一组样品。

7.2.1.2　试样数量

单项试验的最少取样数量应符合表 7-1 的规定。做几项试验时,如确能保证试样经一项试验后不致影响另一项试验的结果,可用同一试样进行几项不同的试验。

表 7-1　单项试验取样数量(单位:kg)

序号	试验项目	最少取样数量
1	颗粒级配	4.4
2	含泥量	4.4
3	石粉含量	6.0
4	泥块含量	20.0
5	表观密度	2.6
6	堆积密度与空隙率	5.0

7.2.1.3　试样处理

1)用分料器法

将样品在潮湿状态下拌和均匀,然后通过分料器,取接料斗中的其中一份再次通过分料器。重复上述过程,直至把样品缩分到试验所需量为止。

2)人工四分法

将所取样品置于平板上,在潮湿状态下拌和均匀,并堆成厚度约为 20mm 的圆饼,然后沿互相垂直的两条直径把圆饼分成大致相等的 4 份,取其中对角线的两份重新拌匀,再堆成圆饼。重复上述过程,直至把样品缩分到试验所需量为止。

7.2.2　砂的筛分析试验

7.2.2.1　仪器设备

(1)鼓风烘箱,能使温度控制在105℃±5℃。

(2)天平,称量1 000g,感量1g。

(3)方孔筛,孔径为150μm,300μm,600μm,1.18mm,2.36mm,4.75mm及9.50mm的筛各一只,并附有筛底和筛盖。

(4)摇筛机。

(5)搪瓷盘、毛刷等。

7.2.2.2　试验步骤

(1)按规定取样,并将试样缩分至约1 100g,放在烘箱中于105℃±5℃下烘干至恒重,待冷却至室温后,筛除大于9.50mm的颗粒(并算出其筛余百分率),分为大致相等的两份备用。

(2)称取试样500g,精确至1g。将试样倒入按孔径大小从上到下组合的套筛(附筛底)上,然后进行筛分。

(3)将套筛置于摇筛机上,摇10min;取下套筛,按筛孔大小顺序再逐个用手筛,筛至每分钟通过量小于试样总量0.1％为止。通过的试样并入下一号筛中,并和下一号筛中的试样一起过筛,这样顺序进行,直至各号筛全部筛完为止。

(4)称出各号筛的筛余量,精确至1g,试样在各号筛上的筛余量不得超过按下式计算出的量。

$$G = \frac{A \times d^{1/2}}{200}$$

式中　G——在一个筛上的筛余量,g;

　　　A——筛面面积,mm^2;

　　　d——筛孔尺寸,mm。

如超过此量时应按下列方法之一处理:

①将该粒级试样分成两份,分别筛分,并以筛余量之和作为该号筛的筛余量。

②将该粒级及以下各粒级的筛余混合均匀,称出其质量,精确至1g。再用四分法缩分为大致相等的两份,取其中一份,称出其质量,精确至1g,继续筛分。计算该粒级及以下各粒级的分计筛余量时应根据缩分比例进行修正。

7.2.2.3　结果计算与评定

(1)计算分计筛余百分率:各号筛的筛余量与试样总量之比,计算精确至0.1％。

(2)计算累计筛余百分率:该号筛的筛余百分率加上该号筛以上各筛余百分率之和,精确至0.1％。筛分后,若每号筛的筛余量与筛底的剩余量之和同原试样质量之差超过1％时,须重新试验。

(3)砂的细度模数按下式计算,精确至0.01:

$$M_x = \frac{(A_2 + A_3 + A_4 + A_5 + A_6) - 5A_1}{100 - A_1}$$

式中　M_x——细度模数;

$\quad A_1$、A_2、A_3、A_4、A_5、A_6——4.75mm、2.36mm、1.18mm、600μm、300μm、150μm 筛的累计筛余百分率。

(4)累计筛余百分率取两次试验结果的算术平均值,精确至 1%。细度模数取两次试验结果的算术平均值,精确至 0.1;若两次试验的细度模数之差超过 0.20 时,须重新试验[2]。

7.2.3　石粉含量

7.2.3.1　试剂和材料

(1)亚甲蓝:($C_{16}H_{18}ClN_3S \cdot 3H_2O$)含量≥95%。

(2)亚甲蓝溶液:将亚甲蓝粉末在 100℃±5℃下烘干至恒重(若烘干温度超过 105℃,亚甲蓝粉末会变质),称取烘干亚甲蓝粉末 10g,精确至 0.01g,倒入盛有约 600mL 蒸馏水(水温加热至 35~40℃)的烧杯中,用玻璃棒持续搅拌 40min,直至亚甲蓝粉末完全溶解,冷却至 20℃。将溶液倒入 1L 容量瓶中,用蒸馏水淋洗烧杯等,使所有亚甲蓝溶液全部移入容量瓶,容量瓶和溶液的温度应保持在 20℃±1℃,加蒸馏水至容量瓶 1L 刻度。振荡容量瓶以保证亚甲蓝粉末完全溶解。将容量瓶中溶液移入深色储藏瓶中,标明制备日期,失效日期(亚甲蓝溶液保质期应不超过 28d),并置于阴暗处保存。

(3)定量滤纸:快速。

7.2.3.2　仪器设备

(1)鼓风烘箱:能使温度控制在 105℃±5℃;

(2)天平:称量 1 000g,感量 0.1g 及称量 100g,感量 0.01g 各一台;

(3)方孔筛:孔径为 75μm 及 1.18mm 的筛各一只;

(4)容器:要求淘洗试样时,保持试样不溅出(深度大于 250mm);

(5)移液管:5mL、2mL 移液管各一个;

(6)三片或四片式叶轮搅拌器:转速可调(最高达 600rpm±60rpm),直径 75mm±10mm;

(7)定时装置:精度 1s;

(8)玻璃容量瓶:1L;

(9)温度计:精度 1℃;

(10)玻璃棒:2 支(直径 8mm,长 300mm);

(11)搪瓷盘、毛刷、1 000mL 烧杯等。

7.2.3.3　试验步骤

(1)亚甲蓝 MB 值的测定。

①按规定取样,并将试样缩分至约 400g,放在烘箱中于 105℃±5℃下烘干至恒量,待冷却至室温后,筛除大于 2.36mm 的颗粒备用。

②称取试样 200g,精确至 0.1g。将试样倒入盛有 500mL±5mL 蒸馏水的烧杯中,用叶轮搅拌机以 600rpm±60rpm 转速搅拌 5min,使成悬浮液,然后持续以 400rpm±40rpm 转速搅拌,直至试验结束。

③悬浮液中加入 5mL 亚甲蓝溶液,以 400rpm±40rpm 转速搅拌至少 1min 后,用玻璃棒蘸取一滴悬浮液(所取悬浮液滴应使沉淀物直径在 8mm～12mm 内),滴于滤纸上(置于空烧杯或其他合适的支撑物上,以使滤纸表面不与任何固体或液体接触)。若沉淀物周围未出现色晕,再加入 5mL 亚甲蓝溶液,继续搅拌 1min,再用玻璃棒蘸取一滴悬浮液,滴于滤纸上,若沉淀物周围仍未出现色晕。重复上述步骤,直至沉淀物周围出现约 1mm 的稳定浅蓝色色晕。此时,应继续搅拌,不加亚甲蓝溶液,每 1min 进行一次沾染试验。若色晕在 4min 内消失,再加入 5mL 亚甲蓝溶液;若色晕在第 5min 消失,再加入 2mL 亚甲蓝溶液。两种情况下,均应继续进行搅拌和沾染试验,直至色晕可持续 5min。

④记录色晕持续 5min 时所加入的亚甲蓝溶液总体积,精确至 1mL。

(2)亚甲蓝的快速试验。

①按试验步骤 3 之(1)规定制样和搅拌

②一次性向烧杯中加入 30mL 亚甲蓝溶液,在 400rpm±40rpm 转速持续搅拌 8min,然后用玻璃棒蘸取一滴悬浮液,滴于滤纸上,观察沉淀物周围是否出现明显色晕。

(3)测定人工砂中石粉含量的试验步骤按照(1)③所述进行。

7.2.3.4 结果计算与评定

(1)亚甲蓝 MB 值结果计算。亚甲蓝值按下式计算,精确至 0.1。

$$MB = \frac{V}{G} \times 10$$

式中 MB ——亚甲蓝值,g/kg,表示每千克 0～2.36mm 粒级试样所消耗的亚甲蓝克数;

　　　G ——试样质量,g;

　　　V ——所加入的亚甲蓝溶液的总量,mL。

注:公式中的系数 10 用于将每千克试样消耗的亚甲蓝溶液体积换算成亚甲蓝质量。

(2)亚甲蓝快速试验结果评定。若沉淀物周围出现明显色晕,则判定亚甲蓝快速试验为合格;若沉淀物周围未出现明显色晕,则判定亚甲蓝快速试验为不合格。

(3)人工砂中含泥量或石粉含量计算和评定按含泥量试验法中计算与评定方法进行[3]。

7.2.4 含泥量

7.2.4.1 仪器设备

(1)鼓风烘箱:能使温度控制在(105±5)℃;

(2)天平:称量 1 000g,感量 0.1g;

(3)方孔筛:孔径为 75μm 及 1.18mm 的筛各一只;

(4)容器:要求淘洗试样时,保持试样不溅出(深度大于 250mm);

(5)搪瓷盘、毛刷等。

7.2.4.2　试验步骤

（1）按规定取样，并将试样缩分至约 1 100g，放在烘箱中于(105±5)℃下烘干至恒量，待冷却至室温后，分为大致相等的两份备用。

（2）称取试样 500g，精确至 0.1g。将试样倒入淘洗容器中，注入清水，使水面高于试样面约 150mm，充分搅拌均匀后，浸泡 2h，然后用手在水中淘洗试样，使沉屑、淤泥和黏土与砂粒分离，把浑水缓缓倒入 1.18mm 及 75μm 的套筛上(1.18mm 筛放在 75μm 筛上面)，滤去小于 75μm 的颗粒。试验前筛子的两面应先用水湿润，在整个过程中应小心防止砂粒流失。

（3）再向容器中注入清水，重复上述操作，直至容器内的水目测清澈为止。

（4）用水淋洗剩余在筛上的细粒，并将 75μm 筛放在水中（使水面略高出筛中砂粒的上表面）来回摇动，以充分洗掉小于 75μm 的颗粒，然后将两只筛的筛余颗粒和清洗容器中已经洗净的试样一并倒入搪瓷盘，放在烘箱中于(105±5)℃下烘干至恒量，待冷却至室温后，称出其质量，精确至 0.1g。

7.2.4.3　结果计算与评定

（1）含泥量按下式计算，精确至 0.1%：

$$Q_a = \frac{G_0 - G_1}{G_0} \times 100$$

式中　Q_a——含泥量，%；

　　　G_0——试验前烘干试样的质量，g；

　　　G_1——试验后烘干试样的质量，g。

（2）含泥量取两个试样的试验结果算术平均值作为测定值。

7.2.5　泥块含量

7.2.5.1　仪器设备

（1）鼓风烘箱：能使温度控制在(105±5)℃。

（2）天平：称量 1 000g，感量 0.1g。

（3）方孔筛：孔径为 600μm 及 1.18mm 的筛各一只。

（4）容器：要求淘洗试样时，保持试样不溅出（深度大于 250mm）。

（5）搪瓷盘、毛刷等。

7.2.5.2　试验步骤

（1）按规定取样，并将试样缩分至约 5 000g，放在烘箱中于(105±5)℃下烘干至恒量，待冷却至室温后，筛除小于 1.18mm 的颗粒，分为大致相等的两份备用。

（2）称取试样 200g，精确至 0.1g。将试样倒入淘洗容器中，注入清水，使水面高于试样面约 150mm，充分搅拌均匀后，浸泡 2h，然后用手在水中碾碎泥块，再把试样放在 600μm 筛上，用水淘洗，直至容器内的水目测清澈为止。

(3)保留下来的试样小心地从筛中取出,装入浅盘中,放在烘箱中于(105±5)℃下烘干至恒量,待冷却至室温后,称出其质量,精确至0.1g。

7.2.5.3　结果计算与评定

(1)泥块含量按下式计算,精确至0.1%:

$$Q_b = \frac{G_1 - G_2}{G_1} \times 100$$

式中　Q_b——泥块含量,%;

　　　G_1——1.18mm筛筛余试样的质量,g;

　　　G_2——试验后烘干试样的质量,g。

(2)泥块含量取两次试验结果的算术平均值,精确至0.1%。

7.2.6　砂的表观密度

试验目的:测定砂的表观密度,用此项指标评定砂的质量,国家标准规定砂的表观密度不小于2 500kg/m³。砂的表观密度也是进行水泥混凝土与沥青混凝土配合比设计的必要数据之一。

7.2.6.1　仪器设备

(1)鼓风烘箱:能使温度控制在105℃±5℃。

(2)天平:称量10kg或1 000g,感量1g。

(3)容量瓶:500mL。

(4)干燥器、搪瓷盘、滴管、毛刷等。

7.2.6.2　试验步骤

(1)按规定取样,并将试样缩分至约660g,放在烘箱中于105℃±5℃下烘干至恒重,待冷却至室温后,分为大致相等的两份备用。

(2)称取试样300g,精确至1g。将试样装入容量瓶,注入冷开水至接近500mL的刻度处,用手旋转摇动容量瓶,使砂样充分摇动,排除气泡,塞紧瓶盖,静置24h。然后用滴管小心加水至容量瓶500mL刻度处,塞紧瓶塞,擦干瓶外水分,称出其质量,精确至1g。

(3)倒出瓶内水和试样,洗净容量瓶,再向容量瓶内注水至500mL刻度处,塞紧瓶塞,擦干瓶外水分,称出其质量,精确至1g。

7.2.6.3　结果计算与评定

(1)砂的表观密度按下式计算,精确至10kg/m³:

$$\rho_0 = \left(\frac{G_0}{G_0 + G_2 - G_1}\right) \times \rho_{水}$$

式中　ρ_0——表观密度,kg/m³;

　　　$\rho_{水}$——水的密度,1 000kg/m³;

　　　G_0——烘干试样的质量,g;

G_1——试样,水及容量瓶的总质量,g;

G_2——水及容量瓶的总质量,g。

(2)表观密度取两次试验结果的算术平均值,精确至 $10kg/m^3$;若两次试验结果之差大于 $20kg/m^3$,须重新试验[4]。

7.2.7　砂的堆积密度与空隙率

试验目的:测定砂的松堆密度和紧堆密度,用以评定砂的质量,国家标准规定砂的松堆密度不小于 $1\,350kg/m^3$。根据砂的表观密度和松堆密度计算空隙率,为混凝土配合比设计提供数据,国家标准规定砂的空隙率不得大于 47%。

7.2.7.1　仪器设备

(1)鼓风烘箱:能使温度控制在 105℃±5℃。

(2)天平:称量 10kg,感量 1g。

(3)容量筒:圆柱形金属筒,内径 108mm,净高 109mm,壁厚 2mm,筒底厚约 5mm,容积为 1L。

(4)方孔筛:孔径为 4.75mm 的筛一只。

(5)垫棒:直径 10mm,长 500mm 的圆钢。

(6)直尺、漏斗或料勺、搪瓷盘、毛刷等。

7.2.7.2　试验步骤

(1)按规定取样,用搪瓷盘装取试样约 3L,放在烘箱中于 105℃±5℃ 下烘干至恒量,待冷却至室温后,筛除大于 4.75mm 的颗粒,分为大致相等的两份备用。

(2)松散堆积密度。取试样一份,用漏斗或料勺将试样从容量筒中心上方 50mm 处徐徐倒入,让试样以自由落体落下,当容量筒上部试样呈锥体,且容量筒四周溢满时,即停止加料。然后用直尺沿筒口中心线向两边刮平(试验过程应防止触动容量筒),称出试样和容量筒总质量,精确至 1g。

(3)紧密堆积密度。取试样一份分两次装入容量筒。装完第一层后,在筒底垫放一根直径为 10mm 的圆钢,将筒按住,左右交替击地面各 25 下。然后装入第二层,第二层装满后用同样方法颠实(但筒底所垫钢筋的方向与第一层时的方向垂直)后,再加试样直至超过筒口,然后用直尺沿筒口中心线向两边刮平,称出试样和容量筒总质量,精确至 1g。

7.2.7.3　结果计算与评定

(1)松散或紧密堆积密度按下式计算,精确至 $10kg/m^3$:

$$\rho_1 = \left(\frac{G_1 - G_2}{V}\right)$$

式中　ρ_1——松散堆积密度或紧密堆积密度,kg/m^3;

G_1——容量筒和试样总质量,g;

G_2——容量筒质量,g;

V——容量筒的容积,L。

(2)空隙率按下式计算,精确至1%:

$$V_0 = \left(1 - \frac{\rho_1}{\rho_2}\right) \times 100$$

式中　V_0——空隙率,%;

　　　　ρ_1——试样的松散(或紧密)堆积密度,kg/m³;

　　　　ρ_2——试样表观密度,kg/m³。

(3)堆积密度取两次试验结果的算术平均值,精确至10kg/m³。空隙率取两次试验结果的算术平均值,精确至1%。

7.2.8　粗集料取样

7.2.8.1　取样方法

(1)在料堆上取样时,取样部位应均匀分布。取样前先将取样部位表层铲除,然后从不同部位抽取大致等量的石子15份(在料堆的顶部、中部和底部均匀分布的15个不同部位取得)组成一组样品。

(2)从皮带运输机上取样时,应用接料器在皮带运输机机尾的出料处定时抽取大致等量的石子8份,组成一组样品。

(3)从火车、汽车、货船上取样时,从不同部位和深度抽取大致等量的石子16份,组成一组样品。

7.2.8.2　试样数量

单项试验的最少取样数量应符合如表7-2所示的规定。做几项试验时,如确能保证试样经一项试验后不致影响另一项试验的结果,可用同一试样进行几项不同的试验。

表 7-2　单项试验取样数量

序号	最大粒径/mm　　最少取样数量/kg　　试验项目	9.5	16.0	19.0	26.5	31.5	37.5	63.0	75.0
1	颗粒级配	9.5	16.0	19.0	25.0	31.5	37.5	63.0	80.0
2	含泥量	8.0	8.0	24.0	24.0	40.0	40.0	80.0	80.0
3	针片状颗粒含量	1.2	4.0	8.0	12.0	20.0	40.0	40.0	40.0
4	压碎指标值	按试验要求的粒级和数量取样							
5	表观密度	8.0	8.0	8.0	8.0	12.0	16.0	24.0	24.0
6	堆积密度与空隙率	40.0	40.0	40.0	40.0	80.0	80.0	120.0	120.0

7.2.8.3　试样处理

将所取样品置于平板上,在自然状态下拌和均匀,并堆成堆体,然后沿互相垂直的两条直径把堆体分成大致相等的 4 份,取其中对角线的两份重新拌匀,再堆成堆体。重复上述过程,直至把样品缩分到试验所需量为止。

7.2.9　粗集料的颗粒级配

7.2.9.1　仪器设备

(1)鼓风烘箱:能使温度控制在 105℃±5℃。

(2)台秤:称量 10kg,感量 1g。

(3)方孔筛:孔径为 2.36mm,4.75mm,9.50mm,16.0mm,19.0mm,26.5mm,31.5mm,37.5mm,53.0mm,63.0mm,75.0mm 及 90mm 的筛各一只,并附有筛底和筛盖(筛框内径为300mm)。

(4)摇筛机。

(5)搪瓷盘,毛刷等。

7.2.9.2　试验步骤

(1)按 7.2.8 节取样方法取样,并将试样缩分至略大于表 7-3 规定的数量,烘干或风干后备用。

表 7-3　颗粒级配试验所需试样数量

最大粒径/mm	9.5	16.0	19.0	26.5	31.5	37.5	63.0	75.0
最少试样质量/kg	1.9	3.2	3.8	5.0	6.3	7.5	12.6	16.0

(2)称取按表 7-3 规定数量的试样一份,精确到 1g。将试样倒入按孔径大小从上到下组合的套筛(附筛底)上,然后进行筛分。

(3)将套筛置于摇筛机上,摇 10min;取下套筛,按筛孔大小顺序再逐个用手筛,筛至每分钟通过量小于试样总量 0.1% 为止。通过的颗粒并入下一号筛中,并和下一号筛中的试样一起过筛,这样顺序进行,直至各号筛全部筛完为止。

(4)称出各号筛的筛余量,精确至 1g。

7.2.9.3　结果计算与评定

(1)计算分计筛余百分率:各号筛的筛余量与试样总质量之比,计算精确至 0.1%。

(2)计算累计筛余百分率:该号筛的筛余百分率加上该号筛以上各分计筛余百分率之和,精确至 1%。筛分后,若每号筛的筛余量与筛底的筛余量之和同原试样质量之差超过 1% 时,须重新试验。

(3)根据各号筛的累计筛余百分率,评定该试样的颗粒级配。

7.2.10 针片状颗粒含量

7.2.10.1 仪器设备

(1)针状规准仪与片状规准仪。

(2)台秤:称量10kg,感量1g。

(3)方孔筛:孔径为4.75mm,9.50mm,16.0mm,19.0mm,26.5mm,31.5mm及37.5mm的筛各一个。

7.2.10.2 试验步骤

(1)按规定取样,并将试样缩分至略大于表7-4规定的数量,烘干或风干后备用。

表7-4 针、片状颗粒含量试验所需试样数量

最大粒径/mm	9.5	16.0	19.0	26.5	31.5	37.5	63.0	75.0
最少试样质量/kg	0.3	1.0	2.0	3.0	5.0	10.0	10.0	10.0

(2)称取按表7-4规定数量的试样一份,精确到1g。然后按表7-5规定的粒级组成套筛进行筛分。

表7-5 针、片状颗粒含量试验的粒级划分及其相应的规准仪孔宽或间距

石子粒级/mm	4.75~9.50	9.50~16.0	16.0~19.0	19.0~26.5	26.5~31.5	31.5~37.5
片状规准仪相对应孔宽/mm	2.8	5.1	7.0	9.1	11.6	13.8
针状规准仪相对应间距/mm	17.1	30.6	42.0	54.6	69.6	82.8

(3)按表7-5规定的粒级分别用规准仪逐粒检验,凡颗粒长度大于针状规准仪上相应间距者,为针状颗粒;颗粒厚度小于片状规准仪上相应孔宽者,为片状颗粒。称出其总质量,精确至1g。

(4)石子粒径大于37.5mm的碎石或卵石可用卡尺检验针片状颗粒,卡尺卡口的设定宽度应符合表7-6的规定。

表7-6 大于37.5mm颗粒针、片状颗粒含量试验的粒级划分及其相应的卡尺卡口设定宽度

石子粒级/mm	37.5~53.0	53.0~63.0	63.0~75.0	75.0~90
检验片状颗粒的卡尺卡口设定宽度/mm	18.1	23.2	27.6	33.0
检验针状颗粒的卡尺卡口设定宽度/mm	108.6	139.2	165.6	198.0

7.2.10.3 结果计算

针片状颗粒含量按下式计算,精确至1%:

$$Q_c = \frac{G_2}{G_1} \times 100$$

式中　Q_c——针、片状颗粒含量,%;

　　　　G_1——试样的质量,g;

　　　　G_2——试样中所含针片状颗粒的总质量,g。

7.2.11　压碎指标值

7.2.11.1　仪器设备

(1)压力试验机:量程 300kN,示值相对误差 2%。

(2)台秤:称量 10kg,感量 10g。

(3)天平:称量 1kg,感量 1g。

(4)方孔筛:孔径分别为 2.36mm、9.50mm 及 19.0mm 的筛各一只。

(5)垫棒:ϕ10mm,长 500mm 圆钢。

7.2.11.2　试验步骤

(1)按规定取样,风干后筛除大于 19.0mm 及小于 9.50mm 的颗粒,并去除针片状颗粒,分为大致相等的 3 份备用。

(2)称取试样 3 000g,精确至 1g。将试样分两层装入圆模(置于底盘上)内,每装完一层试样后,在底盘下面垫放一直径为 10mm 的圆钢,将筒按住,左右交替颠击地面各 25 下,两层颠实后,平整模内试样表面,盖上压头。

(3)把装有试样的模子置于压力机上,开动压力试验机,按 1kN/s 速度均匀加荷至 200kN 并稳荷 5s,然后卸荷。取下加压头,倒出试样,用孔径 2.36mm 的筛筛除被压碎的细粒,称出留在筛上的试样质量,精确至 1g。

7.2.11.3　结果计算与评定

(1)压碎指标值按下式计算,精确至 0.1%:

$$Q_e = \frac{G_1 - G_2}{G_1} \times 100\%$$

式中　Q_e——压碎指标值,%;

　　　　G_1——试样的质量,g;

　　　　G_2——压碎试验后筛余的试样质量,g。

(2)压碎指标值取三次试验结果的算术平均值,精确至 1%。

7.2.12　粗集料的表观密度

7.2.12.1　广口瓶法

本方法不宜用于测定最大粒径大于 37.5mm 的碎石或卵石的表观密度。

(1)仪器设备。

①鼓风烘箱:能使温度控制在 105℃±5℃;

②天平:称量 2kg,感量 1g;

③广口瓶:1000mL,磨口,带玻璃片;

④方孔筛:孔径为 4.75mm 的筛一只;

⑤温度计、搪瓷盘、毛巾等。

(2)按规定取样,并缩分至略大于表 7-7 规定的数量,风干后筛除小于 4.75mm 的颗粒,然后洗刷干净,分为大致相等的两份备用。

表 7-7　表观密度试验所需试样数量

最大粒径/mm	<26.5	31.5	37.5	63.0	75.0
最少试样质量/kg	2.0	3.0	4.0	6.0	6.0

(3)将试样浸水饱和,然后装入广口瓶中。装试样时,广口瓶应倾斜放置,注入饮用水,用玻璃片覆盖瓶口。以上下左右摇晃的方法排除气泡。

(4)气泡排尽后,向瓶中添加饮用水,直至水面凸出瓶口边缘。然后用玻璃片沿瓶口迅速滑行,使其紧贴瓶口水面。擦干瓶外水分后,称出试样、水、瓶和玻璃片总质量,精确至 1g。

(5)将瓶中试样倒入浅盘,放在烘箱中于 105℃±5℃下烘干至恒量,待冷却至室温后,称出其质量,精确至 1g。

(6)将瓶洗净并重新注入饮用水,用玻璃片紧贴瓶口水面,擦干瓶外水分后,称出水、瓶和玻璃片总质量,精确至 1g。

7.2.12.2　结果计算与评定

(1)表观密度按下式计算,精确至 $10kg/m^3$:

$$\rho_0 = \left(\frac{G_0}{G_0 + G_2 - G_1}\right) \times \rho_水$$

式中　ρ_0——表观密度,kg/m^3;

　　　G_0——烘干后试样的质量,g;

　　　G_1——试样、水、瓶和玻璃片的总质量,g;

　　　G_2——水、瓶和玻璃片的总质量,g;

　　　$\rho_水$——1 000kg/m^3。

(2)表观密度取两次试验结果的算术平均值,两次试验结果之差大于 $20kg/m^3$,须重新试验。对颗粒材质不均匀的试样,若两次试验结果之差超过 $20kg/m^3$,可取 4 次试验结果的算术平均值。

7.2.13　粗集料的堆积密度与空隙率

7.2.13.1　仪器设备

(1)台秤:称量 10kg,感量 10g。

(2)磅秤:称量 50kg 或 100kg,感量 50g。

(3)容量筒规格如表 7-8 所示。

(4)垫棒：直径 16mm，长 600mm 的圆钢。

(5)直尺、小铲等。

表 7-8　容量筒的规格要求

最大粒径 /mm	容量筒容积 /L	容量筒规格		
		内径/mm	净高/mm	壁厚/mm
9.5,16.0,19.0,26.5	10	208	294	2
31.5,37.5	20	294	294	3
53.0,63.0,75.0	30	360	294	4

7.2.13.2　试验步骤

按 7.2.6 节规定取样，烘干或风干后，拌匀并把试样分为大致相等两份备用。

(1)松散堆积密度。取试样一份，用小铲将试样从容量筒口中心上方 50mm 处徐徐倒入，让试样以自由落体落下，当容量筒上部试样呈堆体，且容量筒四周溢满时，即停止加料。除去凸出容量口表面的颗粒，并以合适的颗粒填入凹陷部分，使表面稍凸起部分和凹陷部分的体积大致相等（试验过程应防止触动容量筒），称出试样和容量筒总质量。

(2)紧密堆积密度。取试样一份分三次装入容量筒。装完第一层后，在筒底垫放一根直径为 16mm 的圆钢，将筒按住，左右交替颠击地面各 25 次，再装入第二层，第二层装满后用同样方法颠实（但筒底所垫钢筋的方向与第一层时的方向垂直），然后装入第三层，如法颠实。试样装填完毕，再加试样直至超过筒口，用钢尺沿筒口边缘刮去高出的试样，并用适合的颗粒填平凹处，使表面稍凸起部分与凹陷部分的体积大致相等。称取试样和容量筒的总质量，精确至 10g。

7.2.13.3　结果计算与评定

(1)松散或紧密堆积密度按下式计算，精确至 10kg/m^3：

$$\rho_1 = \left(\frac{G_1 - G_2}{V}\right) \qquad (7\text{-}8)$$

式中　ρ_1——松散堆积密度或紧密堆积密度，kg/m^3；

　　　G_1——容量筒和试样的总质量，g；

　　　G_2——容量筒质量，g；

　　　V——容量筒的容积，L。

(2)空隙率按下式计算，精确至 1%：

$$V_0 = \left(1 - \frac{\rho_1}{\rho_0}\right) \times 100$$

式中　V_0——空隙率，%；

　　　ρ_1——按式(7-8)计算得出的松散（或紧密）堆积密度，kg/m^3；

　　　ρ_0——按 7.2.12 节 7.2.12.2 计算得出的表观密度，kg/m^3。

(3)堆积密度取两次试验结果的算术平均值，精确至 10kg/m^3。空隙率取两次试验结果的算术平均值,精确至1%。

7.2.14 快速碱-硅酸反应

7.2.14.1 适用范围

本方法适用于检验硅质集料与混凝土中的碱发生潜在碱-硅酸反应的危害性。不适用于碳酸类集料。

7.2.14.2 试剂和材料

(1)氢氧化钠:分析纯。

(2)蒸馏水或去离子水。

(3)氢氧化钠溶液:40g NaOH溶于900mL水中,然后加水到1L,所需氢氧化钠溶液总体积为试件总体积的(4 ± 0.5)倍(每一个试件的体积约为184mL)。

7.2.14.3 仪器设备

(1)鼓风烘箱:能使温度控制在(105 ± 5)℃。

(2)天平:称量1000g,感量0.1g。

(3)方孔筛:4.75mm、2.36mm、1.18mm、600μm、300μm及150μm的筛各一只。

(4)比长仪:由百分表和支架组成。百分表的量程10mm,精度0.01mm。

(5)水泥胶砂搅拌机:应符合现行国家标准《行星式水泥胶砂搅拌机》JC/T681要求。

(6)高温恒温养护箱或水浴:温度保持在(80 ± 2)℃。

(7)养护筒:由可耐碱长期腐蚀的材料制成,应不漏水,筒内设有试件架,筒的容积可以保证试件分离地浸没在体积为$(2\,208\pm276)$mL水中或1mol/L的氢氧化钠溶液中,且不能与容器壁接触。

(8)试模:规格为25mm×25mm×280mm,试模两端正中有小孔,装有不锈钢质膨胀测头。

(9)破碎机。

(10)干燥器、搪瓷盘、毛刷等。

7.2.14.4 环境条件

(1)材料与成型室的温度应保持在20.0℃～27.5℃,拌和水及养护室的温度应保持在(20 ± 2)℃。

(2)成型室、测长室的相对湿度应不小于80%。

(3)高温恒温养护箱或水浴应保持在(80 ± 2)℃。

7.2.14.5 试件制作

(1)按取样方法规定取样,并将试样缩分至约5.0kg,将试样破碎后筛分成150μm～300μm、300μm～600μm、600μm～1.18mm、1.18mm～2.36mm和2.36mm～4.75mm五个粒级。每一个粒级在相应筛上用水淋洗干净后,放在烘箱中于(105 ± 5)℃下烘干至恒量,分别存放在干燥器内备用。

（2）水泥采用符合现行国家标准 GB175 要求的硅酸盐水泥、普通硅酸盐水泥，水泥中不得有结块，并在保质期内。

（3）水泥与集料的质量比为 1∶2.25，水灰比为 0.47。一组 3 个试件共需水泥 440g，精确至 0.1g，石料 990g（各粒级的质量按表 7-9 分别称取，精确至 0.1g）。

表 7-9　碱集料反应用破碎集料各粒级的质量

筛孔尺寸	4.75mm～2.36mm	2.36mm～1.18mm	1.18mm～600μm	600μmm～300μmm	300μm～150μm
质量/g	99.0	247.5	247.5	247.5	148.5

（4）砂浆搅拌应按 GB/T17671 规定进行。

（5）搅拌完成后，立即将砂浆分两次装入已装有膨胀测头的试模中，每层捣 40 次，注意膨胀测头四周应小心捣实，浇捣完毕后用镘刀刮除多余砂浆、抹平、编号并表明测长方向。

7.2.14.6　养护与测长

（1）试件成型完毕后，立即带模放入标准养护室内。养护（24±2）h 后脱模，立即测量试件的初始长度。待测的试件须用湿布覆盖，以防止水分蒸发。

（2）测完初始长度后，将试件浸没于养护筒（一个养护筒内的试件品种应相同）内的水中，并保持水温在（80±2）℃的范围内（加盖放在高温恒温养护箱或水浴中），养护（24±2）h。

（3）从高温恒温养护箱或水浴中拿出一个养护筒，从养护筒内取出试件，用毛巾擦干表面，立即读出试件的基准长度［从取出试件至完成读数应在（15±5）s 时间内］，在试件上覆盖湿毛巾，待全部试件测完基准长度后，再将所有试件分别浸没于养护筒内的 1mol/L NaOH 溶液中，并保持溶液温度在（80±1）℃的范围内（加盖放在高温恒温养护箱或水浴中）。

（4）测长龄期自测定基准长度之日起计算，在测基准长度后第 3d、7d、10d 各测量一次，每次测长时间安排在每天近似同一时刻内，测长方法与测基准长度的方法相同，每次测长完毕后，应将试件放入原养护筒中，加盖后放回（80±1）℃的高温恒温养护箱或水浴中继续养护至下一个测试龄期。14d 后如需继续测长，可安排每 7d 一次测长。

7.2.14.7　结果计算与评定

（1）试件膨胀率按下式计算，精确至 0.001%：

$$\sum_t = \frac{L_t - L_0}{L_0 - 2\Delta} \times 100$$

式中　$\sum_t$——试件在 t 天龄期的膨胀率，%；

　　　L_t——试件在 t 天龄期的长度，mm；

　　　L_0——试件的基准长度，mm；

　　　Δ——膨胀端头的长度，mm。

（2）膨胀率以 3 个试件膨胀值的算术平均值作为试验结果，精确至 0.01%。一组试件中任何一个试件的膨胀率与平均值相差不大于 0.01%，则结果有效，而对膨胀率平均值大于 0.05% 时，每个试件的测定值与平均值之差小于平均值的 20%，也认为结果有效。

7.2.14.8 结果判定

(1)当14d膨胀率小于0.10%时,在大多数情况下可以判定为无潜在碱-硅酸反应危害。

(2)当14d膨胀率大于0.20%时,可以判定为有潜在碱-硅酸反应危害。

(3)当14d膨胀率在0.10%~0.20%之间时,不能最终判定有潜在碱-硅酸反应危害,可以按碱硅酸反应(半年膨胀率)方法再进行试验来判定。

7.3 普通混凝土试验

7.3.1 水泥混凝土拌合物试验

7.3.1.1 水泥混凝土拌合物的拌和与现场取样方法

目的与适用范围:本方法规定了在常温环境中室内水泥混凝土拌合物的拌和与现场取样方法。轻质水泥混凝土、防水水泥混凝土、碾压水泥混凝土等其他特种水泥混凝土的拌和与现场取样方法,可以参照本方法进行,但因其特殊性所引起的对试验设备及方法的特殊要求,均应遵照对这些水泥混凝土的有关技术规定进行。

7.3.1.2 仪器设备

(1)搅拌机:自由式或强制式。

(2)振动台:标准振动台,符合JG/T3020—1994《混凝土试验用振动台》的要求。

(3)磅秤:感量满足称量总量1%的磅秤。

(4)天平:感量满足称量总量0.5%的天平。

(5)其他:铁板、铁铲等。

7.3.1.3 材料

(1)所有材料均应符合有关要求,拌和前材料应放置在温度20℃±5℃的室内。

(2)为防止粗集料的离析,可将集料按不同粒径分开,使用时再按一定比例混合。试样从抽取至试验完毕过程中,不要风吹日晒,必要时应采取保护措施。

7.3.1.4 拌和步骤

(1)拌和时保持室温20℃±5℃。

(2)拌合物的总量至少应比所需量高20%以上。拌制混凝土的材料用量应以质量计,称量的精确度:集料为±1%,水、水泥、掺合料和外加剂为±0.5%。

(3)粗集料。细集料均以干燥状态注为基准,计算用水量时应扣除粗集料、细集料的含水量。

注：干燥状态是指含水率小于 0.5% 的细集料和含水率小于 0.2% 的粗集料。

(4)外加剂的加入对于不溶于水或难溶于水且不含潮解型盐类,应先和一部分水泥拌和,以保证充分分散。

对于不溶于水或难溶于水但含潮解型盐类,应先和细集料拌和。对于水溶性或液体,应先和水拌和。其他特殊外加剂,应遵守有关规定。

(5)拌制混凝土所用各种用具,如铁板、铁铲、抹刀,应预先用水润湿,使用完后必须清洗干净。

(6)使用搅拌机前,应先用少量砂浆进行涮膛,再刮出涮膛砂浆,以避免正式拌和混凝土时水泥砂浆黏附筒壁的损失。涮膛砂浆的水灰比及砂灰比,应与正式混凝土配合比相同。

(7)用搅拌机拌和时,拌和量宜为搅拌机公称容量 1/4~3/4 之间。

(8)搅拌机搅拌。按规定称好原材料,往搅拌机内顺序加入粗集料、细集料、水泥。开动搅拌机,将材料拌和均匀,在拌和过程中徐徐加水,全部加料时间不宜超过 2min。水全部加入后,继续拌和约 2min,而后将拌合物倾出在铁板上,再经人工翻拌 1~2min,务必使拌合物均匀一致。

(9)人工拌和。采用人工拌和时,先用湿布将铁板、铁铲润湿,再将称好的砂和水泥在铁板上拌匀,加入粗集料,再混合搅拌均匀。而后将此拌合物堆成长堆,中心扒成长槽,将称好的水倒入约一半,将其与拌合物仔细拌匀,再将材料堆成长堆,扒成长槽,倒入剩余的水,继续进行拌和,来回翻拌至少 6 遍。

(10)从试样制备完毕到开始做各项性能试验不宜超过 5min(不包括成型试件)。

7.3.1.5　现场取样

(1)新混凝土现场取样:凡由搅拌机、料斗、运输小车以及浇制的构件中采取新拌混凝土代表性样品时,均须从三处以上的不同部位抽取大致相同份量的代表性样品(不要抽取已经离析的混凝土),集中用铁铲翻拌均匀,而后立即进行拌合物的试验。拌合物取样量应多于试验所需量的 1.5 倍,其体积不小于 20L。

(2)为使取样具有代表性,宜采用多次采样的方法,最后集中用铁铲翻拌均匀。

(3)从第一次取样到最后一次取样不宜超过 15min。取回的混凝土拌合物应经过人工再次翻拌均匀,而后进行试验。

注:水泥混凝土拌合物的性能与拌和过程密切相关,为规范室内拌和水泥混凝土拌合物和现场混凝土拌合物取样,特制定本方法。

由于配合比计算时,一般以原料干燥状态为基准,所以,应事先测得原材料的含水量,然后在拌和加水时扣除。

7.3.2　水泥混凝土拌合物稠度试验方法(坍落度仪法)

7.3.2.1　目的、适用范围

本方法规定了采用坍落度仪测定水泥混凝土拌合物稠度的方法和步骤。适用于坍落度大于 10mm,集料公称最大粒径不大于 31.5mm 的水泥混凝土的坍落度测定。

7.3.2.2 **仪器设备**

1)坍落筒

结构如图 7-12 所示,符合《水泥混凝土坍落度仪》中有关技术要求。坍落筒为铁板制成的截头圆锥筒,厚度不小于 1.5mm,内侧平滑,没有铆钉头之类的突出物,在筒上方约 2/3 高度处有两个把手,近下端两侧焊有两个踏脚板,保证坍落筒可以稳定操作,坍落筒尺寸如表 7-10 所示。

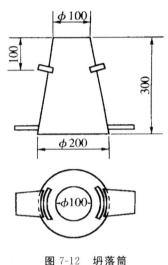

图 7-12　坍落筒

2)捣棒

符合《水泥混凝土坍落度仪》(JG3021)中有关技术要求,为直径 16mm,长约 600mm 并具有半球形端头的钢质圆棒。

3)其他

小铲、木尺、小钢尺、镘刀和钢平板等。

表 7-10　坍落筒尺寸

集料公称最大粒径(mm)	筒的名称	筒的内部尺寸(mm)		
		底面直径	顶面直径	高度
<31.5	标准坍落筒	200±2	100±2	300±2

7.3.2.3 **试验步骤**

(1)试验前将坍落筒内外洗净,放在经水润湿过的平板上(平板吸水时应垫以塑料布),踏紧脚板。

(2)将代表样分三层装入筒内,每层装入高度稍大于筒高的 1/3,用捣棒在每一层的横截面上均匀插捣 25 次。插捣在全部面积上进行,沿螺旋线由边缘至中心,插捣底层时插至底部,插捣其他两层时,应插透本层并插入下层 20~30mm,插捣须垂直压下(边缘部分除外),不得冲击。在插捣顶层时,装入的混凝土应高出坍落筒口,随插捣过程随时添加拌合物。当顶层插捣完毕后,将捣棒用锯和滚的动作,清除掉多余的混凝土,用镘刀抹平筒口,刮净筒底周围的拌合物。而后立即垂直地提起坍落筒,提筒在 5~10s 内完成,并使混凝土不受横向及扭力作用。从开始装料到提出坍落筒整个过程应在 150s 内完成。

(3)将坍落筒放在锥体混凝土试样一旁,筒顶平放木尺,用小钢尺量出木尺底面到试样顶面最高点的垂直距离,即为该混凝土拌合物的坍落度,精确至 1mm。

(4)当混凝土试件的一侧发生崩坍或一边剪切破坏,则应重新取样另测,如果第二次仍发生上述情况,则表示该混凝土和易性不好,应记录。

(5)当混凝土拌合物的坍落度大于 220mm 时,用钢尺测量混凝土扩展后最终的最大直径和最小直径,在这两个直径之差小于 50mm 的条件下,用其算术平均值作为坍落扩展度值;否则,此次试验无效。

(6)坍落度试验的同时,可用目测方法评定混凝土拌合物的下列性质,并予记录。

①棍度:按插捣混凝土拌合物时难易程度评定。分"上""中""下"三级。

"上":表示插捣容易;

"中":表示插捣时稍有石子阻滞的感觉;

"下":表示很难插捣。

②含砂情况:按拌合物外观含砂多少而评定,分"多""中""少"三级。

"多":表示用镘刀抹拌合物表面时,一两次即可使拌合物表面平整无蜂窝;

"中":表示抹五、六次才可使表面平整无蜂窝;

"少":表示抹面困难,不易抹平,有空隙及石子外露等现象。

③黏聚性:观测拌合物各组分相互黏聚情况。评定方法是用捣棒在已坍落的混凝土锥体侧面轻打,如锥体在轻打后逐渐下沉,表示粘聚性良好;如锥体突然倒坍、部分崩裂或发生石子离析现象,即表示黏聚性不好。

④保水性:指水分从拌合物中析出情况,分"多量""少量""无"三级评定。

"多量":表示提起坍落筒后,有较多水分从底部析出;

"少量":表示提起坍落筒后,有少量水分从底部析出;

"无":表示提起坍落筒后,没有水分从底部析出。

7.3.2.4　试验结果

混凝土拌合物坍落度和坍落扩展值以毫米(mm)为单位,测量精确至 1mm,结果修约至最接近的 5mm,并描述棍度、含砂情况、黏聚性和保水性。

注:本方法基本上根据 GB/T 50080—2002 修改。在评价水泥混凝土拌合物的稠度方面,坍落度试验是重要指标之一。随着近年来流态混凝土的推广,本方法中增加了坍落扩展度来评价其稠度。同时还增加了其他评价水泥混凝土拌合物工作性能的指标:棍度、含砂情况、黏聚性和保水性,坍落度试验可以认为是测量水泥混凝土在自重作用下流动的抗剪性。ISO 4103—1979 中规定了拌合物稠度分级,如表 7-11 所示。

表 7-11　水泥混凝土的稠度分级

级别	坍落度（mm）	级别	坍落度（mm）
特干硬	—	低塑	50～90
很干稠	—	塑性	100～150
干稠	10～40	流态	>160

7.3.3　水泥混凝土拌合物稠度试验方法(维勃仪法)

7.3.3.1　目的、适用范围

本方法规定用维勃稠度仪来测定水泥混凝土拌合物稠度的方法和步骤。适用于集料公称最大粒径不大于 31.5mm 的水泥混凝土及维勃时间在 5～30s 之间的干稠水泥混凝土的稠度测定。

7.3.3.2　仪器设备

如图 7-13 所示,符合《维勃稠度仪》(JG3043)的规定。

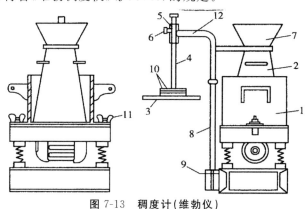

图 7-13　稠度计(维勃仪)

1—容器　2—坍落度筒　3—圆盘　4—滑杆　5—套筒　6—螺钉　7—漏斗　8—支柱

9—定位螺丝　10—荷重块　11—元宝螺钉　12—旋转架

稠度仪(维勃仪):

(1)容器 1:为金属圆筒,内径 240mm±5mm,高 200mm±2mm,壁厚 3mm,底厚 7.5mm。容器应不漏水并有足够刚度,上有把手,底部外伸部分可用螺母将其固定在振动台上。

(2)坍落度筒 2:为截头圆锥,筒底部直径 200mm±2mm,顶部直径 100mm±2mm,高度 300mm±2mm,壁厚不小于 1.5mm,上下开口并与锥体垂直,内壁光滑,筒外安有把手。

(3)圆盘 3:用透明塑料制成,上装有滑杆 4。滑杆可以穿过套筒 5 垂直滑动。套筒装在一个可用螺钉 6 固定位置的旋转悬臂上。悬臂上还装有一个漏斗 7。坍落筒在容器中放好后,转动旋臂,使漏斗底部套在坍落筒上口。旋臂装在支柱 8 上,可用定位螺丝 9 固定位置。滑杆和漏斗的轴线应与容器的轴线重合。

圆盘直径 230mm±2mm,厚 10mm±2mm,圆盘、滑杆及荷重块组成的滑动部分总质量为 2 750g±50g。滑杆刻度可用来测量坍落度值。

(4)振动台:工作频率 50Hz,空载振幅 0.5mm,上有固定容器的螺栓。

(5)捣棒、镘刀等符合 JG 3021 的要求。

(6)秒表:分度值为 0.5s。

7.3.3.3　试验步骤

(1)将容器 1 用螺母固定在振动台上,放入润湿的坍落筒 2,把漏斗 7 转到坍落筒上口,拧紧螺丝 9,使漏斗对准坍落筒口上方。

(2)按坍落度试验步骤,分三层经漏斗装入拌合物,用捣棒每层捣 25 次,捣毕第三层混凝土后,拧松螺丝 6,把漏斗转回到原先的位置,并将筒模顶上的混凝土刮平,然后轻轻提起筒模。

(3)拧紧螺丝 9,使圆盘可定向地向下滑动,仔细转圆盘到混凝土上方,并轻轻与混凝土接触。检查圆盘是否可以顺利滑向容器。

(4)开动振动台并按动秒表,通过透明圆盘观察混凝土的振实情况,当圆盘底面刚为水泥浆布满时,快速按停秒表和关闭振动台,记下秒表所记时间,精确至 1s。

(5)仪器每测试一次后,必须将容器、筒模及透明圆盘洗净擦干,并在滑杆等处涂薄层黄油,以备下次使用。

4.试验结果

秒表所表示时间即为混凝土拌合物稠度的维勃时间,精确到 1s。以两次试验结果的平均值作为混凝土拌合物稠度的维勃时间[5]。

注:ISO4103—1979 规定了拌合物稠度分级,如表 7-12 所示。

表 7-12　水泥混凝土的稠度分级

级别	维勃时间(s)	级别	维勃时间(s)
特干硬	≥31	低塑	10～5
很干稠	30～21	塑性	≤4
干稠	20～11	流态	—

7.3.4　水泥混凝土拌合物表观密度试验方法

7.3.4.1　目的、适用范围

本方法规定了水泥混凝土拌合物表观密度测定的试验步骤。适用于测定水泥混凝土拌合物捣实后的密度,以备修正、核实水泥混凝土配比计算中的材料用量。当已知所用原材料密度时,还可以算出拌合物近似含气量。

7.3.4.2　仪器设备

(1)试样筒:试样筒为刚性金属圆筒,两侧装有把手,筒壁坚固且不漏水。对于集料公称最大粒径不大于 31.5mm 的拌合物采用 5L 的试样筒,其内径与内高均为 186mm±2mm,壁厚为 3mm。对于集料公称最大粒径大于 31.5mm 的拌合物所采用试样筒,其内径与内高均应大于集料公称最大粒径的 4 倍。

(2)捣棒:符合《水泥混凝土坍落度仪》(JG 3021)中有关技术要求,为直径 16mm,长约 600mm 并具有半球形端头的钢质圆棒。

(3)磅秤:量程 100kg,感量为 50g。

(4)振动台:标准振动台,符合 JG/T3020—1994《混凝土试验用振动台》的要求。

(5)其他:金属直尺、镘刀、玻璃板等。

7.3.4.3　试验步骤

(1)试验前用湿布将试样筒内外擦拭干净,称出质量(m_1),精确至 50g。

(2)当坍落度不小于 70mm 时,宜用人工捣固。

对于 5L 试样筒,可将混凝土拌合物分两层装入,每层插捣次数为 25 次。

对于大于 5L 的试样筒,每层混凝土高度不应大于 100mm,每层插捣次数按每 10 000mm² 截面不小于 12 次计算。用捣棒从边缘到中心沿螺旋线均匀插捣。捣棒应垂直压下,不得冲击,捣底层时应至筒底,捣上两层时,须插入其下一层约 20~30mm。每捣毕一层,应在量筒外壁拍打 5~10 次,直至拌合物表面不出现气泡为止。

(3)当坍落度小于 70mm 时,宜用振动台振实,应将试样筒在振动台上夹紧,一次将拌合物装满试样筒,立即开始振动,振动过程中如混凝土低于筒口,应随时添加混凝土,振动直至拌合物表面出现水泥浆为止。

(4)用金属直尺齐筒口刮去多余的混凝土,用镘刀抹平表面,并用玻璃板检验,而后擦净试样筒外部并称其质量(m_2),精确至 50g。

7.3.4.4　试验结果计算

(1)按下式计算拌合物表观密度 ρ_h:

$$\rho_h = \frac{m_2 - m_1}{V} \times 1\,000$$

式中　ρ_h ——拌合物表观密度,kg/m³;

　　　m_1 ——试样筒质量,kg;

　　　m_2 ——捣实或振实后混凝土和试样筒总质量,kg;

　　　V ——试样筒容积,L。

试验结果计算精确到 10kg/m³。

(2)以两次试验结果的算术平均值作为测定值,精确到 10kg/m³,试样不得重复使用。

注:应经常校正试样筒容积:将干净的试样筒和玻璃板合并称其质量,再将试样筒加满水,盖上玻璃板,勿使筒内存有气泡,擦干外部水分,称出水的质量,即为试样筒容积。本方法参照

GB/T50080——2002《普通混凝土拌合物性能试验方法标准》修订。水泥混凝土拌合物的密度是在一定压实方法下的密度,其实质为水泥混凝土拌合物的毛体积密度。水泥混凝土拌合物的压实方法,根据不同坍落度而不同。水泥混凝土拌合物表观密度用于修正、核实混凝土配合比计算中的材料用量,假定拌合物表观密度参考表如表 7-13 所示。

表 7-13　拌合物表观密度参考

混凝土强度等级	C7.5～C15	C20～C30	C35～C40	＞C40
假定拌合物表观密度(kg/m³)	2300～2350	2350～2400	2400～2450	2450

7.3.5　水泥混凝土试件制作与硬化水泥混凝土现场取样方法

7.3.5.1　目的、适用范围

本方法规定了在常温环境中室内试验时水泥混凝土试件制作与硬化水泥混凝土现场取样方法。轻质水泥混凝土、防水水泥混凝土、碾压混凝土等其他特种水泥混凝土的制作与硬化水泥混凝土现场取样方法,可以参照本方法进行,但因其特殊性所引起的对试验设备及方法的特殊要求,均应遵照对这些水泥混凝土试件制作和取样的有关技术规定进行。

7.3.5.2　仪器设备

(1)搅拌机:自由式或强制式。

(2)振动台:标准振动台,应符合《混凝土试验用振动台》要求。

(3)压力机或万能试验机:压力机除符合《液压式压力试验机》(GB/T3722)及《试验机通用技术要求》(GB/T2611)中的要求外,其测量精度为 $\pm 1\%$,试件破坏荷载应大于压力机全量程的 20% 且小于压力机全量程的 80%。同时应具有加荷速度指示装置或加荷速度控制装置。上下压板平整并有足够刚度,可以均匀地连续加荷卸荷,可以保持固定荷载,开机停机均灵活自如,能够满足试件破型吨位要求。

(4)球座:钢质坚硬,面部平整度要求在 100mm 距离内高低差值不超过 0.05mm,球面及球窝粗糙度 $R_a = 0.32\mu m$,研磨、转动灵活。不应在大球座上作小试件破型,球座最好放置在试件顶面(特别是棱柱试件),并凸面朝上,当试件均匀受力后,　般不宜再敲动球座。

(5)试模。

①非圆柱试模:应符合《混凝土试模》(JG3019—1994),内表面刨光磨光(粗糙度 $R_a = 3.2\mu m$)。内部尺寸允许偏差为 $\pm 0.2\%$;相邻面夹角为 $90° \pm 0.3°$ 。试件边长的尺寸公差为 1mm。

②圆柱试模:直径误差小于 $\dfrac{1}{200}$ d,高度误差应小于 $\dfrac{1}{100}$ h。试模底板的平面度公差不超过 0.02mm。组装试模时,圆筒纵轴与底板应成直角,允许公差为 0.5°。

为了防止接缝处出现渗漏,要使用合适的密封剂,如黄油。并采用紧固方法使底板固定在模具上。

常用的几种试件尺寸(试件内部尺寸)规定如表 7-14 所示。所有试件承压面的平面度公差不超过 0.005d(d 为边长)。

表 7-14　试件尺寸

试件名称	标准尺寸(mm)	非标准尺寸(mm)
立方体抗压强度试件	150×150×150(31.5)	100×100×100(26.5) 200×200×200(53)
圆柱体抗压强度试件	φ150×300(31.5)	φ100×200(26.5) φ200×400(53)
芯样抗压强度试件	φ150×l_m(31.5)	φ100×l_m(26.5)
圆柱劈裂抗拉强度试件	φ150×300(31.5)	φ100×200(26.5) φ200×400(53)
芯样劈裂强度试件	φ150×l_m(31.5)	φ100×l_m(26.5)
抗弯拉强度试件	150×150×600(31.5) 150×150×550(31.5)	100×100×400(26.5)
抗渗试件	上口直径 175mm,下口直径 185mm,高 150mm 的锥台	上下直径与高度均为 150mm 的圆柱体

注:括号中的数字为试件中集料公称最大粒径,单位 mm。标准试件的最短尺寸大于公称最大粒径 4 倍。

(6)捣棒:符合《水泥混凝土坍落度仪》(JG3021)中有关技术要求,为直径 16mm、长约 600mm 并具有半球形端头的钢质圆棒。

(7)压板:用于圆柱试件的顶端处理,一般为厚 6mm 以上的毛玻璃,压板直径应比试模直径大 25mm 以上。

(8)橡皮锤:应带有质量约 250g 的橡皮锤头。

(9)钻孔取样机:钻机一般用金刚石钻头,从结构表面垂直钻取,钻机应具有足够的刚度,保证钻取的芯样周面垂直且表面损伤最少。钻芯时,钻头应作无显著偏差的同心运动。

(10)锯:用于切割适于抗弯拉试验的试件。

(11)游标卡尺。

7.3.5.3　非圆柱体试件成型

(1)水泥混凝土的拌和参照《水泥混凝土拌合物的拌和与现场取样方法》。成型前试模内壁涂一薄层矿物油。

(2)取拌合物的总量至少应比所需量高 20% 以上,并取出少量混凝土拌合物代表样,在 5min 内进行坍落度或维勃试验,认为品质合格后,应在 15min 内开始制件或作其他试验。

(3)对于坍落度小于 25mm 时[注],可采用 φ25mm 的插入式振捣棒成型。将混凝土拌合物一次装入试模,装料时应用抹刀沿各试模壁插捣,并使混凝土拌合物高出试模口;振捣时振捣棒距底板 10～20mm,且不要接触底板。振捣直到表面出浆为止,且应避免过振,以防止混凝土离析,一般振捣时间为 20s。振捣棒拔出时要缓慢,拔出后不得留有孔洞。用刮刀刮去多余的混凝土,在临近初凝时,用抹刀抹平。试件抹面与试模边缘高低差不得超过 0.5mm。

注:这里不适用于水量非常低的水泥混凝土;同时不适于直径或高度不大于 100mm 的试件。

(4)当坍落度大于 25mm 且小于 70mm 时,用标准振动台成型。将试模放在振动台上夹牢,防止试模自由跳动,将拌合物一次装满试模并稍有富余,开动振动台至混凝土表面出现乳状水泥浆时为止,振动过程中随时添加混凝土使试模常满,记录振动时间(约为维勃秒数的 2～3 倍,一般不超过 90s)。振动结束后,用金属直尺沿试模边缘刮去多余混凝土,用镘刀将表面初次抹平,待试件收浆后,再次用镘刀将试件仔细抹平,试件抹面与试模边缘的高低差不得超过 0.5mm。

(5)当坍落度大于 70m 时,用人工成型。拌合物分厚度大致相等的两层装入试模。捣固时按螺旋方向从边缘到中心均匀地进行。插捣底层混凝土时,捣棒应到达模底;插捣上层时,捣棒应贯穿上层后插入下层 20～30mm 处。插捣时应用力将捣棒压下,保持捣棒垂直,不得冲击,捣完一层后,用橡皮锤轻轻击打试模外侧面 10～15 下,以填平插捣过程中留下的孔洞。每层插捣次数 100cm² 截面积内不得少于 12 次。试件抹面与试模边缘高低差不得超过 0.5mm。

7.3.5.4　圆柱体试件制作

(1)水泥混凝土的拌和参照《水泥混凝土拌合物的拌和与现场取样方法》。成型前试模内壁涂一薄层矿物油。

(2)取拌合物的总量至少应比所需量高 20% 以上,并取出少量混凝土拌合物代表样,在 5min 内进行坍落度或维勃试验,认为品质合格后,应在 15min 内开始制件或作其他试验。

(3)对于坍落度小于 25mm 时[注],可采用 ϕ25mm 的插入式振捣棒成型。拌合物分厚度大致相等的两层装入试模。以试模的纵轴为对称轴,呈对称方式填料。插入密度以每层分三次插入。振捣底层时,振捣棒距底板 10～20mm 且不要接触底板;振捣上层时,振捣棒插入该层底面下 15mm 深。振捣直到表面出浆为止,且应避免过振,以防止混凝土离析。一般时间为 20s。捣完一层后,如有棒坑留下,可用橡皮锤敲击试模侧面 10～15 下。振捣棒拔出时要缓慢。用刮刀刮去多余的混凝土,在临近初凝时,用抹刀抹平,使表面略低于试模边缘1～2mm。

注:这里不适用于水量非常低的水泥混凝土;同时不适于直径或高度不大于 100mm 的试件。

(4)当坍落度大于 25mm 且小于 70mm 时,用标准振动台成型。将试模放在振动台上夹牢,防止试模自由跳动,将拌合物一次装满试模并稍有富余,开动振动台至混凝土表面出现乳状水泥浆时为止。振动过程中随时添加混凝土使试模常满,记录振动时间(约为维勃秒数的 2～3 倍,一般不超过 90s)。振动结束后,用金属直尺沿试模边缘刮去多余混凝土,用镘刀将表面初次抹平,待试件收浆后,再次用镘刀将试件仔细抹平,使表面略低于试模边缘1～2mm。

(5)当坍落度大于 70mm 时,用人工成型。对于试件直径为 200mm 时,拌合物分厚度大致相等的三层装入试模。以试模的纵轴为对称轴,呈对称方式填料。每层插捣 25 下,捣固时按螺旋方向从边缘到中心均匀地进行。插捣底层时,捣棒应达模底,插捣上层时,捣棒插入该层底面下 20～30mm 处。插捣时应用力将捣棒压下,不得冲击,捣完一层后,如有棒坑留下,可用橡皮锤敲击试模侧面 $10\sim15$ 下。用镘刀将试件仔细抹平,使表面略低于试模边缘 $1\sim$ 2mm。而对于试件直径为 100mm 或 150mm 时,分两层装料,各层厚度大致相等。试件直径为 150mm 时,每层插捣 15 下;试件直径为 100mm 时,每层插捣 8 下。捣固时按螺旋方向从边缘到中心均匀地进行。插捣底层时,捣棒应到达模底,插捣上层时,捣棒插入该层底面下 15mm 深。用镘刀将试件仔细抹平,使表面略低于试模边缘 $1\sim2$mm。当所确定的插捣次数使混凝土拌合物产生离析现象时,可酌情减少插捣次数至拌合物不产生离析的程度。

（6）对试件端面应进行整平处理,但加盖层的厚度应尽量薄。

①拆模前当混凝土具有一定强度后,用水洗去上表面的浮浆,并用干抹布吸去表面水之后,抹上干硬性水泥净浆,用压板均匀地盖在试模顶部。加盖层应与试件的纵轴垂直。为防止压板和水泥浆之间的黏结,应在压板下垫一层薄纸。

②对于硬化试件的端面处理,可采用硬石膏或硬石膏和水泥的混合物,加水后平铺在端面,并用压板进行整平。在材料硬化之前,应用湿布覆盖试件。

注:也可采用下面任一方法抹顶:

①使用硫磺与矿质粉末的混合物（如耐火黏土粉、石粉等）在 $180\sim210$℃ 间加热（温度过高时将使混合物烘成橡胶状,使强度变弱）,摊铺在试件顶面,用试模钢板均匀按压,放置 2h 以上即可进行强度试验。

②用环氧树脂拌水泥,根据需要硬化时间加入乙二胺,将此浆膏在试件顶面大致摊平,在钢板面上垫一层薄塑料膜,再均匀地将浆膏压平。

③在有充分时间时,也可用水泥浆膏抹顶,使用矾土水泥的养生时间在 18h 以上,使用硅酸盐水泥的养生时间在 3d 以上。

④对不采用端部整平处理的试件,可采用切割的方法达到端面和纵轴垂直。整平后的端面应与试件的纵轴相垂直,端面的平整度公差在 ±0.1mm 以内。

7.3.5.5 养护

（1）试件成型后,用湿布覆盖表面（或其他保持湿度办法）,在室温 20℃±5℃,相对湿度大于 50% 的环境下,静放一个到两个昼夜,然后拆模并作第一次外观检查、编号,对有缺陷的试件应除去,或加工补平。

（2）将完好试件放入标准养护室进行养护,标准养护室温度 20℃±2℃,相对湿度在 95% 以上,试件宜放在铁架或木架上,间距至少 $10\sim20$mm,试件表面应保持一层水膜,并避免用水直接冲淋。当无标准养护室时,将试件放入温度 20℃±2℃ 的不流动的 $Ca(OH)_2$ 饱和溶液中养护。

（3）标准养护龄期为 28d（以搅拌加水开始）,非标准的龄期为 1d、3d、7d、60d、90d、180d。

7.3.5.6 硬化水泥混凝土现场试样的钻取或切割取样

1）芯样的钻取

（1）钻取位置:在钻取前应考虑由于钻芯可能导致的对结构的不利影响,应尽可能避免在靠近混凝土构件的接缝或边缘处钻取,且基本上不应带有钢筋。

（2）芯样尺寸:芯样直径应为混凝土所用集料公称最大粒径的 4 倍,一般为 150mm$\pm$ 10mm 或 100mm±10mm。

对于路面,芯样长径比宜为 1.9～2.1。对于长径比超过 2.1 的试件,可减少钻芯深度;也可先取芯样长度与路面厚度相等,再在室内加工成为长径比为 2 的试件;对于长径比不足 1.8 的试件,可按不同试验项目分别进行修正。

(3)标记:钻出后的每个芯样应立即清楚地编号,并记录所取芯样在混凝土结构中的位置。

2)切割

对于现场采取的不规则混凝土试块,可按表 7-14 所列棱柱体尺寸进行切割,以满足不同试验的需求。

3)检查

(1)外观检查。每个芯样应详细描述有关裂缝、接缝、分层、麻面或离析等不均匀性,必要时应记录以下事项:

集料情况:估计集料的最大粒径、形状及种类,粗细集料的比例与级配。

密实性:检查并记录存在的气孔、气孔的位置、尺寸与分布情况,必要时应拍下照片。

(2)测量。平均直径 dm:在芯样高度的中间及两个 1/4 处按两个垂直方向测量三对数值确定芯样的平均直径 dm,精确至 1.0mm。

平均长度 Lm:取芯样直径两端侧面测定钻取后芯样的长度及加工后的长度,其尺寸差应在 0.25mm 之内,取平均值作为试件平均长度 Lm,精确至 1.0mm。

平均长、高、宽:对于切割棱柱体,分别测量所有边长,精确至 1.0mm。

7.3.6　水泥混凝土立方体抗压强度试验方法

7.3.6.1　目的、适用范围

本方法规定了测定水泥混凝土抗压极限强度的方法和步骤。可用于确定水泥混凝土的强度等级,作为评定水泥混凝土品质的主要指标。本方法适于各类水泥混凝土立方体试件的极限抗压强度试验。

7.3.6.2　仪器设备

(1)压力机或万能试验机:应符合上述对试验机要求的规定。

(2)球座:应符合对球座的规定。

(3)混凝土强度等级大于等于 C60 时,试验机上、下压板之间应各垫一钢垫板,平面尺寸应不小于试件的承压面,其厚度至少为 25mm。钢垫板应机械加工,其平面度允许偏差 ±0.04mm;表面硬度大于等于 55HRC;硬化层厚度约 5mm。试件周围应设置防崩裂网罩。

7.3.6.3　试件制备和养护

试件制备和养护、混凝土抗压强度试件尺寸、集料公称最大粒径应符合水泥混凝土试件制作与硬化水泥混凝土现场取样方法中相关规定。混凝土抗压强度试件应同龄期者为一组,每组为 3 个同条件制作和养护的混凝土试块。

7.3.6.4　试验步骤

(1)至试验龄期时,自养护室取出试件,应尽快试验,避免其湿度变化。

(2)取出试件,检查其尺寸及形状,相对两面应平行。量出棱边长度,精确至1mm。试件受力截面积按其与压力机上下接触面的平均值计算。在破型前,保持试件原有湿度,在试验时擦干试件。以成型时侧面为上下受压面,试件中心应与压力机几何对中。

(3)强度等级小于C30的混凝土取0.3～0.5MPa/s的加荷速度;强度等级大于C30小于C60时,则取0.5～0.8MPa/s的加荷速度;强度等级大于C60的混凝土取0.8～1.0MPa/s的加荷速度。当试件接近破坏而开始迅速变形时,应停止调整试验机油门,直至试件破坏,记下破坏极限荷载F(N)。

7.3.6.5　试验结果

(1)混凝土立方体试件抗压强度按下式计算:

$$f_{cu} = \frac{F}{A}$$

式中　f_{cu} ——混凝土立方体抗压强度,MPa;

　　　F ——极限荷载,N;

　　　A ——受压面积,mm^2。

(2)以3个试件测值的算术平均值为测定值,计算精确至0.1MPa。三个测值中的最大值或最小值中如有一个与中间值之差超过中间值的15%,则取中间值为测定值;如最大值和最小值与中间值之差均超过中间值的15%,则该组试验结果无效。

(3)混凝土强度等级小于C60时,非标准试件的抗压强度应乘以尺寸换算系数(见表7-15),并应在报告中注明。当混凝土强度等级大于等于C60时,宜用标准试件,使用非标准试件时,换算系数由试验确定[6]。

表 7-15　立方体抗压强度尺寸换算系数

试件尺寸(mm)	尺寸换算系数	试件尺寸(mm)	尺寸换算系数
100×100×100	0.95	200×200×200	1.05

7.3.7　水泥混凝土圆柱体轴心抗压强度试验方法

7.3.7.1　目的、适用范围

本方法规定了测定圆柱体水泥混凝土极限抗压强度的方法。适用于各类水泥混凝土的圆柱体试件及现场芯样的极限抗压强度试验。

7.3.7.2　仪器设备

(1)压力机或万能试验机:应符合上述对试验机要求的规定。

(2)球座:应符合对球座的规定。

（3）混凝土强度等级大于等于 C60 时，试验机上、下压板之间应各垫一钢垫板，平面尺寸应不小于试件的承压面，其厚度至少为 25mm。钢垫板应机械加工，其平面度允许偏差 ±0.04mm；表面硬度大于等于 55HRC；硬化层厚度约 5mm。试件周围应设置防崩裂网罩。

（4）游标卡尺：量程 300mm，分度值 0.02mm。

7.3.7.3　试件制备和养护

（1）试件制备和养护、混凝土抗压强度试件尺寸、集料公称最大粒径应符合水泥混凝土试件制作与硬化水泥混凝土现场取样方法的规定。

（2）对于现场芯样，长径比大于等于 1。适宜的长径比为 1.9～2.1，最大长径比不能超过 2.1。芯样最小直径为 100mm，直径至少是公称最大粒径的 2 倍。

（3）混凝土抗压强度试件要求同龄期者为一组，每组为 3 个同条件制作和养护的混凝土试块。

7.3.7.4　试验步骤

（1）圆柱试件在试验前，务必进行端面整平。在破型前，保持试件原有湿度，在试验时擦干试件。测量其尺寸及外观。首先测量沿试件高度中央部位相互垂直的两个方向的直径，分别记为 d1、d2。再分别测量相互垂直两个方向直径端点的四个高度。

（2）将试件置于上下压板之间，试件轴中心应与压力机几何对中。

（3）强度等级小于 C30 的混凝土取 0.3～0.5MPa/s 的加荷速度；强度等级大于 C30 小于 C60 时，则取 0.5～0.8MPa/s 的加荷速度；强度等级大于 C60 的混凝土取 0.8～1.0MPa/s 的加荷速度。当试件接近破坏而开始迅速变形时，应停止调整试验机油门，直至试件破坏，记下破坏极限荷载 F（N）。

7.3.7.5　试验结果

（1）圆柱体试件抗压强度按下式计算：

$$f_{ce} = \frac{4F}{\pi d^2}$$

式中　　f_{ce} ——混凝土圆柱体抗压强度，MPa；

　　　　F ——极限荷，N；

　　　　d ——试件计算直，mm。

其中 d 按下式计算：

$$d = \frac{d_1 + d_2}{2}$$

式中　　d_1、d_2 ——两个垂直方向的直径，mm；精确至 0.1mm。

（2）以 3 个试件测值的算术平均值为测定值。3 个测值中的最大值或最小值中有一个与中间值之差超过中间值的 15%，则取中间值为测定值；如最大值和最小值与中间值之差均超过中间值的 15%，则该组试验结果无效。结果计算精确至 0.1MPa。

（3）混凝土强度等级小于 C60 时，非标准试件的抗压强度应乘以尺寸换算系数（见表 7-16），并应在报告中注明。当混凝土强度等级大于等于 C60 时，宜用标准试件，使用非标准试件时,换算系数由试验确定。

表 7-16 圆柱体抗压强度尺寸换算系数

试件尺寸(mm)	尺寸换算系数	试件尺寸(mm)	尺寸换算系数
φ100×200	0.95	φ200×400	1.05

(4)对于现场采取的非标准芯样,有如下修正:对于长径比不为 2 的试件,按表 7-17 修正。

表 7-17 抗压强度尺寸修正系数

长度与直径比,l/d	修正系数	说明
2.00	1.00	
1.75	0.98	
1.50	0.96	当 l/d 为表列中间值时,修
1.25	0.93	正系数可用插入法求得
1.00	0.87	

注:本修正系数适用于强度介于 14MPa~40MPa 之间的混凝土。

7.3.8 水泥混凝土抗弯拉强度试验方法

7.3.8.1 目的、适用范围

本方法规定了测定水泥混凝土抗弯拉极限强度的方法,以提供设计参数,检查水泥混凝土施工品质和确定抗弯拉弹性模量试验加荷标准。适用于各类水泥混凝土棱柱体试件。

7.3.8.2 仪器设备

(1)压力机或万能试验机:应符合上述对试验机要求的规定。

(2)抗弯拉试验装置(即三分点处双点加荷和三点自由支承式混凝土抗弯拉强度与抗弯拉弹性模量试验装置):如图 7-14 所示。

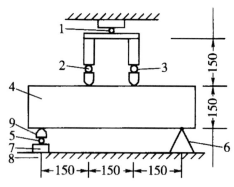

图 7-14 抗弯拉试验装置

(尺寸单位:mm)

1、2——一个钢球 3、5——两个钢球 4——试件 6——固定支座 7——活动支座 8——机台 9——活动船形垫块

7.3.8.3　试件制备和养护

(1)试件尺寸应符合表 7-14 的规定,同时在试件长向中部 1/3 区段内表面不得有直径超过 5mm、深度超过 2mm 的孔洞。

(2)混凝土抗弯拉强度试件应取同龄期者为一组,每组 3 根同条件制作和养护的试件。

7.3.8.4　试验步骤

(1)试件取出后,用湿毛巾覆盖并及时进行试验,保持试件干湿状态不变。在试件中部量出其宽度和高度,精确至 1mm。

(2)调整两个可移动支座,将试件安放在支座上,试件成型时的侧面朝上,几何对中后,务必使支座及承压面与活动船形垫块的接触面平稳、均匀,否则应垫平。

(3)加荷时,应保持均匀、连续。当混凝土的强度等级小于 C30 时,加荷速度为 0.02～0.05MPa/s;当混凝土的强度等级大于等于 C30 且小于 C60 时,加荷速度为 0.05～0.08MPa/s;当混凝土的强度等级大于等于 C60 时,加荷速度为 0.08～0.10MPa/s。当试件接近破坏而开始迅速变形时,不得调整试验机油门,直至试件破坏,记下破坏极限荷载 F(N)。

(4)记录下最大荷载和试件下边缘断裂的位置。

7.3.8.5　试验结果

(1)当断面发生在两个加荷点之间时,抗弯拉强度按下式计算:

$$f_f = \frac{FL}{bh^2}$$

式中　f_f——抗弯拉强度,MPa;

　　　F——极限荷载,N;

　　　L——支座间距离,mm;

　　　b——试件宽度,mm;

　　　h——试件高度,mm。

(2)以 3 个试件测值的算术平均值为测定值。3 个试件中最大值或最小值中如有一个与中间值之差超过中间值的 15%,则把最大值和最小值舍去,以中间值作为试件的抗弯拉强度;如最大值和最小值与中间值之差值均超过中间值 15%,则该组试验结果无效。

3 个试件中如有一个断裂面位于加荷点外侧,则混凝土抗弯拉强度按另外两个试件的试验结果计算。如果这两个测值的差值不大于这两个测值中较小值的 15%,则以两个测值的平均值为测试结果,否则结果无效。

如果有两根试件均出现断裂面位于加荷点外侧,则该组结果无效。抗弯拉强度计算精确到 0.01MPa。

注:断面位置在试件断块短边一侧的底面中轴线上量得。

(3)采用 100mm×100mm×400mm 非标准试件时,在三分点加荷的试验方法同前,但所取得的抗弯拉强度值应乘以尺寸换算系数 0.85。当混凝土强度等级大于等于 C60 时,应采用标准试件。

注:在路面结构设计中,常用到抗弯拉强度指标。在本方法中的加荷点为两个的加载法,将梁一分为三;同时还有一个在梁顶面单点加载的方法,将梁一分为二。抗弯拉试验装置对于抗弯拉试验结果有着显著影响,所以在试验过程中必须使用符合规定的装置,使所有加荷头与试件均匀接触,并避免产生扭矩,使得试件不是折坏,而是折、扭复合破坏[7]。

7.3.9 水泥混凝土圆柱体劈裂抗拉强度试验方法

7.3.9.1 目的、适用范围

本方法规定了测定圆柱试件和现场钻芯取样的劈裂抗拉强度方法。适用于各类水泥混凝土的圆柱试件和现场芯样。对于水泥混凝土路面而言,由于设计中采用抗弯拉强度,而在施工过程中却常常通过钻芯得到圆柱试件的劈裂强度,通过劈裂强度和抗弯拉强度之间的换算关系求算抗弯拉强度用此强度评定质量是否合格。

7.3.9.2 仪器设备

(1)压力机或万能试验机:应符合上述对试验机要求的规定。

(2)劈裂夹具、木质三合板垫层、钢垫条,如图 7-15 所示。钢垫条为平面,厚度不小于10mm,长度不短于试件边长。木质三合板或硬质纤维板垫层的宽度为 20mm,厚为 3～4mm,长度不小于试件长度,垫层不得重复使用。支架为钢支架。

(3)钢尺:分度值为 1mm。

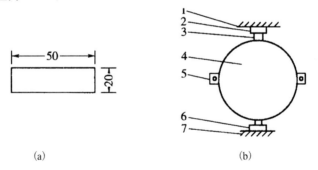

(a) (b)

图 7-15 圆柱体芯样劈裂抗拉试验装置

(a)夹具钢垫条 (b)劈裂夹具

1、7—压力机压板 2、6—夹具钢垫条 3—木质或纤维垫层 4—试件 5—侧杆

7.3.9.3 试件制备和养护

(1)试件尺寸符合表 7-14 的规定。

(2)本试件应同龄期者为一组,每组为 3 个同条件制作和养护的混凝土试件。

(3)对于现场芯样,长径比大于等于 1。适宜的长径比在 1.9～2.1 之间,最大长径比不能超过 2.1。芯样最小直径为 100mm,直径至少是公称最大粒径的 2 倍。芯样在进行强度试验前需进行调湿,一般应在标准养护室养护 24h。

7.3.9.4　圆柱试件的劈裂试验步骤

(1)至试验龄期时,自养护室取出试件,用湿布覆盖,避免其湿度变化。测量出直径、高度并检查外形,尺寸量测至 1mm。

(2)在试件中部划出劈裂面位置线。圆柱体的母线公差为 0.15mm。这两条母线应位于同一轴向平面内,彼此相对,两条线的末端在试件的端面上相连,应为通过圆心的直径,以明确标明承压面。将试件、劈裂夹具、垫条和垫层如图 7-15 所示放在压力机上,借助夹具两侧杆,将试件对中。开动压力机,当压力机压板与夹具垫条接近时,调整球座使压力均匀接触试件。当压力到 5kN 时,将夹具的侧杆抽掉。

(3)当混凝土的强度等级小于 C30 时,加荷速度为 0.02~0.05Mpa/s;当混凝土的强度等级大于等于 C30 且小于 C60 时,加荷速度为 0.05~0.08Mpa/s;当混凝土的强度等级大于等于 C60 时,加荷速度为 0.08~0.10Mpa/s。当试件接近破坏而开始迅速变形时,不得调整试验机油门,直至试件破坏,记下破坏极限荷载 F(N)。

7.3.9.5　试验结果

(1)圆柱体劈裂抗拉强度按下式计算:

$$f_{ct} = \frac{2F}{\pi d_m \times l_m}$$

式中　f_{ct} ——圆柱体劈裂抗拉强度,MPa;

　　　F ——极限荷载,N;

　　　d_m ——圆柱体截面的平均直径,mm;

　　　l_m ——圆柱体平均长度,mm。

(2)劈裂抗拉强度测定值的计算及异常数据的取舍原则为:以 3 个试件测值的算术平均值为测定值。如 3 个试件中最大值或最小值中有一个与中间值的差值超过中间值的 15% 时,则取中间值为测定值;如有两个测值与中间值的差值均超过上述规定时,则该组试验结果无效。结果计算精确至 0.01MPa[8]。

7.4　钢筋试验

7.4.1　试验方法和结果评定

钢筋进场时应分批验收,每批质量不大于 60t。自每批钢筋中任取两根,在每根距端部 50cm 处各取一套试样,一根作拉力试验,另一根作冷弯试验。

在拉力试验的两根试件中,若其中一根试件的屈服点、抗拉强度和伸长率三个指标中有一个指标达不到钢筋标准中规定的数值,应取双倍(4 根)钢筋制取双倍(4 根)试件重作试验,若仍有一根试件的指标达不到标准要求,则不论这个指标在第一次试验中是否达到标准要求,拉力试验项目也认为不合格。

在冷弯试验中,若有一根试件不符合标准要求,应同样再抽取双倍钢筋试件重新试验;若仍有一根试件不符合标准要求,冷弯试验项目即为不合格。

7.4.2 拉伸试验

7.4.2.1 试验目的

抗拉性能是钢筋的重要技术性能。由拉伸试验所测得的屈服点、抗拉强度和伸长率是评定钢筋质量是否合格的指标。

7.4.2.2 仪器设备

(1)万能材料试验机(精度±1%)。

(2)游标卡尺。

(3)钢筋划线机等。

7.4.2.3 试验步骤

(1)根据钢筋的直径 d_0 确定出试件的标距长度 $l_0 = 5d_0$。

试件在试验机夹具中被夹持部分一般为100mm,故试件总长度 $L = 5d_0 + 2 \times 100$ mm。直径为 8～40mm 的钢筋试件一般不经车削加工。如受试验机吨位限制,直径为 22～40mm 的钢筋可进行车削加工,制成 $d_0 = 20$mm 的标准试件。

(2)试验前应用标准卡尺沿标距长度在中部及两端处两个相互垂直的方向上各测一次,取其算术平均值;选用三处测得横截面积中最小值。横截面积按下列公式计算:

$$F_0 = \frac{\pi d_0^2}{4}$$

(3)试验前在试件标距处用钢筋划线机每隔 5、10mm 或者 d_0 作一分格标志,用以计算试样的伸长率。

(4)调整试验机测力度盘的指针,使其对准零点。

(5)将试件固定在试验机夹头内。开动试验机进行拉伸,拉伸速度为:屈服前,应力增加速度为 10MPa/s;屈服后,试验机活动夹头在荷载作用下的移动速度应不大于 0.5L/min(L 为两夹头之间的距离)。

(6)拉伸中,测力度盘的指针停止转动时的恒定荷载,或第一次回转时的最小荷载,即为所求的屈服点荷载 p_s,按下式计算试件的屈服点:

$$\sigma_s = \frac{p_s}{F_0}$$

式中 σ_s ——屈服点,MPa;

p_s ——屈服点荷载,N;

F_0——试件的原横截面积，mm^2。

σ_s 应计算至 10MPa，小数后数字按四舍五入法处理。

（7）向试件连续施加荷载直至拉断，由测力度盘读出最大荷载 p_b。按下式计算试件的抗拉强度：

$$\sigma_b = \frac{p_b}{F_0}$$

式中　σ_b——抗拉强度，MPa；

p_b——最大荷载，N；

F_0——试件的原横截面积，mm^2。

（8）测定伸长率

①如拉断处到邻近标距端点的距离大于 $l_0/3$，可直接测量两端点间的距离，将拉断试件的两段在拉断处紧密对接起来，尽量使其轴线位于一条线上。如拉断处由于各种原因形成缝隙，则此缝隙应计入试件拉断后的标距部分长度内。

②如拉断处到邻近标距端点的距离小于或等于 $l_0/3$ 时，可按下述移位法确定 l_1：在长段上，从拉断处 O 取基本等于短段格数，得 B 点；接着取等于长段所余格数［偶数，见图 7-16(a)］之半，得 C 点；或者取所余格数［奇数，见图 7-16(b)］减 1 或加 1 之半得 C 与 C_1 点。移位后的 l_1 分别为 $AO+OB+2BC$ 或者 $AO+OB+BC+BC_1$。

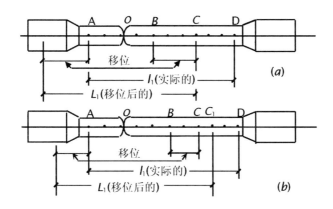

图 7-16　用位移法计算标距

如用直接量测法求得的伸长率能达到技术条件的规定值，可不采用移位法。

伸长率按下式计算（精确至 1%）：

$$\delta = \frac{l_1 - l_0}{l_0} \times 100\%$$

式中　δ——试件的伸长率，%；

l_0——原标距长度，mm；

l_1——试件拉断后直接量出或按移位法确定的标距部分长度，mm。

如试件在标距端点上或标距外断裂，则试验结果无效，应重作试验。

7.4.3　冷弯试验

7.4.3.1　试验目的

检验钢筋在承受规定弯曲程度时的弯曲变形性能,并显示其缺陷。

7.4.3.2　仪器设备

(1)万能试验机。

(2)游标卡尺。

(3)钢板尺等。

7.4.3.3　试验步骤

(1)试件不经车削,长度 $L \approx 5a + 150\text{mm}$, a 为试件的计算直径。

(2)选择弯心直径和弯曲角度。

(3)调节两支持辊间的距离使之等于 $d + 2.1a$ 。

(4)按照如图 7-17 所示装置平稳地施加压力,钢筋绕着弯心弯曲到规定的弯曲角度,如图 7-18 及图 7-19 所示。

(5)试件经弯曲后,检查弯曲处的外面和侧面,如无裂缝、起层,即认为冷弯合格[9]。

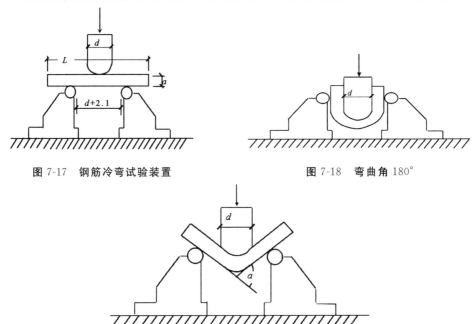

图 7-17　钢筋冷弯试验装置　　　　　　图 7-18　弯曲角 180°

图 7-19　弯曲角 90°

参考文献

[1]曹建生.土木工程材料实验指导书[M].成都:西南交通大学出版社,2014.

[2]贾生海,张凝,李刚.土木工程材料[M].北京:中国水利水电出版社,2015.

[3]李迁.土木工程材料[M].北京:清华大学出版社,2015.

[4]李舒瑶,张正亚.土木工程材料[M].北京:中国水利水电出版社,2015.

[5]林建好,刘陈平.土木工程材料[M].哈尔滨:哈尔滨工程大学出版社,2013.

[6]张志军,王淑苹.土木工程材料实验[M].哈尔滨:哈尔滨工程大学出版社,2014.

[7]吕平.土木工程材料[M].北京:科学出版社,2015.

[8]柳俊哲.土木工程材料[M].北京:科学出版社,2014.

[9]林锦眉,赵新胜.土木工程材料实验[M].北京:中国建材工业出版社,2014.